Teil II: ZEIT DER UHREN

Teil III: ZEIT DER MATHEMATIK

Teil IV: ZEIT DER UNRUHE

Der Physiker und Parlamentsabgeordnete Isaac Newton ließ sich im Alter von 47 Jahren von dem Londoner Hofmaler Godfrey Kneller porträtieren (1690).

»Die absolute, wahre und mathematische Zeit verfließt an sich und vermöge ihrer Natur gleichförmig und ohne Beziehung auf irgendeinen äußeren Gegenstand.« *Isaac Newton*

Der Universalgelehrte und Höfling Gottfried Wilhelm Leibniz mit 65 Jahren nach einem Porträt von unbekannter Hand (1711).

»Ich habe mehrfach betont, dass ich den Raum ebenso wie die Zeit für etwas rein Relatives halte … Die Zeit ist die Ordnung des nicht zugleich Existierenden. Sie ist somit die allgemeine Ordnung der Veränderungen.«

Gottfried Wilhelm Leibniz

VORWORT

Als kleiner Junge besuchte ich meinen Vater manchmal auf der Baustelle. Er war Maurer, hatte schon im Alter von zwölf Jahren angefangen, das Handwerk seines Vaters zu erlernen und 40 mal 20 mal 25 Zentimeter große Tuffsteine, in Süditalien »tufi« genannt, die Leiter hinaufzuschleppen. Mit 18 war er nach Deutschland gekommen.

Während ich mit der Maurerkelle im Sandhaufen spielte, schaute ich ihm aus sicherem Abstand zu, wie er Stein um Stein aufeinanderlegte und gerade Mauern hochzog. Obschon seine Hilfsmittel bescheiden wirkten, baute mein Vater Häuser mit vollkommen senkrechten Wänden. Am wichtigsten war das Lot: eine Schnur, an der ein Metallzylinder baumelte, manchmal auch ein schlichter Stein. Das herabhängende Gewicht zeigte eine besondere Richtung an. Mochte der Boden im Rheintal mit seinen schroff abfallenden Hängen noch so uneben sein, das Senklot machte die Vertikale im Raum sichtbar.

Um zur Ruhe zu kommen, brauchte der kleine Metallzylinder immer eine Weile. Er war nicht so schwer wie jene trägen Gewichte, die man im Brücken- oder Bergbau benutzte. Mal übte ich mich in dem Geduldsspiel, ihn auszutarieren, dann wiederum stieß ich ihn absichtlich an, um zu verfolgen, wie lange er pendelte.

Erst sehr viel später erfuhr ich, dass Wissenschaftler das Gleiche getan hatten. Gebannt vom gleichmäßigen Hin und Her pendelnder Gewichte, zählten sie deren Schwingungen und bauten die akkuratesten Zeitmesser, die Menschen bis dato entwickelt hatten. Mit der Pendeluhr differenzierte sich die Uhrzeit im 17. Jahrhundert erstmals in Minuten und Sekunden aus. Ihr regelmäßiges Ticktack bedeutete einen Fortschritt in der Ganggenauigkeit mechanischer Uhren, durch den wissenschaftliche Präzisionsmessungen überhaupt erst möglich wurden. Die Erfindung und rasche Verbreitung der Pendeluhren war die Voraussetzung für eine neue Physik, die von Beschleunigungen und Kräften handelte.

Aber was messen solche Uhren? Was ist das, was wir »Zeit« nennen und woran wir uns im Wandel der Ereignisse orientieren?

Dieses Buch dreht die Uhr noch einmal zurück, um das Phänomen Zeit aus Perspektive zweier grundverschiedener Forscherpersönlichkeiten zu betrachten: aus der Sicht von Isaac Newton, dem Sohn eines Schafzüchters aus dem ostenglischen Woolsthorpe, der von klein auf den Gang der Gestirne beobachtet und Sonnenuhren baut, und von Gottfried Wilhelm Leibniz, einem Professorenkind aus Leipzig, das hinter den dicken Mauern der Universität mit Lehr- und Stundenplänen aufwächst.

Als Newton und Leibniz in den 1640er-Jahren geboren werden, zieren weder Sekunden- noch Minutenzeiger die Ziffernblätter von Uhren. Die am weitesten verbreiteten Instrumente zur Zeitbestimmung sind Sonnen- und Sanduhren. Sie zeigen eine von den Lichtverhältnissen abhängige lokale Zeit an oder sind, wie beim Stundenglas, auf eine feste Zeitspanne geeicht. Zwar gibt es längst auch mechanische Uhren, Räderuhren auf Kirchtürmen zum Beispiel oder reich verzierte Tischuhren, doch handelt es sich dabei um teure Einzelstücke, die nach individuellen Kundenwünschen angefertigt werden. Die viel bewunderten Automaten sind beim Stundenschlag zu allerlei Bewegungen fähig: Hier rollt ein Löwe mit den Augen, dort holen Jesu Peiniger zu Schlägen mit der Geißel aus. Die Genauigkeit der Zeitangabe ist oft zweitrangig.

Anders die neuen Uhren: Beim Bau der Pendeluhr arbeiten mathematisch versierte Naturforscher mit Uhrmachern zusammen, den Pionieren der Feinmechanik. In Paris und London erlebt Leibniz in den 1670er-Jahren hautnah mit, wie die Uhrenentwicklung und eine an Experimenten orientierte Forschung Hand in Hand gehen. Fast zwei Jahrzehnte nach der Erfindung der Pendeluhr erregt 1675 eine weitere Entdeckung viel Aufsehen, die im Deutschen den wunderbaren Namen »Unruh« trägt. Das von einer gewundenen Feder angetriebene oszillierende Rädchen, ein Ticktack im Kleinformat, ist bis heute das Herzstück mechanischer Taschenuhren.

Mit der Unruhfeder wird die Zeit mobil. Vor allem in London verbreiten sich die neuen Uhren im Nu. In der größten europäischen Metropole und Welthandelsstadt ist der Tag schon so stark auf Planung ausgerichtet, dass der Uhrenbesitz bereits an der Schwelle zum 18. Jahrhundert zum bürgerlichen Selbstverständnis gehört. Automatische Weckvorrichtungen erfreuen sich großer Beliebtheit, man spricht neuerdings von »Pünktlichkeit«, erstmals rennen Sportler gegen die Zeit an, arbeiten Tagelöhner wie nach einer Stechuhr. England ist dabei, den Weg zu einer kapitalistischen Zeitökonomie einzuschlagen.

Ohne die neuen Uhren wären auch Newtons *Philosophiae Naturalis Principia Mathematica* kaum vorstellbar, seine revolutionäre Bewegungslehre und Theorie der Schwerkraft, in der Beschleunigung alles ist und die zu ihrer experimentellen Bestätigung einer genauen Zeitmessung bedarf. Schon vor ihm hat der Chefexperimentator der Royal Society, Robert Hooke, mit einem kreisenden Pendel den Lauf der Planeten simuliert und deren Kreis- oder Ellipsenbahnen erstmals physikalisch richtig gedeutet. Ihm verdankt Newton den entscheidenden gedanklichen Anstoß zur Schwerkrafttheorie.

Kein Forscher hat das Denken über Zeit derart geprägt wie Newton. Ihm zufolge bewegen sich alle Planeten, Monde und anderen Körper vor dem Hintergrund einer universellen Zeit. »Die absolute, wahre und mathematische Zeit verfließt an sich und vermöge ihrer Natur gleichförmig und ohne Beziehung auf irgendeinen äußeren Gegenstand.«

Für Leibniz dagegen ist Zeit nicht einfach da. Sie ist nichts Wirkliches, worin sich alles Geschehen abspielt, sondern zuallererst ein Bewusstseinsphänomen. Unser subjektives Zeiterleben schließe aber nicht nur innere Vorgänge ein. Zeit sei eine »Idee des reinen Verstandes«, die sich auch auf die Außendinge beziehe und derer wir vermöge unserer Sinne gewahr würden.

Leibniz fasziniert die Vielfalt und Komplexität der Welt. Seine Metaphysik verfolgt die Vielfarbigkeit des Daseins bis in die kleinsten individuellen Erscheinungsformen hinein. Der Philosoph schlägt einen Bogen vom subjektiven Zeitempfinden zu einer sozialen und messbaren Zeit.

Durch den Blick auf die Uhr können wir das Geschehen deshalb zuverlässig in Früheres und Späteres einteilen, weil sich im Inneren der Automaten ein kausaler Mechanismus auf immer gleiche Weise abspult. Aber auch ohne Uhren können wir uns mit anderen darüber einig werden, ob sich etwas früher oder später ereignet hat. Leibniz zufolge erkennen wir fortwährend kausale Beziehungen zwischen den Dingen und ihren wechselnden Zuständen und konstruieren erst aufgrund dieser eine zeitliche Ordnung.

Leibniz, nicht nur abstrakter Denker, entwirft selbst Uhrenmodelle und erfindet einen Automaten, der keine Zeiteinheiten zählt, sondern alle vier Grundrechenarten beherrscht. Im Zusammenspiel mit Uhrmachern heckt er neuartige mechanische Bauteile aus, die die natürlichen Zahlen repräsentieren, konzipiert Eingabe- und Resultatwerke und investiert ein Vermögen in seine »lebendige Rechenbank«. Quasi nebenbei blitzt dabei 1679 auch die Idee eines binären Rechners auf. Sie ahnen nicht, wie viel Leibniz in Ihrem Computer steckt!

Der Deutsche, dessen Gelehrtenkorrespondenz, etwa 15 000 Briefe, heute Teil des Weltkulturerbes ist, sucht mehrfach den Kontakt zum führenden englischen Mathematiker. Newton ist es dank seines Infinitesimalkalküls gelungen, die Bewegung der Planeten und anderer Körper Zeitpunkt für Zeitpunkt kontinuierlich zu erfassen. Allerdings hat der eigenbrötlerische Forscher aus Cambridge seinen Calculus nicht veröffentlicht, sondern geheim gehalten.

Den Ruhm heimst Leibniz ein, der nach ihm auf die gleiche Rechenmethode gestoßen ist. Leibniz kleidet die Differenzial- und Integralrechnung in ihre bis heute verwendete Symbolsprache und macht sie von 1684 an auf dem Kontinent bekannt. Mit den wenigen Briefen, die sich die beiden herausragenden Mathematiker ihrer Zeit schreiben, setzt ein raffiniertes Versteckspiel ein. Ihre anfängliche Wertschätzung füreinander wird bald vom Konkurrenzdenken überschattet. Schließlich entfesseln sie den heftigsten Prioritätsstreit in der Geschichte der Mathematik. Er weitet sich zu einer Staatsaffäre aus, als der hannoversche Kurfürst Georg

Ludwig, in dessen Diensten Leibniz steht, 1714 zum britischen König George gekrönt wird. Erst kurz vor Leibniz' Tod mündet die Auseinandersetzung durch das Eingreifen der Prinzessin von Wales in eine maßgebende Debatte über Raum und Zeit.

Unser Zeitbewusstsein und die vielfach empfundene Zeitknappheit in westlichen Gesellschaften sind Ausdruck eines Zivilisationsprozesses, in dem immer mehr Tätigkeiten vor dem Hintergrund eines engmaschigen Zeitrasters erlebt werden. Dieses Buch rollt die Zeit-Geschichte noch einmal auf. Es schaut zurück auf eine Epoche, in der sich in Europa eine neue Zeitrechnung anbahnt, in der das Verständnis von Zeit aber noch nicht von omnipräsenten Uhren überblendet ist und in der sich die Philosophie noch nicht in ihre späteren Disziplinen aufgefächert hat.

Die Kapitel pendeln zwischen England und dem Kontinent hin und her. Sie erzählen, wie europäische Adelshöfe und Metropolen den Kutschenverkehr und die nächtliche Straßenbeleuchtung einführen, wie das Zeitungs- und Zeitschriftenwesen Verbreitung findet, wie in den Großstädten das Bedürfnis nach einer kontinuierlichen Zeitbestimmung wächst und in welchem gesellschaftlichen Kontext Uhren mit Minuten- und Sekundenzeiger aufkommen.

Parallel dazu wird Zeit zum Gegenstand der Naturwissenschaften. Newton entwickelt den für die Physik maßgeblichen Zeitbegriff. Seine »absolute Zeit« ist ein fester Bezugsrahmen, in dem sich alle Körper bewegen. Analog zur standardisierten Uhrzeit, die ein koordiniertes Miteinander der Menschen in einer Großstadt ermöglicht, reduziert die »absolute Zeit« die Komplexität im Zusammenspiel physikalischer Objekte.

Dadurch wird zwar verständlich, warum wir von »der Zeit« sprechen. Aber gerade gegen eine solche Verdinglichung von Zeit wehrt sich Leibniz energisch. Für ihn gibt es keine »Zeit an sich«, sondern nur zeitliche Beziehungen zwischen Ereignissen. Der Philosoph stellt eine relationale Theorie der Zeit auf, die jedoch im Schatten der newtonschen Physik steht und bald in Vergessenheit gerät.

Erst im 20. und 21. Jahrhundert findet sie eine wachsende Anhängerschaft, nachdem in der Wissenschaftstheorie Ernst Mach, in der Physik Albert Einstein und in der Soziologie Nobert Elias einen Relationalismus im leibnizschen Sinn vertreten haben. Insbesondere die Schwierigkeit, die Allgemeine Relativitätstheorie und die Quantenmechanik miteinander zu verbinden, lässt das Interesse an der leibnizschen Zeitauffassung heute aufleben. Dabei wird deutlich, dass die großen modernen physikalischen Theorien in Bezug auf das dahinterstehende Zeitverständnis ebenso weit auseinanderliegen wie die leibnizsche von der newtonschen Position. Ihre Kontroverse über Raum und Zeit ist bis heute nicht gründlich genug aufgearbeitet worden.

Die Gegenüberstellung der beiden faszinierenden Figuren steht im Mittelpunkt dieses Buches. Es schildert, wie im ausgehenden 17. Jahrhundert erstmals minutengenaue Uhren in bürgerliche Haushalte einziehen und dem Menschen auf den Leib rücken, wie das Tempo in die Welt kommt und eine präzise Uhrzeit die lokale Sonnenzeit in Verruf bringt. Und schließlich, wie sich der Zeitstandard vom erfahrbaren Himmelsgeschehen ablöst, kurz: warum die Neuzeit ihren Namen zu Recht trägt. Die biografische Konstellation ist Ausgangspunkt für eine Entdeckungsreise auf den Spuren der Zeitbestimmung und der menschlichen Zeiterfahrung in die beschleunigte Welt der Moderne. In eine Welt der Unruhe.

Teil I

ZEIT DER SCHATTEN

DER KLEINE LORD

Während Isaac Newton in der Grafschaft Lincolnshire unter Schäfern aufwächst, fällt in London der Kopf des englischen Königs

London, 30. Januar 1649. Der Zustrom zum Whitehall Palace reißt nicht ab. Tausende schieben sich durch die Straßen und drängen zum Banqueting House, wo das Gerüst bereits aufgebaut ist. Soldaten kontrollieren alle Zugänge zur City und riegeln das Schafott weiträumig ab.

Charles I. hat sich an diesem Wintertag doppelt eingehüllt, um nicht zu frieren und zitternd vor der Menge zu erscheinen.[1] Der drei Tage zuvor zum Tode verurteilte König wirkt gefasst. Noch einmal erklärt er, ihm sei immer an der Freiheit seines Volkes gelegen gewesen. Diese Freiheit aber könne nur unter einer rechtmäßigen Regierung erlangt werden: unter der von Gott gegebenen königlichen Macht. Er werde als Märtyrer sterben und gehe von einem vergänglichen Königreich über in ein unvergängliches. Die Mahnung erreicht die Menschen nicht. Nur Bischof Robert Jaxon und die eifrigen Protokollführer vernehmen die letzten Worte des Königs, der sich wiederholt darüber beklagt, der Block sei für seine Hinrichtung zu niedrig.[2] Schließlich signalisiert er dem maskierten Henker, er sei bereit.

»Als sie das abgeschlagene Haupt erblickten, brachen sie in einen Schrei aus, allgemein, unwillkürlich, in dem sich das Gefühl der Schuld und der Ohnmacht mit dem Schrecken durchdrang«, so der Historiker Leopold von Ranke.[3] Souvenirjäger versuchen, ihre Taschentücher mit dem königlichen Blut zu tränken.

Die Nachricht von der Enthauptung des Königs verbreitet sich wie ein Lauffeuer auf der Insel und in ganz Europa. Erst durch die öffentliche Hinrichtung rückt der politische Umsturz in England ins Blickfeld, der sich im Windschatten des Dreißigjährigen Krieges ereignet hat. Eine Republik von Königsmördern mitten in Europa!

Unter Charles I. war England ins außenpolitische Abseits geraten. Das Land gilt längst nicht mehr als verlässlicher Bündnispartner, sondern als schwache, von Parlamentsbeschlüssen abhängige und von Verfassungskrisen geplagte Monarchie.[4] Unvorstellbar, dass sich hier innerhalb der kommenden Jahrzehnte die meistbeachtete politische Alternative zum Absolutismus französischen Zuschnitts entwickeln wird. Beinahe genauso unvorstellbar, dass dieser bevölkerungsarme britische Inselstaat einmal zur Weltmacht aufsteigen könnte.

In der ersten Hälfte des 17. Jahrhunderts lebt England von Landwirtschaft und Wollindustrie. Schafherden prägen das Landschaftsbild, Tuchwaren sind die wichtigsten Exportartikel. Zuerst waren es schwere Stoffe aus Wolle, neuerdings sind die leichteren und billigeren »new draperies« gefragt, die Abnehmer in den Mittelmeerländern, teilweise auch schon in Übersee finden.[5]

Der Handel mit Tuchen kommt den Großfarmern und freien Bauern, den »Yeomen«, zugute, die für den Markt produzieren. Ihre Ländereien dehnen sich hier und da bereits weiter aus als die der alteingesessenen Feudalherren. Ganz so groß sind die newtonschen Besitztümer in der Grafschaft Lincolnshire nicht. Aber der Lebensstandard der Familie ist sichtlich gestiegen. Sie bewohnt neuerdings ein zweigeschossiges Herrenhaus mit dreibogigen Fenstern. Robert Newton hatte es im Jahr 1623 erworben und mit ihm den Titel des »Lord of the Manor« an seinen Sohn Isaac weitergegeben.

Isaac Newton stirbt nur wenige Monate nach seiner Hochzeit, noch vor der Geburt seines einzigen Kindes, das wie er Isaac heißen wird. Dem Sohn hinterlässt er ein Erbe, das diesem ein Leben lang eine gewisse finanzielle Sicherheit und Unabhängigkeit garantieren wird. Zum Familienbesitz gehören das Herrenhaus, Ackerland, volle Kornspeicher und 42 Rinder.[6] Die Währung aber, in der der Reichtum einer Familie in England seit jeher bemessen wird, sind Schafe. Und mit 234 Schafen ist man wer in Lincolnshire!

Wenn Bauern etwas vererben, wird der Besitz in der Regel

unter vielen Söhnen aufgeteilt. Isaac Newtons Vorfahren hatten es durch eine geschickte Heiratspolitik geschafft, die durch Erbteilung entstandenen Verluste auszugleichen und neue Ländereien hinzuzugewinnen. Die Ehe seiner Eltern, die im Frühjahr 1642 geschlossen wurde, steht beispielhaft für den sozialen Aufstieg vieler »Yeomen«.

Als Mitgift brachte die Braut nicht bloß eine weitere Parzelle Land mit in die Ehe ein. Über Hannah Ayscough, die Tochter des Gentleman James Ayscough, hat die Familie erstmals Tuchfühlung zur gesellschaftlichen Oberschicht aufgenommen, der »upper class«. Während Isaacs Vater und Großvater ihren Namen nicht schreiben konnten, hat Hannahs Bruder William in Cambridge studiert. Sie selbst wird ihrem Sohn, den es ebenfalls nach Cambridge ziehen wird, ab und an ein paar Briefzeilen senden.

Alte und neue Zeitrechnung

Isaac Newton wird am 25. Dezember 1642 geboren, am Morgen des ersten Weihnachtstages. Da hat in Italien oder Frankreich schon längst das neue Jahr begonnen. Legt man die in den katholischen Ländern gültige und heute allgemein anerkannte Gregorianische Zeitrechnung zugrunde, so ist es nämlich bereits der 4. Januar 1643. Doch auf der Insel richtet man sich immer noch nach dem alten Julianischen Kalender. Diese Kalenderspaltung, die den Diskurs über Zeitrechnung und Zeitbestimmung auf eine politisch-religiöse Ebene hebt, hält das ganze 17. Jahrhundert hindurch an. Auch für die Geschichtsschreibung ergeben sich Probleme aus dem Zeitloch von zehn Tagen. Es lässt sich nicht einfach stopfen.

Unsere Schlaf- und Wachrhythmen, die Gezeiten, Wetterzyklen und Ernteperioden sind an kosmische Zyklen gebunden: an die steten Wechsel von Tag und Nacht, die Mondphasen und Jahreszeiten. Auf diesen Perioden basiert die Kalenderrechnung. Indem wir Tage, Monate und Jahre aneinanderreihen, bringen wir zum Ausdruck, dass die Veränderungen, die wir erleben, kein bloßes Nacheinander sind. Vielmehr betrachten wir alles Geschehen vor dem Hintergrund einer wiederkehrenden Abfolge von Helligkeitsverhältnissen, Mond- und Wetterphasen. Für eine durchgängige Zeitrechnung müssen die verschiedenen Perioden jedoch auf einen gemeinsamen Nenner gebracht werden. Genau darin besteht das jahrtausendealte Kalenderproblem.

Unser heutiger Kalender hat eine lange Vorgeschichte. Schon jungsteinzeitliche Kreisgrabenanlagen, die in Europa ab etwa 4900 v. Chr. in großer Zahl entstanden, zeugen von der großen Bedeutung, die dem Jahreslauf der Sonne beigemessen wurde. Die Sonne geht nicht immer an derselben Stelle über dem Horizont auf. Beobachtet man den Sonnenaufgang im Wechsel der Tage, stellt man fest, dass sich der Ort ihres Erscheinens kontinuierlich in derselben Richtung verschiebt – bis zur Sonnenwende. Dann kehrt sich die Bewegungsrichtung um. Der Ort des Sonnenaufgangs pendelt in schöner Regelmäßigkeit zwischen zwei festen Wendepunkten hin und her, Jahr für Jahr.

Landmarken am Horizont oder eigens dafür errichtete große Bauwerke können daher als Zeitmarken dienen. In der Jungsteinzeit erleichterten sie den Übergang zu einer bäuerlichen Lebensweise. Für frühe Kulturen sei ein durchgängiger Kalender noch gar nicht so wichtig gewesen, erläutert der Wissenschaftshistoriker Gerd Graßhoff. Aber zu wissen, wann der Frühling beginnen und eine konstant wärmere Temperatur einsetzen würde, konnte über den Ernteertrag und das Schicksal einer Gemeinschaft entscheiden.

Erst im Lauf der Jahrtausende füllte sich der Pendelbogen der Sonne mit immer präziseren Zeitmarken. Währenddessen büßte der Mond in unseren Breiten seine Rolle als Taktgeber mehr und mehr ein. Etliche frühe Kulturen verwendeten noch Mondkalender, da von Neumond zu Neumond nur etwa 29 Nächte verstreichen und sich der Wechsel der Mondphasen leicht verfolgen lässt. In unserem heutigen Kalender haben Monate nur noch ungefähr die Länge eines Mondzyklus und nichts mehr mit konkreten Himmelserscheinungen zu tun. Lediglich der Termin des Osterfests ist noch an den Zeitpunkt des Vollmonds geknüpft und damit auch die Daten von Christi Himmelfahrt und Pfingsten. Wie Irrlichter verweisen diese vagabundierenden Feiertage darauf, dass die Perioden des Mondes, der Sonne und der Erde schwer in Einklang zu bringen sind.

Newtons Epoche wird eine bedeutende Übergangsphase zu

allgemein verbindlichen Zeitstandards sein. In London und Paris werden Sternwarten errichtet, um den gleichmäßigen Gang ausgeklügelter Uhrwerke immer besser an die Himmelsuhr anzugleichen. Trotz gleichartiger Forschungsprojekte auf der britischen Insel und dem Kontinent bleibt Europa jedoch in eine protestantische und eine katholische Zeitrechnung geteilt.

Der Julianische Kalender umfasst 365 Tage. Das Sonnenjahr ist einen Vierteltag länger. Folglich würde der Kalender bereits nach 100 Jahren um fast einen Monat aus dem Takt geraten, hätte man nicht schon zu Julius Cäsars Zeiten alle vier Jahre einen Schalttag eingefügt: den 29. Februar. Die Schwierigkeiten waren damit aber noch nicht aus der Welt. Mit 365,25 Tagen war die Länge des Sonnenjahres zwar schon recht gut getroffen, jedoch blieb eine Differenz von elf Minuten, die sich im Lauf der Jahrhunderte bemerkbar machte. Auch englische Astronomen kamen zu dem Schluss, der Kalender müsse entsprechend angepasst werden. Eine Kalenderreform, wie sie die katholischen Länder auf Anweisung von Papst Gregor XIII. im Jahr 1582 beschlossen hatten, schien vielen von ihnen unumgänglich. Immerhin hatte sich der Kalender seit Christi Geburt um elf Tage verschoben. Die Bischöfe der anglikanischen Staatskirche widersetzten sich dem Vorschlag jedoch genauso wie deutsche Protestanten. Lieber wollte man der Sonne hinterherhinken, als dem Papst zu folgen.[7]

Kindheit im Bürgerkrieg

Den Puritanern, der »heißeren Sorte von Protestanten« auf der Insel, sind die weihnachtlichen Feiertage ein Dorn im Auge. Männer und Frauen beschmutzten ihre Ehre an diesen zwölf Tagen und Nächten mehr als im ganzen Rest des Jahres, schimpfen die Prediger. Besonders ausgelassen feiern die Menschen am Dreikönigstag. Bei gesüßtem Bier, auf dem gedörrte Apfelschalen schwimmen, wird bis in die Nacht hinein gesungen und getanzt.

Im Hause Newton dagegen herrscht Sorge: Gleich nach der Geburt ihres Kindes Isaac schickt die Mutter zwei Frauen nach North Witham. Sie sollen bei Lady Packenham Rat und Medikamente einholen. Das Leben des untergewichtigen Jungen hängt offenbar am seidenen Faden.[8] Er ist so klein, dass er in einen Literkrug, einen »quart-pot«, passen würde.[9]

Zu den wenigen verlässlichen Dokumenten aus seiner frühen Kindheit zählt ein zerfledderter Taufschein. Demnach lässt ihn seine früh verwitwete Mutter Hannah erst eine Woche nach der Geburt taufen. Sie selbst trägt Trauer, mitten in der fröhlichsten Jahreszeit, in der auch die ärmsten Bauern, die sonst an jeder Talgkerze und jedem Binsenlicht sparen, die Nacht zum Tag machen.

Der englische König hat im Winter 1642 wenig Grund zu feiern. Mehrfach hat Charles I. das Parlament aufgelöst und dann doch wieder einberufen, um höhere Steuern bewilligen zu lassen – ohne den gewünschten Erfolg. Als er schließlich die Verhaftung einiger widerständiger Parlamentarier anordnet, schlägt ihm eine ungeahnte Welle der Empörung entgegen.

Der Verfassungskonflikt eskaliert. In London, der mit Abstand größten und wirtschaftlich bedeutendsten Stadt auf der Insel, entladen sich die Spannungen in Protesten und Ausschreitungen, sodass sich der König gezwungen sieht, die Metropole zu verlassen. Da die Pressezensur außer Kraft gesetzt ist, können Parlamentarier nun offen für ihre Programme werben. Schätzungen zufolge kann mehr als die Hälfte der männlichen Stadtbevölkerung lesen.[10] Allein in Newtons Geburtsjahr erscheinen Dutzende neue politische Zeitungen. Man lastet Charles I. die unrechtmäßige Einführung von Steuern an, die Förderung von Monopolen und den fehlenden Schutz für die englische Handelsflotte.

Innerhalb kurzer Zeit stellen Parlamentarier unter der Führung des Puritaners Oliver Cromwell eine Nationalarmee auf die Beine. Ihre Soldaten werden »Rundköpfe« genannt, im Unterschied zu den »Kavalieren« der königlichen Truppen. Während der Hof das Haar in Locken trägt, die bis zu den Schultern herabfallen, scheren die Puritaner, die sich von der anglikanischen Hochkirche abgespalten haben, ihr Haar kurz. 1645 gewinnt ihre Armee die entscheidende Schlacht in Mittelengland und nimmt kurz darauf das königliche Hauptquartier in Oxford ein. Charles I. flieht nach Schottland.[11]

Im Verlauf des Bürgerkriegs ziehen immer wieder Soldaten an Woolsthorpe vorbei. Der Ort liegt nahe der wichtigen Marsch- und Postroute, die von London aus über Grantham nach Schottland

Isaac Newtons Geburtshaus Woolsthorpe Manor bei Grantham in Lincolnshire, Holzstich um 1890.

führt. Obwohl die Grafschaft Lincolnshire durch die Parlamentstruppen weitgehend gesichert ist, kommt es gelegentlich auch hier zu Plünderungen. Aber die englischen Armeen sind klein, jedenfalls nicht mit den riesigen Streitkräften zu vergleichen, die Mitteleuropa zur selben Zeit im Dreißigjährigen Krieg verheeren. Das Gut, auf dem Isaac Newton aufwächst, bleibt unbeschadet.

In den ersten Lebensjahren hat der Junge seine Mutter Hannah ganz für sich. Das ändert sich plötzlich nach seinem dritten Geburtstag, als sie einen Heiratsantrag des wohlhabenden Geistlichen Barnabas Smith annimmt.[12] Im Jahr zuvor hat der 63-Jährige seine Frau verloren. Nun zieht die mehr als 30 Jahre jüngere Witwe zu ihm ins Pfarrhaus im Nachbarort North Witham – ohne den Jungen. Isaac bleibt in Obhut der Großmutter zurück. Und das nicht bloß vorübergehend. Barnabas Smith nimmt den Stiefsohn bis zu seinem Tod sieben Jahre später nicht zu sich ins Haus.

An seiner Verlassenheit wird Isaac Newton ein Leben lang leiden. Als Student wird er eine Liste seiner Jugendsünden aufstellen und bekennen, seiner Mutter und seinem Stiefvater damit gedroht zu haben, sie mit dem ganzen Haus in Flammen aufgehen zu lassen. Seine Zurückgezogenheit, sein Trübsinn und Misstrauen gegenüber Menschen, vielleicht auch die späteren schweren Depressionen können im Zusammenhang mit dieser frühen Verlusterfahrung und den damit verbundenen Ängsten gesehen werden.

Isaac ist sechs Jahre alt, als der Bürgerkrieg endet. Charles I. hat ein neues Heer zusammengetrommelt, und wieder wird seine Armee von Cromwells Truppen geschlagen, er selbst gefangen genommen. Allerdings ist auch das parlamentarische Lager inzwischen bis aufs Messer zerstritten. Die Levellers zum Beispiel treten für die Rechte der Kleinbauern ein, fordern ein allgemeines Wahlrecht und eine dritte Kammer im Parlament: neben dem Oberhaus, in dem sich Hochadel und Klerus versammeln, und dem Unterhaus, das die Interessen des Landadels und der sonstigen Vermögenden im Lande vertritt. Noch radikalere Gruppen als die Levellers lehnen das Privateigentum ganz ab.

Einige dieser Ideen werden im Zeitalter der Aufklärung neu aufleben. Cromwell aber, im Bemühen, irgendwie Herr der Lage zu werden, kämpft von nun an sowohl gegen die Royalisten als auch gegen die Levellers. Er lässt London besetzen, das Oberhaus wird abgeschafft, die Tür zu einer dritten Kammer für immer zugeschlagen. Den König bringt Cromwell kurzerhand vors Gericht. In einem Schauprozess wird Charles I. verurteilt und am 30. Januar 1649 an der Schwelle seines Palastes geköpft.

Ein Schlag, der Könige zittern lässt

Ein Aufschrei geht durch Europa. Auf dem Kontinent hat man eine solche Ungeheuerlichkeit noch nicht erlebt. Die Zahl der zeitgenössischen Schriften, die sich zu der Enthauptung des englischen Königs äußern, geht in die Tausende. Über kaum ein Thema berichten deutsche Zeitungen so ausführlich und kontinuierlich wie über die Revolution.[13] Könige können Intrigen zum Opfer fallen oder

Attentaten wie Heinrich IV. von Frankreich im Jahr 1610. Sie können auf Schlachtfeldern sterben wie der Schwedenkönig Gustav Adolf 1632 im Dreißigjährigen Krieg. Dass ein Herrscher »von Gottes Gnaden« von Revolutionären öffentlich hingerichtet wird, ist in Europa ohne Beispiel.

Frankreichs Regentin erschaudert, als sie die Nachricht aus London erhält. Auch in ihrem Land haben sich Adlige und Parlament erhoben. Gemeinsam mit ihrem erst zehnjährigen Sohn Ludwig ist die Königinmutter bei Nacht und Nebel aus Paris geflohen. Nun lässt sie die Hauptstadt von Soldaten belagern.[14] Anders als in England geht die Monarchie in Frankreich jedoch gestärkt aus dem Bürgerkrieg hervor. Als »Sonnenkönig« wird Ludwig XIV. eine fast unumschränkte Macht erringen. Weitere 140 Jahre werden vergehen, ehe sich im Paris der Französischen Revolution ein ähnliches Schauspiel wiederholen wird wie soeben in London.

Der deutsche Dichter Andreas Gryphius widmet den letzten Stunden des englischen Königs ein Trauerspiel. Wenige Tage nachdem er von der Hinrichtung erfahren hat, bringt er einen ersten Entwurf zu Papier. In dem mehrfach umgeschriebenen Stück »Carolus Stuardus« erwartet der König die Enthauptung würdevoll, während sich die Anführer der Revolution, Oliver Cromwell und Lord Fairfax, unversöhnlich gegenüberstehen:

Fairfax: »Die Faust siht schrecklich aus die Fürsten Blutt befleckt.«
Cromwell: »Tyrannen Blutt steht frisch. Wie Feldherr, so erschreckt?«
Fairfax: »Der Völcker Recht verbeut Erb-Könige zu tödten.«
Cromwell: »Man hört die Rechte nicht bey Drommeln und Trompeten.«
Fairfax: »Man schwur: auffs minste nicht sein Heil und Haubt zu letzen.«
Cromwell: »So pflegt man was man wil den Kindern einzuschwetzen.«[15]

Der Dramatiker stellt der Radikalität und Unerschrockenheit Cromwells den gemäßigten Fairfax gegenüber, der sein Handeln später bereuen und die Seiten wechseln wird. Die Mehrheit des englischen Volkes hat eine solche Exekution nie gewollt. Insbesondere für die gottesfürchtige Landbevölkerung ist Cromwell von nun an der Königsmörder. Zwar rechtfertigen einige zeitgenössische Dichter die Tat als Tyrannenmord und versuchen, die neue Regierung zu entlasten. Zum Bestseller aber wird ein Tagebuch des Königs, von einem unbekannten Autor verfasst, das Charles I. zum Märtyrer stilisiert. Gryphius greift darauf zurück, und auch Isaac Newton liest es in jungen Jahren.[16] Den Schüler erschüttert die blutige Tat. Er malt ein Bild Charles' I. und schreibt ein Gedicht zur Hinrichtung des Königs.[17]

DER FRIEDEN ALLER FRIEDEN

Die europäischen Mächte besiegeln das Ende des Dreißigjährigen Krieges, und Gottfried Wilhelm Leibniz kommt in der besetzten Stadt Leipzig zur Welt

Andreas Gryphius gilt als der deutsche Dichter des Dreißigjährigen Krieges. Zwei Jahre ist er alt, als der Krieg beginnt, mit vier verliert er den Vater, mit elf die Mutter. Erst rollt die Gegenreformation über seine schlesische Heimatstadt Glogau hinweg, danach die Pest. Mit 20 schreibt er das Gedicht »Tränen des Vaterlands«:

»Wir sind doch nunmehr ganz, ja mehr denn ganz verheeret!
Der frechen Völker Schar, die rasende Posaun,
das vom Blut fette Schwert, die donnernde Kartaun,
hat allen Schweiß und Fleiß und Vorrat aufgezehret.

Die Türme stehn in Glut, die Kirch ist umgekehret.
Das Rathaus liegt im Graus. Die Starken sind zerhaun.
Die Jungfern sind geschändt. Und wo wir hin nur schaun,
ist Feuer, Pest und Tod, der Hertz und Geist durchfähret.

Hier durch die Schanz und Stadt rinnt allzeit frisches Blut.
Dreimal sind schon sechs Jahr, als unser Ströme Flut,
von Leichen fast verstopft, sich langsam fortgedrungen.
Doch schweig ich noch von dem, was ärger als der Tod,
was grimmer denn die Pest, und Glut, und Hungersnot:
dass auch der Seelen-Schatz so vielen abgezwungen.[18]

Es ist ein verheerender Krieg. In Sachsen sinkt die Bevölkerung nahezu um die Hälfte. Bauern sehen ihre Höfe in Flammen aufgehen, Dörfer und Städte werden zuerst von kaiserlichen Truppen niedergebrannt und dann von schwedischen Soldaten geplündert.

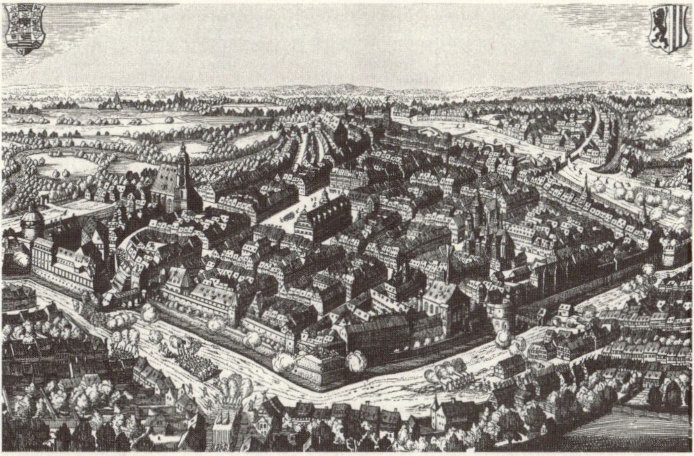

Die Stadt Leipzig, hier in einem Kupferstich aus Merians Theatrum Europaeum *während der Belagerung durch kaiserliche Truppen 1632, war immer wieder Kriegsschauplatz im Dreißigjährigen Krieg.*

Eine ganze Generation wächst mit dem Kriegshandwerk und in Ruinen auf.[19] Der Dreißigjährige Krieg eskaliert auf andere Weise als der englische Bürgerkrieg. Charles I. hatte die öffentliche Empörung über sein aggressives politisches Vorgehen unterschätzt. Aus ihr resultierte die Stärke jenes Bündnisses, das sich von der Hauptstadt aus gegen ihn bildete und an dessen Spitze sich Cromwell setzte. Das Heilige Römische Reich Deutscher Nation, von vielen Seiten bedroht, in Klein- und Kleinststaaten zersplittert, ist nicht der rechte Ort für Revolutionen und Königsmorde. Hier fehlt ein politisches Zentrum wie London, das imstande wäre, auf die Kräfte im Rest des Landes derart Einfluss zu nehmen. Erst eine unheilvolle Verkettung internationaler Konflikte hat den europaweiten Religionskrieg heraufbeschworen.[20]

Je länger dieser Krieg andauert, umso tiefer wird der Graben zwischen den Konfessionen. Während hungrige Söldnerheere bald hier, bald dort ihre Schneisen schlagen, wächst die Angst der Bevölkerung vor Barbarei und Gewalt, vor Hunger und Seuchen. Einem bis dahin beispiellosen Gemetzel fällt im Mai 1631 mehr als die Hälfte der Einwohner des protestantischen Magdeburgs zum Opfer. Binnen weniger Stunden habe seine Soldateska die Stadt mit all ihren Reichtümern in Asche gelegt, triumphiert der kaiserliche General Gottfried Heinrich Graf Pappenheim. »Waß sich nun an Menschen in die Keller und auf die Boden versteckht, das ist alles verbronnen. Ich halt, es seyen uber 20000 Seellen darüber gegangen, und es ist gewiß seit der Zerstorung Jerusalem khein greilicher Werckh und Straff Gottes gesehn worden. Alle unßere Soldaten seindt reich worden.«[21]

Der Ruf nach Ordnung

Als Gottfried Wilhelm Leibniz im Sommer 1646 geboren wird, schaut alle Welt nach Münster und Osnabrück. Dort tagen 150 Gesandtschaften, um ein gesamteuropäisches Vertragswerk auszuarbeiten und das Geflecht aus territorialen Machtansprüchen und religiösen Fehden zu entwirren. Lediglich England, mit seiner innenpolitischen Krise beschäftigt, fehlt bei den Verhandlungen.

Über vier Jahre ziehen sich die Konferenzen und Bankette hin. Es ist ein ständiges Kommen und Gehen von Diplomaten und Rechtsgelehrten, von Adligen, die ihre Dienerschaften und ihren Hausrat mit nach Westfalen bringen, und Juristen, die weniger anspruchsvoll sind als die hohen Herrschaften, eifrig Briefe schreiben, von Hof zu Hof reisen und das internationale Geschehen verfolgen.[22] »Alle Deutschen sind Herr Doktor«, stellt der französische Gesandte Claude de Mesmes fest, der während der Friedensverhandlungen mit 200 Bediensteten am Münsteraner Domplatz residiert.[23]

Endlich werden am 24. Oktober 1648 die Verträge zwischen dem Heiligen Römischen Reich Deutscher Nation, Frankreich und Schweden geschlossen: Das Reich tritt mit Vorpommern einen wichtigen Zugang zur Ostsee an die Schweden ab und verliert das Elsass langfristig an die Franzosen. Die Macht des Kaisers ist geschwächt, denn von nun an haben Fürstentümer, Grafschaften und Reichsstädte das Recht, auf eigene Faust Allianzen zu schließen, vorausgesetzt, »dass dergleichen Bündnisse nicht gegen Kaiser und Reich und dessen Landfrieden« gerichtet sind.[24]

Aber kann ein solches Konglomerat aus 300 Kleinstaaten Bestand haben? Zeitgenössische Gelehrte zweifeln daran. Zu tief sitzen die traumatischen Erfahrungen derjenigen, die über ein halbes Menschenalter Gewalt und Zerstörung ausgesetzt waren. Wie Gryphius sehen sie die vordringliche Aufgabe eines jeden Herrschers fortan darin, den Krieg zu verhindern. Ruhe, die erste Bürgerpflicht, ist daher auch die höchste Pflicht der Obrigkeit.

In ganz Europa ist der Hunger nach politischen Nachrichten gewachsen. Nicht von ungefähr fällt die erste große Welle von Zeitungsgründungen in die Zeit des gesamteuropäischen Krieges. Die periodische Presse soll den Kontinent überschaubarer machen. Sie entsteht auf Basis einer neuen Infrastruktur: eines öffentlichen Postwesens, im Reich also der Kaiserlichen Reichspost und der ihr nachfolgenden jeweiligen Landespost.[25]

»Wirtschaft, Politik, Wissenschaft hingen von diesem neuen Blutkreislauf der frühmodernen Gesellschaft ab«, erläutert Wolfgang Behringer in seiner maßgeblichen Studie zur Kommunikationsrevolution der frühen Neuzeit. »Der Posttag verlieh der Korrespondenz der Liebespaare, der Diplomaten und der Kaufleute seinen Rhythmus. Er strukturierte den Zeittakt der fürstlichen Kanzleien und der Börsen, determinierte die Erscheinungsdaten des neuen Mediums der periodischen Presse und prägte die Briefwechsel der Wissenschaftler des 17. und 18. Jahrhunderts.«[26]

Die Nachrichten zirkulieren umso schneller, je öfter die Städte »Posttag« haben. Bald nach Kriegsende erteilt der sächsische Kurfürst die Genehmigung für die »erste Tageszeitung der Welt«. Die *Einkommenden Zeitungen*, die sechsmal in der Woche erscheinen und von einem Leipziger Professor zensiert werden, gehen zwar rasch wieder ein, aber Ende des 17. Jahrhunderts werden drei Viertel aller Zeitungen zwei- bis dreimal pro Woche oder noch häufiger herausgegeben.[27]

Leibniz liest

Gottfried Wilhelm Leibniz wächst hinter den dicken Mauern der Leipziger Universität im Halbdunkel von Hörsälen und Bibliotheken auf. »21. Junii am Sontag 1646 Ist mein Sohn Gottfried Wilhelm, post sextam verspertinam 1/4 uff 7 uhr abents zur welt gebohren, im Wassermann«, heißt es in der Familienchronik.[28] Die astrologisch relevante Angabe der Uhrzeit darf seinerzeit nicht fehlen. Den Schlägen der Kirchturmuhr entsprechend, ist sie bis auf eine Viertelstunde genau. Minuteneinteilungen sind in jenen Jahren noch unbekannt.

Die Eltern lassen ihren Jungen in der Leipziger Nikolaikirche taufen, die in jüngerer Geschichte durch die Montagsdemonstrationen zum Ende der DDR bekannt geworden ist. Taufpaten sind der kursächsische Hofprediger Martin Geier und der Rechtsgelehrte Johann Frisch. Die Einheit von Glauben und Wissen wird Gottfried Wilhelms Lebensmaxime. Es ist auch die Losung der Hochschule, die ihn in ihrem Schoß aufnimmt.

Zum Zeitpunkt seiner Geburt wohnt die Familie vermutlich in einem der Universitätsgebäude an der späteren Ritterstraße. Der spätgotische Bau mit imposanten Giebeln, der heute nicht mehr existiert, beherbergt zusammen mit dem Neuen Kolleg und dem Großen Kolleg ein Gutteil der Leipziger Professoren- und Studentenschaft. In unmittelbarer Nachbarschaft finden sich das Frauenkolleg und weitere Einrichtungen, in denen Dozenten und Studenten nach strengen Regeln zusammenleben.

Der Vater, Friedrich Leibniz, ist Jurist und Professor für Moralphilosophie. Zwei Jahre zuvor hat er die Tochter eines anderen angesehenen Leipziger Juristen und Professors geheiratet, die 24 Jahre jüngere Catharina Schmuck. Dass ihr gemeinsamer Sohn einmal eine juristische Laufbahn einschlagen wird, passt ins Bild der Familie und in eine Zeit, die beherrscht wird vom Wunsch nach Frieden und Schlichtung zwischen fast hoffnungslos zerstrittenen Parteien.

Friedrich Leibniz verschlug es noch vor Kriegsbeginn in die damals etwa 18 000 Einwohner zählende Messestadt, an deren Universität sich Jahr für Jahr 750 Studenten einschrieben. Er hatte zu diesem Zeitpunkt bereits beide Elternteile verloren. Unter der Obhut eines Onkels konnte er jedoch ein Studium aufnehmen, und 1624 fand er eine Anstellung als Notar.[29] Seine erste Frau Anna schenkte ihm einen Sohn, Johann Friedrich, starb allerdings bald darauf. Die nächste Ehe ging er mit der Tochter eines Leipziger Buchhändlers ein, die ihn ebenfalls als Witwer zurückließ. Der Tod blieb ein ständiger Begleiter seines Lebens, zumal Leipzig mehrfach zum Kriegsschauplatz, von der Pest heimgesucht und schließlich besetzt wurde.

Ihren Abzug lassen sich die schwedischen Besatzer teuer bezahlen. Am 22. Juli 1650 – Gottfried Wilhelm ist gerade vier Jahre alt geworden, seine Schwester Anna Catharina feiert in wenigen Tagen ihren zweiten Geburtstag – kann man endlich auch in Leipzig die Friedensverträge bejubeln. Der Tag beginnt mit Glockengeläut, an das sich Gottesdienste und Andachten anschließen. Es ist keine prächtige Feier wie in Nürnberg, schon gar kein Volksfest. Stattdessen werden die Bürger von ihrem Fürsten ermahnt, niemand solle nach dem öffentlichen Gottesdienst »bey Vermeidung ernster Straffe sich unterstehen, die übrige Zeit des Tages mit Schlemmen, Temmen oder anderer Üppigkeit zuzubringen, sondern zu Hause mit den Seinigen Gott ferner loben, rühmen, ehren, preisen«.[30] Universitätsangehörige wie der von seinem Sohn als »zierlich« und »cholerisch« charakterisierte Friedrich Leibniz und seine als fromm geltende Frau Catharina begehen den Tag zweifellos in diesem Sinn.

Der Vater habe hohe Erwartungen in ihn gesetzt und sich dadurch oft den Spott seiner Freunde zugezogen, wird Gottfried Wilhelm Leibniz später schreiben. Noch vor dem Einschulungsalter habe er ihn in die Welt der Bücher eingeführt, sodass er schon als Junge am Lesen von Geschichten mehr Vergnügen gefunden habe als am Spiel.[31]

Aber kaum hat er das sechste Lebensjahr vollendet, stirbt der Vater. Dem Sohn bleiben nach eigener Aussage nur »schwache Erinnerungen« an ihn, die sich mehr und mehr mit fremden Erzählungen vermischen. Die vom Vater hinterlassene Bibliothek wird bald zu Gottfried Wilhelms Refugium. Schon als Achtjähriger verbringt er hier ganze Tage mit der Lektüre, liest historische Texte und die Schriften der Kirchenväter.

Der Religionskrieg ist vorbei, die Theologen streiten weiter

Die Leipziger Universität ist ein Zentrum der lutherischen Orthodoxie. Hier predigen konservative Theologen wie Johann Hülsemann die Vergeblichkeit alles irdischen Tuns.[32] Der Mensch bekomme auf der Höhe seines Lebens von Gott einen Schlag, »dass er wie ein Krautstengel oder eine Sonnenkrone umfällt, weggenommen und im Huy abgehauen wird; da liegt es dann alles, darauff 20, 30 Jahren großer Fleiß und Mühe ist gewendet worden«.[33]

Mit diesem tief sitzenden Pessimismus ist Leibniz von Kindheit an konfrontiert. Hülsemann, mehrfach Rektor der Hochschule, und andere Theologen bauen ihre Orthodoxie mithilfe der scholastischen Begriffswelt bis ins Kleinste aus und stehen anderen Konfessionen unversöhnlich gegenüber. Dagegen zieht Leibniz neben den Büchern Luthers auch Streitschriften der Calvinisten, der Jesuiten und Arminianer, der Thomisten und Jansenisten zurate. Später wird er an überkonfessionelle Reformideen anknüpfen und Hülsemanns düsterem Gottesbild mit der Auffassung begegnen, die wahre Frömmigkeit bestehe darin, Gott zu lieben, statt ihn zu fürchten.

Derweil setzt sich die Spaltung der Kirchen im 17. Jahrhundert weiter fort. Vor allem Protestanten suchen religiöse Erfahrungen abseits der Institutionen und deren spitzfindiger Schriftauslegung. In den deutschen Staaten wird der Pietismus mit seiner neuen Innerlichkeit nach und nach zur wichtigsten Reformbewegung, in England vertieft sich die Kluft zwischen der anglikanischen Kirche und neuen Glaubensgemeinschaften.

Es klingt wie eine Ironie der Geschichte: Newton, der bald am Trinity College in Cambridge lehrt – am »Dreifaltigkeits-College« –, wird sich den Antitrinitariern anschließen, die die Dreifaltigkeit und Menschwerdung Gottes leugnen. In seinen Auseinandersetzungen mit Leibniz wird auch beider verschiedenartiges Gottesbild eine Rolle spielen. Während beide darum ringen, ihre naturphilosophischen Erkenntnisse mit der Theologie zu verbinden, wird der eine den anderen der Religionsfeindlichkeit und des Materialismus bezichtigen.

ISAACS ZIFFERNBLATT

Newton liest die Zeit an der Wanderung der Schatten ab und wird schon als Schüler für seine selbst gebauten Sonnenuhren bekannt

Isaac Newton wächst in Woolsthorpe ganz in der bäuerlichen Tradition seiner Vorfahren auf. Das Jahr ist bestimmt durch die Rhythmen der Natur: den Wechsel von Aussaat und Ernte, die Geburt der Lämmer und das Scheren der Schafe, die Ruhe des Winters und das Frühlingserwachen.

Im Sommer 1653 kehrt seine Mutter auf den väterlichen Gutshof zurück. Sieben Jahre hat sie den Pfarrhaushalt ihres zweiten Gatten geführt, die Gemeinde aber nach dessen Tod verlassen. Endlich hat der Junge sie wieder! Von ungeteilter Freude kann jedoch keine Rede sein, denn die Mutter bringt drei jüngere Halbgeschwister mit nach Woolsthorpe: Hannah, Mary und Benjamin buhlen nun mit Isaac um ihre Aufmerksamkeit. Isaac, schon als Kind leicht reizbar, macht ihnen das Leben nach eigenen Angaben manchmal schwer. Und wenn er als Ältester die Schafe hüten soll, die in der Nähe der Häuser weiden, schnitzt er, verliert sich in Gedanken und die Tiere mitunter völlig aus dem Blick. Der Junge eignet sich kaum zum Hirten, die mit großen Herden weite Wege zurücklegen.

Um den Überblick über die Tiere zu behalten, haben die Schafhirten in Lincolnshire eine eigene Zählmethode entwickelt. Sie benutzen kein Dezimalsystem, sondern bilden Untergruppen aus jeweils 20 Schafen. Die entsprechenden Zahlenreihen beginnen mit Yan, Tan, Thetera, Pethera für eins, zwei, drei, vier und gehen bis Figgit für 20. Abzählreime erleichtern es, sich die Zahlen zu merken. Damit die Herde vollzählig bleibt und die Hirten auch die neugeborenen Lämmer durchbringen, erhalten sie vielerorts eine Pro-Kopf-Prämie anstelle eines festen Lohns.[34]

Nach vielen Stunden in der Abgeschiedenheit der Natur ist der rechte Zeitpunkt für die Rückkehr der Schafherde vor Sonnenuntergang nicht leicht abzupassen. Zwar kann der Mensch kurze Zeitspannen von wenigen Sekunden recht gut einschätzen. Aber wenn es um längere Intervalle wie Stunden geht, liegen wir oft ziemlich daneben. Forscher haben in vielen Experimenten nachgewiesen, dass Stunden schneller vergehen, als die meisten Menschen glauben.[35]

Schafhirten haben ein besonderes Zeiterleben. Sie achten auf Pflanzen, die ihre Blüten zu bestimmten Tageszeiten öffnen, um Bienen oder anderen Insekten ihren Nektar anzubieten, und lesen die Zeit am Verhalten von Tieren ab. Alle Lebewesen haben ihre eigenen Zyklen, die mit denen anderer Organismen verknüpft und am Tages- und Jahresgang der Sonne ausgerichtet sind.

Isaac schaut auf die Farben der Wolken, verfolgt die Lichtstimmungen und das Spiel der Schatten. Die Geschichten, die seine frühen Biografen erzählen, ranken sich zwar auch um selbst gebastelte Laternen und hölzerne Mühlen. Was aber vor allem Erwähnung findet, sind seine fortwährenden Beobachtungen des Sonnenstandes. Sowohl in Woolsthorpe als auch in Grantham, wo er eine weiterführende Schule besucht, sei er für seine verlässlichen Sonnenuhren bekannt gewesen.[36]

Eine kurze Geschichte der Stunde

Für uns ist es eine Selbstverständlichkeit, den Tag in 24 Stunden stets gleicher Länge zu untergliedern. Wir machen uns keine Gedanken darüber, dass dies ein willkürliches Ordnungsschema und eine ziemlich junge kulturelle Errungenschaft ist. Beim Vergleich mit der Sonnenuhr wird man unweigerlich damit konfrontiert, denn ihre Funktion ist auf die Spanne zwischen Sonnenauf- und Sonnenuntergang beschränkt, die mit den Jahreszeiten variiert. Im Sommer steigt die Sonne hoch über den Horizont auf und beschreibt einen weiten Bogen am Himmel, im Winter ist die Tageslichtdauer kürzer. Dementsprechend unterteilen die Ziffernblätter einfacher Sonnenuhren den lichten Tag nicht in gleich lange Stunden, sondern jeweils jahreszeitabhängig in Zeitspannen von unterschiedlicher Länge, genauso wie der Tagesablauf an der natürlichen Helligkeit ausgerichtet ist: Im Sommer arbeiten Menschen auf dem Land länger und bleiben länger auf.

In Lincolnshire ritzte man die Ziffernblätter der Sonnenuhren schon im Mittelalter in die Südwände von Klöstern und Kirchen, um Mönche zu regelmäßigen Gebetsstunden und die Gemeinde zur Messe zusammenzubringen. Erst mit dem Aufkommen mechanischer Uhren gewann die Idee gleich langer Zeitstunden an Bedeutung, bis dahin war sie lediglich Sternenguckern geläufig. Astronomen unterteilten den vollen Tag schon lange in 24 gleiche Stunden. Dabei orientierten sie sich aber nicht an der Sonne, sondern an den Fixsternen, die sich während ihrer nächtlichen Wanderung scheinbar völlig gleichmäßig um die Erde bewegen. In der Sternenkunde war die gleichbleibende Stunde als fixe Rechengröße unerlässlich, um Himmelsbeobachtungen über sämtliche Jahreszeiten hinweg miteinander vergleichen zu können.

Dieses feste Zeitmaß einer Stunde als vierundzwanzigster Teil des vollen Tages ging von der Astronomie über auf eine neue Uhrentechnik. Mittelalterliche Uhren erzeugten Zeiteinheiten, indem das Fallen eines Gewichts stets auf dieselbe Weise unterbrochen wurde. Ihr wichtigster Mechanismus, die Hemmung, stoppte die Abwärtsbewegung des Gewichts in möglichst gleichbleibendem Rhythmus, Zahn um Zahn. Die kurzen Spannen wurden dann zu Stunden zusammengesetzt. Ein Vorteil dieser Methode: Die Uhrzeit ließ sich unabhängig von Witterung und Sonnenschein ablesen.

Die ersten Räderuhren, raumhohe Eisengestelle, wurden von Grobschmieden und Schlossern gebaut und auf Stadt- und Kirchtürmen installiert. Sie brachten Glocken zum Schlagen, jene bronzenen Stimmen der Zeit, die weder eines Ziffernblatts noch eines Zeigers bedürfen. Als öffentliche Schlaguhren läuteten sie zum Öffnen der Stadttore, zu Beginn des Arbeitstages, der Messe, des Marktes oder der Sitzungen des Rats und strukturierten so die Abläufe des wirtschaftlichen, religiösen und politischen Lebens. Über die Schläge öffentlicher Uhren gliederte sich jeder Einzelne in die arbeitsteilige Organisation des Gemeinwesens ein. Vom ausgehenden Mittelalter an leiteten sie in ganz Europa die Etablierung einer regulären Zeitordnung ein.[37] Doch verstrichen Jahrhunderte, ehe sich die Schlaguhren in feinmechanische Instrumente verwandelten und Spezialisten erlernten, Hausuhren oder noch kleinere, transportable Uhren mit Federantrieb herzustellen. Schließlich entstanden in Dresden, Nürnberg und Augsburg, in Paris und Genf erste Uhrmachervereinigungen.

Schattenspiele

In England blüht das Handwerk vergleichsweise spät auf. Erst 1631 erhält die Clockmakers' Company in London ihre Satzung. Ob Isaac Newton in seiner Kindheit jemals eine typisch britische Hausuhr in Form einer Laterne zu Gesicht bekommt, ist mehr als fraglich. Statt die Nacht in gleich lange Stunden zu unterteilen, wie es uns heute geläufig ist, sprechen die Bauern in Woolsthorpe von Phasen wie Dämmerung, Einbruch der Nacht, Kerzenanzünden, dunkle Nacht, Spätnacht, Morgengrauen und Hahnenschrei – ein Kaleidoskop der Dunkelheit.

Aus der ganzen Grafschaft Lincolnshire ist lediglich ein einziger Uhrmacher bekannt, der schon in den 1650er-Jahren Hausuhren baut.[38] Aber es gibt viele Hinweise auf Uhrmacher, die nur eine Generation später in der Region eigene Werkstätten betreiben. Die älteste, heute noch erhaltene Hausuhr aus Lincolnshire stammt aus den 1680er-Jahren, als die Erfindung der Pendeluhr bereits einen Uhrenboom auf der Insel ausgelöst hat.[39]

Isaacs ausgeprägte Vorliebe für die Zeitbestimmung entzündet sich nicht an der Mechanik des Uhrwerks. Vielmehr verfolgt er, wie die Schatten der Zeit über große Steine und die Wände des Herrenhauses wandern und wie sich Richtung und Länge dieser Schatten verändern. Um Stunden und halbe Stunden zu messen habe er, so sein erster Biograf William Stukeley, Holzstifte in die Wände geschlagen und die entsprechenden Stellen markiert. Was ihm nach Graden so exakt gelungen sei, dass die ganze Familie und die Nachbarschaft »Isaacs Ziffernblatt« benutzt hätten, wie es allgemein genannt worden sei.[40]

»Isaacs Ziffernblatt« – die Geschichte klingt fast zu schön, um wahr zu sein. Sie reiht sich nahtlos in die ebenfalls von Stukeley kolportierten Wunderknaben-, Apfel- und sonstigen Newton-Anekdoten ein. Dennoch ist sie vermutlich nicht weit hergeholt. Mit Sicherheit lässt sich nämlich sagen, dass einige Jahre später aus dem vermeintlichen Spiel mit dem Schatten ein ernsthaftes Studium geworden ist.

Als Isaac zwölf Jahre alt ist, schickt ihn die Mutter auf die weiterführende Schule nach Grantham und quartiert ihn bei dem Apotheker William Clark ein. Wieder ist Isaac von der Familie getrennt. In dem Haus an der High Street muss er mit einer dunklen Dachkammer vorliebnehmen. Viele seiner Biografen zeichnen das Bild eines einsamen, verzweifelten Jungen, der kaum Freunde hat.[41] Sein Tagesablauf ist nun wesentlich stärker reglementiert als zuvor. Der Besuch der Grammar School dürfte sein erster Kontakt mit einer strengen Zeitordnung sein. In den großen Schulklassen ist Disziplin das oberste Gebot, die Einteilung des Unterrichts mithilfe von Sanduhren gang und gäbe.

Nach dem Unterricht schaut Isaac dem Apotheker über die Schulter, wenn dieser Heilmittel in Mörsern und Tiegeln anrührt. In der Arzneistube erwacht sein Interesse an der Chemie, das er durch die Lektüre von Büchern aus Clarks bescheidener Hausbibliothek vertieft. Darüber hinaus hat Isaac in Grantham erstmals Zugang zu einer öffentlichen Bibliothek. Sie ist in der Nähe der Schule in einem kleinen Raum über dem Südportal der Kirche St. Wulfram untergebracht, ein abgelegener, stiller und vermutlich willkommener Zufluchtsort für den Jungen.[42]

Seine wachsende Neugier hinterlässt Spuren in dem ersten Notizbuch, das er im Alter von 16 Jahren anlegt. Der Schüler sammelt Erkenntnisse jeglicher Art: was man gegen Zahnschmerzen tun soll, dass man Vögel fangen kann, indem man sie betrunken macht, und auf welche Weise sich Metall schmelzen lässt. Auffällig sind seine vielen Eintragungen zu Licht und Farben. Unter der Überschrift »Wie man Farben anmischt« kopiert er Rezepturen für verschiedene Rot-, Blau- und Grüntöne, für das Kolorit des Himmels, der Wolken und des Meeres. Darauf folgt ein prägnanter Abschnitt, aus dem man schließen darf, dass Stukeleys Erzählung über »Isaacs Ziffernblatt« einen wahren Kern besitzt.

Zunächst trägt Isaac die Positionen etlicher Fixsterne in einer Übersichtstafel zusammen. Nicht weniger sorgsam ausgearbeitet ist die nächste Tabelle, die über ein ganzes Jahr hinweg den Stand der Sonne mit der Länge des Schattens eines Stabes vergleicht. Auch eine maßstabsgetreue Beschreibung des kopernikanischen

Weltsystems fehlt nicht. Schließlich skizziert der Schüler, wie man eine Sonnenuhr für jeden beliebigen Breitengrad entwirft.

Erstmals benutzt Newton hier die Sprache der Geometrie, und zwar im Kontext der Zeitbestimmung. Nachdem er bereits ziemlich präzise Vorstellungen von den Bewegungen der Himmelskörper gewonnen hat, nimmt er sich unter Zuhilfenahme eines Buches eine anspruchsvolle Aufgabe vor: Der Lauf der Sonne ändert sich von Breitengrad zu Breitengrad. In London steigt sie mittags höher über dem Horizont auf als im nördlicheren Woolsthorpe. Gleichwohl soll das dargestellte Verfahren zur Konstruktion des Ziffernblatts nicht nur die Zeitangabe an einem der beiden Standorte, sondern an x-beliebigen Orten ermöglichen. Man kann nur darüber spekulieren, was den Jugendlichen antreibt, sich auf einer derartigen Abstraktionsebene mit der Zeitbestimmung auseinanderzusetzen. Seine Notizen legen nahe, dass er sich schon lange mit Sonnenuhren befasst und sich eingehend über ihre Funktionsweise informiert hat.

Klapp- und Reisesonnenuhren

Im 16. und 17. Jahrhundert haben sich Sonnenuhren von Klostermauern und Hauswänden abgelöst und sind mobil geworden. Klapp- und Reisesonnenuhren gibt es in allen Preislagen. Edle Modelle werden aus Elfenbein gefertigt oder versilbert, Priester und Gelehrte können sie sogar in Form eines Kreuzes oder Buches bestellen. Die billigsten Uhren bestehen aus einem rechteckigen oder ovalen Holztäfelchen, auf dem ein schlichtes Ziffernblatt aus Papier klebt.[43] Während mechanische Kleinuhren immer noch kostbare Einzelstücke sind – wohlhabende Damen zum Beispiel favorisieren Halsuhren im Stil einer Parfumdose mit Gravur –, markieren tragbare Sonnenuhren eine bedeutende Etappe auf dem Weg zur persönlichen Eingliederung in eine allgemeine Zeitordnung. Sie sind freilich nur bei Sonnenschein zu gebrauchen und zeigen die Zeit nicht von sich aus an.

Sara Schechner, Kuratorin der Sammlung wissenschaftlicher Instrumente der Harvard University, hat mehr als 2000 historische Sonnenuhren aus Museumsbeständen begutachtet und verschiedene Moden und Kundenkreise festgestellt. Demnach wurden Rei-

Elfenbein-Klappsonnenuhren für unterwegs. Links: Nürnberg um 1650. Mitte: Nürnberg um 1620. Rechts: Dieppe um 1650.

sesonnenuhren für Kaufleute oder Pilger mit Angaben darüber versehen, wie der Benutzer sie an einem neuen Ort einstellen musste. »Viele Sonnenuhren waren nicht nur tragbar, sondern auch für eine Verwendung an verschiedenen Breitengraden ausgelegt.«[44]

Besonders raffiniert sind mobile Sonnenuhren mit integriertem Kompass. Ihre Funktionsweise lässt sich am besten vor dem Hintergrund des kopernikanischen Weltbilds verstehen, das sich im Verlauf des 17. Jahrhunderts durchsetzt: Nicht die Sonne bewegt sich um die Erde, sondern wir, die Betrachter, bewegen uns. Wir sehen die Sonne morgens im Osten auf- und abends im Westen untergehen, weil sich der Globus in entgegengesetzter Richtung gleichmäßig um seine Achse dreht.

Die Drehachse der Erde liegt in Nord-Süd-Richtung. Wenn ein Schattenstab also in dieselbe Richtung weist, dreht sich die Sonne im Lauf des Tages gleichförmig um ihn herum. Diesen zur Erdachse parallel stehenden Schattenzeiger nennt man einen Polzeiger oder Polstab. Astronomen verwendeten ihn vermutlich schon in der Antike. In Europa wurde er erst wiederentdeckt, als man versuchte, die Zeit der Sonnenuhr an die Stundeneinteilung der mechanischen Uhr anzupassen.[45] Schließlich ergänzten findige Handwerker die Klappsonnenuhr um einen Kompass, nicht viel größer als eine Zwei-Euro-Münze. Damit war es möglich, auch den persönlichen Zeitmesser überall einzunorden und parallel zur Erdachse auszurichten.

Bei Sonnenuhren mit einem erdachsenparallelen Polzeiger, der senkrecht auf einem entsprechenden Ziffernblatt steht, ist die Einteilung der Stunden völlig symmetrisch. An diesen äquatorialen Sonnenuhren lassen sich die Stunden so einfach ablesen wie an den uns heute vertrauten Uhren. Die Stundenlinien unterteilen den Kreis in gleich große Segmente, gleiche Winkelabstände auf dem Ziffernblatt bedeuten gleich lange Zeitabschnitte.

Relikte aus einer fremden Zeitkultur

Auf uns wirken die handygroßen Klappsonnenuhren wie Relikte aus einer fremden Zeitkultur. Wer heute auf eine Bahnhofs- oder Armbanduhr schaut, denkt nicht daran, dass die Bewegungsrichtung des Stundenzeigers oder die Zwölf-Uhr-Markierung auf der Vertikalen von der Sonnenuhr herrühren.[46] Mit den Displays unserer Digitaluhren haben wir uns von der Bewegung der Sonne als Zeitmaßstab weiter entfernt denn je. Kinder haben es inzwischen besonders schwer. Viele von ihnen lernen die Uhrzeit nur noch als Folge von Zahlenangaben kennen, wodurch ihnen die Zeit und die Zeitbestimmung viel rätselhafter erscheinen müssen als dem jungen Isaac Newton.

Der Globus ist heute außerdem in Zeitzonen eingeteilt, eine Standardisierung der Zeit, die im 17. Jahrhundert unvorstellbar gewesen wäre. Man muss nur einen Moment in Newtons Haut schlüpfen, um die ganze Absurdität der Zeitzonen zu verstehen: Selbstverständlich muss eine Uhr die »wahre« Zeit anzeigen, die dem Stand der Sonne am jeweiligen Ort entspricht! Die »wahre Sonnenzeit« ändert sich aber von Ort zu Ort.

Heutige Zeitzonen liegen jeweils eine Stunde auseinander und haben daher eine durchschnittliche Breite von 15 Längengraden, was dem vierundzwanzigsten Teil des Vollkreises von 360 Grad entspricht. Die für Mitteleuropa maßgebliche Zeitzone zum Beispiel bezieht sich, von Greenwich aus gezählt, auf den fünfzehnten Längengrad. »Aber nur für die Orte, die exakt auf dem fünfzehnten Längengrad liegen, steht die Sonne im Winter tatsächlich um zwölf Uhr mittags am höchsten«, erläutert Stefan Weyers, Leiter der Arbeitsgruppe »Zeiteinheit« an der Physikalisch-Technischen Bundesanstalt in Braunschweig. In Deutschland trifft dies nur für die östlichste Stadt Görlitz in der Oberlausitz zu. Berlin liegt durchschnittlich sechs Minuten zurück, Aachen bereits 36 Minuten. Mit der Umstellung auf die Sommerzeit verschiebt sich die Mittagslinie dann noch einmal um 15 Längengrade nach Osten. Im Sommer sind unsere Uhren also noch weniger im Einklang mit dem Sonnenstand.

Länderübergreifende Zeitzonen haben sich in der Moderne deswegen durchgesetzt, weil Menschen in kurzen Zeitspannen große Entfernungen zurücklegen und weil die Standardzeit von einer Zentraluhr aus mittels Funk oder Kabel ohne nennenswerte Verzögerung übertragen werden kann. Uns erspart die Zoneneinteilung eine ständige Zeitumstellung von Ort zu Ort. Lediglich bei sehr weiten Reisen müssen wir gelegentlich die Uhr ein paar Stunden vor- oder zurückdrehen. Und selbst dann machen wir uns kaum Gedanken über den Lauf der Sonne, der die Ursache dafür ist.

Der feste Zeitstandard hat dazu beigetragen, dass wir den Begriff der »Zeit« heute so verwenden, als handele es sich dabei um eine sichere Sache, um irgendwas, das außerhalb unserer Köpfe existiert. Aber was soll das sein? Die Antwort auf diese Frage besteht für viele Menschen in einem Verweis auf das Ziffernblatt, den auch Albert Einstein bemühte: Zeit ist das, was man an der Uhr abliest. Aber was misst die Uhr? Halten wir zunächst fest, dass sie ein technisches Hilfsmittel zur Orientierung im Wandel des Geschehens ist, dass Mönche im Mittelalter andere Uhren zu anderen Zwecken benutzen als Stadtbewohner der frühen Neuzeit und dass die Seefahrer als Vorboten der Kolonialisierung ähnlich wie die Naturforscher des 17. Jahrhunderts auf noch präzisere Chronometer angewiesen sind. Wir werden später sehen, wie sich die Uhr im Zuge der fortschreitenden Urbanisierung, der Globalisierung und Verwissenschaftlichung der Technik zu einem Instrument entwickelt, das die »wahre Sonnenzeit« als Zeitnormal infrage stellt.

Dennoch zeigen Vielfalt und Verbreitung tragbarer Sonnenuhren, wie eng Mittel und Symbole der Zeitbestimmung in jener Epoche noch an den Lauf der Natur geknüpft sind. Als Sohn eines Schafzüchters hat Newton das Spiel mit dem Schatten von klein auf erlernt. Für den heranreifenden Naturbeobachter ist die Sonne dann nur noch ein möglicher Fixpunkt am Himmel. Steht sie wieder im Zenit, ist ein Sonnentag verstrichen. Was aber, wenn man stattdessen einen Fixstern ins Auge fasst und dessen Höchststand von einer Nacht zur nächsten verfolgt? Oder den Mond? Um die Zeitmessung astronomisch und mathematisch abzusichern, wird Newton die Bewegungen der Gestirne in all ihren Facetten erforschen.

Als er das oben erwähnte Notizbuch 1659 in Grantham kauft, hat er erst wenige Grundlagen der Mathematik gelernt – nicht sehr viel mehr, als ein künftiger Landbesitzer braucht. An eine akademische Laufbahn wagt er wohl kaum zu denken. Die Universität Cambridge, wo sein Onkel William studiert hat, ist weit weg. In Woolsthorpe wartet seine Mutter darauf, dass ihr ältester Sohn in Kürze den Hof übernimmt. Er soll das Erbe seines Vaters antreten. Ende 1659 nimmt sie ihn von der Schule.

Ein Dreivierteljahr später ist er wieder zurück in Grantham – diesmal zur intensiven Vorbereitung aufs College. Vielleicht hat Onkel William die Mutter dazu überredet, vielleicht haben die Lehrer seine außergewöhnliche Begabung erkannt. Jedenfalls sieht auch die Mutter schließlich ein, dass aus einem Jungen, der tags wie nachts in den Himmel schaut, der Schattenstäbe in die Wände nagelt und nach Kometen späht, kein Schafzüchter werden kann.[47]

DIES ACADEMICUS

Der junge Leibniz führt ein Gelehrtenleben nach Sanduhr und Stundenplan und erliegt der Faszination des Unendlichen

Ein Mensch, ein Curriculum. Wenn Leibniz über Leibniz spricht, skizziert er seinen Bildungsweg. Viel mehr als einen Abriss seiner Lernbiografie hinterlässt der Vielschreiber nicht. Weder von der Mutter ist die Rede noch von Geschwistern, geschweige denn von Schul- oder Studienkameraden. Man erfährt kaum etwas über seine Heimatstadt Leipzig, die elterliche Wohnung schrumpft auf die Bibliothek zusammen, den Raum, in dem er sich am liebsten aufhält. Dort macht es sich der Professorensohn im Sessel des Vaters bequem. Und solange wir in Ermangelung anderer Quellen dem Inhaber des Curriculums folgen, bleiben Kindheit und Jugend dieses dunkelhaarigen, blassen, hageren Jungen auf eine stille Tätigkeit eingegrenzt: Leibniz liest.

»Wilhelm Pacidius, ein Deutscher von Geburt, aus Leipzig, der den Vater, den Führer des Lebens, zu früh verloren hatte, wurde aus eigenem Antrieb zu dem Studium der Wissenschaften hingetrieben und erging sich in ihnen mit voller Freiheit«, erzählt er selbst rückblickend. »Man ließ ihm den Zutritt zur Bibliothek des Hauses, der achtjährige Knabe verbarg sich hier oft ganze Tage lang, und obgleich er das Latein kaum stammeln konnte, so nahm er die Bücher, wie sie ihm gerade in die Hand fielen, … kostete, wo es ihm behagte.«[48]

Er ist nicht einmal auf ein Wörterbuch angewiesen, sondern knackt den lateinischen Code mithilfe der Holzschnitte einer Livius-Ausgabe. Zunächst dechiffriert er mit viel Geduld die Bildunterschriften, woraus sich zwar nur der Sinngehalt einzelner Wörter ergibt, aber im zweiten und dritten Durchlauf werden aus den Wörtern längere Passagen. »Darüber hoch erfreut, fuhr ich so ohne irgendein Wörterbuch fort, bis mir das meiste ebenso klar war und ich immer tiefer in den Sinn eindrang.«[49]

Das geschilderte Prozedere ist mühsam, doch aus seiner Sicht erwähnenswert. Wenn Leibniz etwas begreifen möchte, ist er bereit, auch die dicksten Bretter zu bohren. Zwei Eigenschaften seien ihm sein Leben lang dienlich gewesen: »Erstlich, dass ich nachgerade ein Autodidakt war, und zweitens, dass ich in einer jeden Wissenschaft, kaum dass ich an sie herangetreten war, da ich oft das Gewöhnlich nicht einmal hinlänglich verstand, Neues suchte.«[50] Leibniz ist stets auf möglichst allgemeine Lösungen aus. Zum Beispiel darauf, sämtliche Begriffe auf ein »Gedankenalphabet« und damit auf möglichst einfache Ideen zurückzuführen. Oder alle einfachen Aussagen in Klassen einzuteilen. Seine Lehrer ermahnen ihn allerdings, dass es einem Knaben nicht anstehe, in Dingen, die er selbst noch nicht genügend durchgearbeitet habe, etwas Neues zu unternehmen.

Mit 14 – endlich! – darf Gottfried Wilhelm die ersten Vorlesungen an der Leipziger Universität hören, an der er bereits sieben Jahre zuvor immatrikuliert wurde. Er nimmt das Jurastudium im Frühjahr 1661 auf, im selben Jahr, in dem der dreieinhalb Jahre ältere Isaac Newton ins Trinity College in Cambridge einzieht. Beide erwartet der traditionelle Fächerkanon.

Leibniz lernt nun Griechisch und Hebräisch, vertieft sich in die aristotelische Philosophie und verbringt die Tage zwischen Hörsaal und Bibliothek. Seit seinem Knabenalter habe er eine sitzende Lebensart geführt und sich wenig Bewegung gemacht, schreibt er über sich selbst. Sein Hang zur Gesellschaft sei eben schwächer als derjenige, welcher ihn zum einsamen Nachdenken und zur Lektüre treibe.[51] Was für ihn zählt, ist die rational erfüllte Zeit.

Wie sein Tagesablauf ungefähr aussieht, kann man sich ausmalen, wenn man einen Blick auf jenen Stundenplan wirft, den Leibniz im Jahr 1673 für Philipp Wilhelm von Boineburg aufstellt, einen Adligen, um dessen Erziehung er sich während seines Parisaufenthalts kümmert. Dem jungen Boineburg wird im privaten Unterricht kaum mehr Zeit zur freien Gestaltung gewährt als in einer Klosterschule:

»5 ½. Auffzustehen, sich anzukleiden, und das gebeth zu verrichten.

6 bis 7. Überlesen, was der Sprach-Meister des tages zuvor tractiret oder zu thun geben, umb, wann derselbe komt, schon eingericht zu seyn.

7 bis 8. Sprachmeister, so pronontiation und orthographi vor allen dingen, und dann traductiones ausm Lateinischen ins Französische, auch zu zeiten ausm Französischen ins Lateinische zu exerciren hat. So kann er auch bisweilen dem Herrn von Boineburg eine Histori in französisch erzehlen, und ihn sich selbe wieder erzehlen lassen.

8 bis 9. Mathematicus, so in fundamentis Arithmeticae et Geometriae Elementaris vor allen dingen nachricht geben wird.

9 bis 10. Meß und Predigt, so die Predigt zu haben.

10 bis 11. und 11 bis 12. Exercitia: Das ist Tanz- und Fecht-Meister.

12. Mahlzeit.

1 bis 2. Ruhe, oder discours mit Herrn Heißen und seiner Liebsten, nach der Mahlzeit.

2 bis 3. und 3 bis 4. Histori, und Geographi, damit man sowohl die suite der Historiae Universalis, als situation und Grenzen der Lande verstehe, und dann bisweilen auch von Chronologi, Genealogien, und Blason oder Wappenkunst etwas fasse.

4 bis 5. Kan der Sprach-Meister wieder kommen.

5 bis 6. Khitarr-Meister.

6 bis 7. Zu eigner disposition und lesen, eines Nützlichen und zugleich annehmlichen Buchs.

NB. Es kann zu zeiten 5 bis 7. zu besuchung einer Comoedi angewendet werden.

7 bis 8. Abendmahlzeit.

8 bis 10. Ist zu discours, recapitulation des begriffenen, execution dessen, so die obgedachten Sprach- und andere Meister auffgetragen, oder nach gelegenheit, zum lesen eines divertirenden, und dabey nützlichen Buchs, zu gebrauchen.«[52]

Die langsam rieselnde Zeit

Anders als der junge Adlige übt sich Gottfried Wilhelm Leibniz weder im Tanzen noch im Fechten. Doch was die zeitliche Dichte betrifft, dürfte der für seinen Schützling ausgearbeitete Stundenplan seinem eigenen recht ähnlich sein. Lieber wolle er zweimal das Gleiche tun als einmal gar nichts, lautet ein typischer Leibniz-Spruch, der zwischen mehrseitigen Berechnungen zu finden ist.

Vermutlich steht die Uhr zur Strukturierung seines Studienalltags immer in Sichtweite. Im akademischen Umfeld benutzt man für diese Zwecke typischerweise eine Sanduhr. Als Stundenglas zieht sie in der frühen Neuzeit in die Studierstuben ein, ist auf zahllosen Gelehrtenporträts und barocken Grabsteinen abgebildet.[53]

Mit der Sanduhr geht ein besonderes Zeitbewusstsein einher. Während sich das obere Glas leert, sieht man die Zeit dahinfließen, Körnchen für Körnchen, gleichmäßig und lautlos, bis sie schließlich abgelaufen ist. Der Sand macht sie zu einem limitierten Gut. Die Sanduhr ist mit der Wasseruhr verwandt, mit der man im antiken Rom die Redezeit vor Gericht begrenzte, die Dauer der Nachtwachen festlegte oder die Öffnungszeiten in den Thermen regelte, die für Männer und Frauen unterschiedlich waren. Erstaunlicherweise rieselt der Sand jedoch von Anfang bis Ende etwa mit derselben Geschwindigkeit durch die Öffnung, unabhängig vom Füllstand. Sandkörner verhalten sich anders als Wassermoleküle. Die Kraftübertragung von einem Korn zum anderen erfolgt nicht nur von oben nach unten, sondern auch zur Seite hin. So entstehen Brücken und Netzwerke, in denen sich die Kräfte wie in einem Adersystem verteilen. Daher überträgt sich der Druck in einer Sanduhr auf die Seitenwände, die unteren Sandschichten werden entlastet, die Fließgeschwindigkeit an der Öffnung bleibt gleich.

Aufgabe des Sanduhrmachers ist es, die Einschnürung des Glases auf die Größe der Sandkörner abzustimmen. Ist die Wespentaille zu eng, kann der Strom ins Stocken geraten, weil die Körnchen Brücken bilden und die Öffnung blockieren. Um eine möglichst einheitliche Korngröße sicherzustellen, wird der Sand fein gemahlen und gesiebt. Er sollte zudem widerstandsfähig sein, damit sich die Körnchen mit den Jahren nicht gegenseitig zerreiben und die Zeit zu schnell abläuft.

Eine Sanduhr zeigt nicht an, wie spät es ist, sondern ist auf eine bestimmte Zeitspanne geeicht, auf eine Stunde etwa oder eine halbe. In der Schifffahrt bleiben Sanduhren über Jahrhunderte hinweg maßgebend. Hatte Kolumbus bei seinen Entdeckungsfahrten bereits eine ganze Reihe solcher *ampolletas* an Bord, so sind im 17. Jahrhundert alle englischen Kriegs- und Handelsschiffe mit Stunden- und Halbstundengläsern ausgestattet.[54]

In Kirchen gibt es spezielle Halterungen für Sanduhren auf den Kanzeln, denn die Zeit für Predigten ist vielerorts reglementiert. Die sächsische Kirchenordnung hält Pfarrer dazu an, ihre Reden nicht über Gebühr auszudehnen und den Gläubigen keine Zeit zu rauben, ganz nach Luthers Rat: »Steig frisch hinauf! Reiß das Maul auf! Hör bald auf!« Professoren bringen Sanduhren mit in den Hörsaal. In den Vorlesungen haben Studenten daher stets vor Augen, wie viel Zeit bereits verstrichen und wie viel noch zu leisten ist. Leibniz wird später strikt zwischen Dauer einerseits und Zeit andererseits unterscheiden. Die Dauer ist für ihn etwas Erfahrbares: Sie ist sein Arbeitspensum, ein Quantum. Dagegen sieht er in der Zeit keine Quantität, keine Größe, sondern eine Beziehung zwischen Ereignissen, nämlich die Ordnung des Nacheinanders. Dies sei an dieser Stelle schon einmal erwähnt, weil Leibniz' und Newtons unterschiedliches Verständnis von Zeit nicht losgelöst davon betrachtet werden solle, in welchem Umfeld sie aufwachsen und welche Mittel der Zeitmessung sie verwenden.

Anders als Newton hat Leibniz keinen unmittelbaren Zugang zur Astronomie oder zu Experimenten, die aus seiner Sicht ohnehin nur Beispiele liefern und Theorien stützen können. Die notwendigen Wahrheiten müssen ihm zufolge dem Verstand entspringen, den der Rationalist unablässig schult. Unter anderem dadurch, dass er nach fundamentalen Begriffen und einem Alphabet der menschlichen Gedanken sucht. Das Feld, das er auf diese Weise bestellt, ist immens. Meist hat er schon beim Aufwachen so viele Einfälle, dass der Tag nicht lang genug ist, sie zu überdenken, und der Abend zu kurz, sie aufzuschreiben.

Der zweite Schlaf

Leibniz' Arbeitszeiten verschieben sich immer weiter in die Nacht hinein. Er hat daher auch, wie er selbst betont, einen für seine Zeit untypischen Schlafrhythmus. »Sein nächtlicher Schlaf ist ununterbrochen, weil er spät zu Bette geht und das Nachtsitzen dem Arbeiten am frühen Morgen bei weitem vorzieht.«[55] Heute würde man nicht den durchgehenden Schlaf für erwähnenswert halten, sondern den unterbrochenen. Aber im 17. Jahrhundert schliefen die wenigsten Menschen nachts durch, wie der Historiker Roger Ekirch von der Universität Virginia anhand von Quellen rekonstruiert hat. »Bis zum Ende der frühen Neuzeit gab es bei den Westeuropäern in den meisten Nächten zwei längere Schlafabschnitte, die von einer stillen Wachphase von einer Stunde oder mehr unterbrochen wurden.«[56]

Leibniz' Zeitgenossen gehen eher früh ins Bett und stehen früh auf, denn künstliches Licht ist teuer. Nicht einmal öffentliche Bibliotheken haben ausreichende Mittel für künstliche Beleuchtung. Wer an Tierfett für Talgkerzen und an pflanzlichem Öl für Lampen sparen will oder muss, zieht sich zeitig zurück. Mitten in der Nacht holt man dann noch einmal den Nachttopf unterm Bett hervor, denkt über seine Träume nach, betet, plaudert miteinander, verrichtet im Licht einer Kerze noch einmal kleinere Arbeiten oder spielt eine Partie Karten. Auf den »ersten Schlaf« folgt schließlich ein »zweiter Schlaf«.

Leibniz bleibt seiner Schreibarbeiten und der Lektüre wegen lange auf, oft bis nach Mitternacht. Zu jeder vollen Stunde hört der eifrige Student den Ruf der Hörner, mit denen die Leipziger Nachtwächter die Uhrzeit verkünden, was tagsüber, bis zur Sperrstunde, die Glocke übernimmt.[57] Mit Laternen ausgerüstet und leicht bewaffnet patrouillieren die Wachmänner durch die sächsische Stadt, deren Reichtum bald nach dem Krieg wieder wächst. Schon 1661 werden hier Gesetze gegen übertriebenen Luxus erlassen.

Nachts aber liegen auch hier alle Häuser im Dunkeln. Erst im weiteren Verlauf des 17. Jahrhunderts verschiebt sich das Leben der Wohlhabenden weiter in die Nacht hinein. »Die Oberschicht stellte nachts nicht nur öffentlich ihre Macht und ihren Wohlstand durch Illuminationen zur Schau, sondern eignete sich die Abende auch für privates Amüsement an«, erläutert Ekirch.[58]

Raus aus den Tümpeln der Scholastik

Obwohl Leibniz das Flair großer Städte wie London und Paris genießen wird, lernen wir ihn von Studienzeiten an als gedankenreinen Vertreter zölibatärer Gelehrsamkeit kennen. »Man wird ihn nie weder ausschweifend fröhlich, noch traurig sehen«, schreibt Leibniz über sich selbst. »Schmerz und Freude empfindet er nur mäßig. Das Lachen verändert häufiger seine Miene, als es seine inneren Theile erschüttert.«[59] Wenn er sich in Gesellschaft befinde, dann wisse er sie angenehm zu unterhalten, komme jedoch bei scherzhaften und heiteren Gesprächen eher auf seine Rechnung als bei Spiel oder Zeitvertreiben, welche mit körperlichen Aktivitäten verbunden sind. Eines der wenigen zugestandenen Laster: Er liebt das Süße und pflegt den Wein, den er selten trinkt, mit Zucker zu vermischen.

Zum Zucker seines Studiums wird die moderne Philosophie. Bei einem Spaziergang im Leipziger Rosental gelangt er als 15-Jähriger zu der Überzeugung, dass er lieber die mathematischen Wissenschaften studieren und den Weg der neuen Philosophie einschlagen wolle, anstatt der alten zu folgen.[60] Die Leipziger Universität allerdings schöpfe weiterhin aus den Tümpeln der Scholastik. Leider mache man in Deutschland auch von der Volkssprache kaum Gebrauch, so Leibniz. Dabei wäre wohl kaum eine europäische Sprache besser für die Philosophie geeignet als die deutsche. Engländer und Franzosen hätten längst damit begonnen, »die Philosophie in ihrer Sprache auszubilden, sodass selbst jedem beliebigen Mann aus dem Volke wie auch den Frauen die Möglichkeit gegeben ist, über solche Dinge zu urteilen«.[61]

Als er den Fängen der Hochschule für ein Semester entkommt und nach Jena zieht, lenken die dortigen Professoren seinen Blick noch stärker auf zeitgenössische Denker. »Jetzt trifft es sich so glücklich, dass … die Proben einer besseren Philosophie in den Schriften der Kepler, Galilei, Descartes in die Hände dieses Jünglings gelangten.«[62] Auch der Philosoph Thomas Hobbes hinterlässt zahlreiche Spuren in seinen Schriften.

Hobbes orientiert sich am Vorbild der Geometrie, der »einzigen strengen Wissenschaft«. Dort mache man den Anfang damit, die Bedeutung der verwendeten Wörter zu bestimmen. Wer nach wahrer Erkenntnis strebe und seine Zeit nicht auf das Durchblättern großer Werke vergeuden wolle, solle vor allem die Definitionen der Autoren prüfen. Sonst gehe es ihm wie den Vögeln, »die durch den Kamin hereingekommen sind und sich in einem Zimmer eingeschlossen finden, zum trügerischen Licht eines Glasfensters fliegen, weil ihnen der Verstand zu der Überlegung fehlt, auf welchem Wege sie hereinkamen«.[63]

Die wissenschaftliche Methode besteht für Hobbes darin, vom Einfachen zum Zusammengesetzten fortzuschreiten. »Denn aus den Elementen, aus denen eine Sache sich bildet, wird sie auch am besten erkannt«, so Hobbes. »Schon bei einer Uhr, die sich selbst bewegt, und bei jeder etwas verwickelten Maschine kann man die Wirksamkeit der einzelnen Teile und Räder nicht verstehen, wenn sie nicht auseinandergenommen werden und die Materie, die Gestalt und die Bewegung jedes Teils für sich betrachtet werden.«[64]

Die von selbst laufende Maschine ist ein Paradebeispiel für ein aus Teilen zusammengesetztes, bewegtes Ganzes. Noch bevor Uhren zu präzisen Zeitmessern werden, geht eine außerordentliche Faszination von solchen Automaten aus. Denn ihre ausgeklügelten Räderwerke hauchen lebloser Materie eine fortlaufende Bewegung ein.

»Was, frage ich, verdient noch Bewunderung, wenn nicht dieses, dass ein an sich lebloses Ding wie das Metall so lebendige, beständige und regelmäßige Bewegungen vollzieht?«, schreibt 1657 der Pädagoge Amos Comenius. »Wäre dies nicht, bevor es noch erfunden war, für ebenso unmöglich gehalten worden, wie wenn einer behauptet hätte, die Bäume würden gehen und die Steine sprechen können?« Ja, ein solches Instrument sei sogar imstande, den Menschen zu einer bestimmten Uhrzeit aus dem Schlaf zu wecken und ein Licht anzuzünden, damit der Erwachte gleich etwas sieht.[65]

Uhren mit zuverlässigen Weckvorrichtungen erfreuen sich im Barock zunehmender Beliebtheit. Noch beeindruckender als Wecker sind bewegliche Figuren wie krähende Hähne, die zur vollen Stunde mit den Flügeln schlagen, oder trommelnde Bären. Sie

Der barocke Uhrentick – Phantasiekostüm des Uhrmachers mit den Attributen seines Gewerbes. Kupferstich von Nicolas II de Larmessin aus der Folge: Les Costumes Grotesques, Habits des métiers et professions, Paris 1695.

werden an Adelshöfen und bei Volksfesten vorgeführt. Um derartige Maschinen zu entwerfen, muss man nicht einmal Uhrmacher sein. Der französische Philosoph René Descartes hat einen Seiltänzer ersonnen, der von einem Magneten in Bewegung gesetzt wird, und Pläne für ein Rebhuhn, »das von einem Spaniel aus einem Busch aufgescheucht wird«.[66]

Da er zwischen Maschinen und Tieren keine prinzipiellen Unterschiede sieht, wähnt sich Descartes den Geheimnissen des Lebens auf der Spur. Überall in der Natur sieht er Maschinenartiges. »Es ist daher der aus diesen und jenen Rädern zusammengesetzten Uhr ebenso natürlich, die Stunden anzuzeigen, als es dem aus diesem oder jenem Samen aufgewachsenen Baum natürlich ist, diese Früchte zu tragen.«[67]

Ähnlich Hobbes: Gleich zu Beginn seines *Leviathan* vergleicht er den lebendigen Körper mit einem Automaten: »Denn was ist das Herz anderes als eine Feder, was sind die Nerven anderes als lauter Stränge und die Gelenke anderes als lauter Räder, die dem ganzen Körper Bewegung verleihen, wie es vom Konstrukteur beabsichtigt wurde?«[68] Die Möglichkeiten der Technik bestimmen den Radius des Denkens.

Die Kunst der Kombinatorik

Den jungen Leibniz beeindruckt vor allem der Gebrauch der analytisch-synthetischen Methode und der mathematischen Logik. Wenn sich das Große aus dem Kleinen zusammensetzt, der komplexe Begriff aus einfachen Ideen, wäre dann die kombinatorische Kunst nicht der geeignete Weg, um in die Geheimnisse der Natur einzudringen? Kann man zur Erkenntnis des Ganzen gelangen, indem man die einzelnen Teile durchläuft?

In hobbesscher Manier beginnt Leibniz mit der Definition elementarer Begriffe wie Punkt, Raum, Teil und Ganzes und geht von da aus über zu Problemen der Sprach-, Rechts- oder Musikwissenschaft. Der festen Überzeugung, dass alle Operationen des Geistes letztlich ein »Rechnen« sind und in der Mathematik wurzeln, schreibt er eine teils anspruchsvolle, teils amüsante Abhandlung nach Art der seinerzeit populären *Mathematischen und Philosophischen Erquickstunden* von Georg Philipp Harsdörffer. In der

Harmonie der Musik zum Beispiel, die mit den Zahlenverhältnissen der Intervalle zusammenhängt, erkennt Leibniz ein unbewusstes Zählen. Eine ähnliche Stimmigkeit könne dem »Er-zählen« einer Geschichte zugrunde liegen, mutmaßt er, doch werde diese Ordnung durch unsere Sprache verdeckt.

Mit den Mitteln der Kombinatorik versucht Leibniz, zu einer Universalsprache zu gelangen. Auch wenn er wenige Jahre später schreiben wird, dass es sehr schwer sei, eine solche Sprache zu erfinden, rühmt er einstweilen, dass sie sehr leicht, ohne irgendwelche Wörterbücher, zu erlernen sei. »Denn in ihr lenkten schon die Buchstaben und Wörter die Vernunft, und Irrtümer (außer Tatsachenirrtümer) wären in ihr bloße Rechenfehler.«[69]

Im Übrigen wartet seine Abhandlung mit unterhaltsamen Geschichten auf. Zum Beispiel erzählt er von einem Gastgeber, der sechs Personen eingeladen hat. Da sich die Gäste nicht über die Sitzordnung einigen können, verkündet der Hausherr, er werde sie nun so oft einladen, wie man die Sitzordnung wechseln könne. Beim Nachrechnen wird schnell klar, dass er sich nicht überlegt hat, was er da sagt: Bei sechs Gästen ergeben sich für den ersten von ihnen sechs Möglichkeiten der Platzwahl, für den zweiten fünf, den dritten vier und so fort. Demnach müsste er sie insgesamt $6 \times 5 \times 4 \times 3 \times 2 \times 1 = 720$-mal verköstigen.

Leibniz findet Vergnügen an Zahlenspielen dieser Art. Er berechnet Permutationen und Variationen, kombiniert Wörter und Verse, zerlegt die Sprache bis in ihre Buchstaben hinein, um dann aufs Ganze zu gehen: alle möglichen Anordnungen für 24 Buchstaben des Alphabets zu ermitteln. Es sind 620 448 401 733 239 439 360 000. Als wäre diese Zahl noch nicht groß genug, denkt er laut darüber nach, ob es ein Buch geben könnte, das alles jemals Geschriebene und in Zukunft noch zu Schreibende enthält. Natürlich auch das vorliegende Buch, das Sie gerade lesen. Ist es nur eine Wiederholung? Muss nach einer genügend großen Zeitspanne nicht alles, was überhaupt gesagt werden kann, bereits gesagt sein?[70]

In der Mathematik noch weitgehend unerfahren, gibt er sich der Faszination des Unendlichen hin. Die analytisch-synthetische Methode konfrontiert ihn mit dem unendlich Kleinen und dem unendlich Großen, dem Punkt und der Geraden, dem Atom und dem Universum, dem Augenblick und der Ewigkeit. Nach und nach lotet er die Schwierigkeiten aus, die der Begriff des Unendlichen in sich birgt.

Bei Aristoteles ist ihm das Unendliche als unerforschlicher Abgrund begegnet, als etwas, das niemals als Ganzes gedacht werden kann. Wenn wir beispielsweise die unendliche Menge der natürlichen Zahlen betrachten, mögen wir noch so weit zählen – niemals kommen wir an eine Grenze. Das Wort »unbegrenzt« bedeute daher das Gegenteil dessen, was man dafür halte, erklärt Aristoteles: Nicht dasjenige sei unbegrenzt, was das Größte sei und daher nichts außerhalb seiner habe, sondern das, wozu es immer noch ein Äußeres gebe. Dem Unendlichen hingegen fehle die Vollständigkeit.[71]

Während Aristoteles betont, die Natur meide das Unendliche, bahnt sich in der Neuzeit ein Umdenken an. Leibniz spricht von der Unendlichkeit Gottes und des Universums, schwärmt von der unendlichen Vielfalt der Natur, in der nicht ein Blatt dem anderen gleiche. Die Natur schöpfe geradezu aus der Unendlichkeit. Den Menschen sieht er eingebunden in ein Geflecht von Wandlungen, die er sich als unendliche kausale Ketten vorstellt. In der leibnizschen Gedankenwelt steht alles miteinander in Verbindung.

VIEL LÄRM UM NICHTS

In London und Paris studieren Naturforscher das Vakuum und den Raum zwischen den Gestirnen und gründen Akademien

Als Galileo Galilei 1638 erblindete, waren die besten Teleskope etwa zwei Meter lang. 25 Jahre später, als Newton und Leibniz mit dem Studium beginnen, betrachten Forscher die Gestirne bereits durch 15 Meter lange Fernrohre. Aber auch sie sind klein im Vergleich zu dem sage und schreibe 46 Meter langen Beobachtungsinstrument, das außerhalb der Stadttore von Danzig mithilfe von Seilzügen aufgebaut wird: ein gigantisches »Luftteleskop«, das aus einer Objektivlinse am vorderen und einem Okular am hinteren Ende besteht und keinerlei Rohr mehr hat.

Wo ehemals ein Pünktchen namens Saturn am Nachthimmel flackerte, sehen Astronomen nun einen Planeten, der nicht rund, sondern an den Polen abgeplattet ist, den ein frei schwebendes Ringsystem umgibt und den zahlreiche Monde umkreisen. Nach der Entdeckung des Saturnmondes Titan im Jahr 1655 können aufgrund der technischen Weiterentwicklung des Fernrohrs bald die Monde Iapetus und Rhea und kurz darauf Dione und Tethys in Augenschein genommen werden. Die neue Technik bringt neues Wissen hervor, und doch zeigt jede neue Teleskopgeneration bloß Ausschnitte aus einem unermesslichen Universum.

»Das ewige Schweigen dieser unendlichen Räume macht mich schaudern.«[72] Wie kein Gelehrter vor ihm erlebt der französische Mathematiker und Philosoph Blaise Pascal die Ungesichertheit der menschlichen Existenz in dieser unendlichen Sphäre, deren Zentrum überall, deren Peripherie nirgends sei. Der Mensch stehe mit der ihm zugeteilten Masse zwischen den beiden Klüften des Unendlichen und des Nichts. Immer im Ungewissen, treibe er auf einer unermesslichen Mitte dahin. »Unsere Teilhabe am Sein nimmt uns die Möglichkeit, die ersten Gründe, die dem Nichts entstammen, zu erkennen, und das Wenige dieser Teilhabe verdeckt die Schau des Unendlichen.«[73]

Zur selben Zeit fragt sich in Deutschland der Naturforscher Otto von Guericke, was dieses Universum erfüllen mag. »Ist es irgendein feuerartiger Himmelsstoff …? Oder ist es eine durchsichtige Quintessenz? Oder doch jener stets geleugnete, jeder Stoffheit bare leere Raum?«[74] Von Guericke packt eine »unauslöschliche Begierde«, dies herauszufinden. Als Bürgermeister der Stadt Magdeburg, die im Krieg in Schutt und Asche gelegt wurde, kennt er sich aus mit Wasserpumpen und Feuerspritzen. Auf der Suche nach einem leeren Raum, den es der klassischen Physik zufolge gar nicht geben dürfte, pumpt er die Flüssigkeit aus Wein- und Bierfässern ab. Das Leerpumpen der Fässer hat jedoch seine Tücken. Durch Ritzen und Poren in den Wänden strömen Luft und Wasser nach. Also probiert er es mit einem undurchlässigen Material: Kupfer. Bei den ersten Experimenten fallen die Kupferkessel mit lautem Knall in sich zusammen. Das Metall werde »wie ein Leinentuch in der Hand zerknüllt«.[75] Auch davon lässt sich von Guericke nicht abschrecken. Er trotzt dem »Horror vacui«, bestellt Kessel mit dickeren Wänden in Form von Halbkugeln, lässt Dichtungen und Ventile verbessern, um den enormen Kräften zu begegnen, die beim Absaugen der Flüssigkeit entstehen.

1654 präsentiert er in Regensburg vor erlesenem Publikum seine erste funktionstüchtige Vakuumapparatur. Als Abgesandter Magdeburgs hat von Guericke bereits an den Friedensverhandlungen in Osnabrück teilgenommen. In Regensburg, wo erstmals wieder der Reichstag einberufen wird, geht es ähnlich hoch her. Kaiser Ferdinand III. zieht mit großem Gefolge durch einen Triumphbogen in die Stadt ein, veranstaltet Faschingsumzüge und gibt fast täglich Bankette.

Von Guericke führt den an Maskeraden gewöhnten Fürsten vor, wie man in einem ausgetüftelten Experiment das wahre Gesicht der Natur erkennt. Obschon sich die Feinheit der Luft den Blicken entzieht, sind die Effekte, die sein Vakuum hervorruft, spektakulär. Er heckt immer neue Möglichkeiten aus, seine Versuche zu inszenieren. Nachdem er zwei Halbkugeln zusammengefügt und die Luft zwischen ihnen abgepumpt hat, schaffen es selbst zwei Pferdegespanne – mit zunächst sechs, später acht, dann zehn Pferden auf jeder Seite – nicht, die Hälften wieder voneinander zu trennen, so stark werden die evakuierten Halbkugeln von der umgebenden Luft zusammengedrückt.[76]

Im Lauf der Jahre investiert von Guericke ein Vermögen in seine Vakuumtechnik: geschätzte 20 000 Taler, mehr als er in seinem Amt als Magdeburger Bürgermeister je verdienen kann. Für die Experimente lässt er sogar sein Wohnhaus umbauen, weist nach, dass ein luftleerer Raum eine durchaus positive Wirkung auf die Haltbarkeit von Äpfeln hat – was man heute bei Vakuumverpackungen einsetzt – oder dass man ein Vakuum oder einen Unterdruck auch dazu nutzen kann, einen Zylinder nach unten zu bewegen und eine Hebemaschine zu bauen, was den Weg zur Erfindung der Dampfmaschine bahnt.

Von Guerickes Versuche inspirieren Gelehrte in Frankreich, Italien und England. In Oxford baut Robert Boyle die Vakuumpumpen nach, die der Deutsche entworfen hat. Als siebter Sohn des Earl of Cork kann er es sich leisten, ein chemisches Labor zu betreiben. Seine Gehilfen leben gefährlich. Boyle experimentiert mit medizinischen Präparaten und Explosivstoffen. Wenn's knallt, Glasscherben durch die Luft schießen und ätzende Säuren auf ungeschützte Körperteile spritzen, hält sich der Meister gerne in einem anderen Raum auf und schreibt Briefe. Seine unachtsamen Laboranten ermahnt er dann, künftig »etwas vorsichtiger« zu sein.[77]

Boyle und sein erfindungsreicher Assistent Robert Hooke konstruieren Vakuumgefäße, die groß genug sind, um Fallexperimente durchzuführen und Lebewesen hineinzusetzen. Wenn es um die Erweiterung des Erfahrungsschatzes geht, sind sie nicht zimperlich. Hooke schneidet einem Hund den Brustkorb auf, versorgt ihn über eine Luftpumpe mit frischer Luft und hält ihn so über eine Stunde am Leben. Schließlich wagt er sich selbst in eine Vakuumkammer hinein, aus der ein Viertel der Luft abgelassen wurde. Als er eine Viertelstunde später wieder heraustritt, hat er abgesehen von Ohrenschmerzen keine weiteren Beschwerden.

Der Natur ihre Geheimnisse durch Versuche entlocken, Erkenntnisse jeglicher Art sammeln, von einzelnen Fällen aufs Allgemeine schließen – all dies sind Aspekte eines Wissenschaftsprogramms, dem sich Boyle, Hooke und eine Gruppe englischer Gelehrter verschrieben haben. Ihre Maxime: »Nullius in verba.« Reine Worte sollen nicht mehr als Wissenschaft anerkannt werden, sondern nur noch das, was durch Experimente und Mathematik belegt werden kann. Um natürliche Prozesse zu verstehen, müsse man wie ein Uhrmacher vorgehen und die Dinge zerlegen, nicht bloß Ziffernblatt und Zeiger betrachten, sondern nach jenen Federn und Zahnrädern suchen, die alles in Gang halten.[78] Es ist die Geburtsstunde der Royal Society, der königlichen Akademie der Wissenschaften in London, am Beginn einer neuen politischen Ära.

Die Rückkehr der Royals

Unter dem Militärregime Oliver Cromwells hat England massiv aufgerüstet, um die englische Handels- und Kolonialmacht auszuweiten, dem katholischen Erzfeind Spanien die Zuckerinsel Jamaika zu entreißen. Die Herstellung von Kanonen hat sich zum wichtigsten Zweig der Eisenverarbeitung entwickelt. Tuchhändler in der Grafschaft Kent klagen über die riesigen Mengen Holzkohle, die in der landesweit größten Kanonengießerei verbraucht werden.[79] Um eine Tonne Roheisen herzustellen, benötigt man etwa acht Tonnen Holzkohle, die ihrerseits aus 30 Tonnen Holz gewonnen werden.[80] Während die Insel vom Kahlschlag bedroht ist, steht der Staat wegen exorbitanter Rüstungsausgaben vor dem Bankrott.

Nachdem Cromwell an Malaria gestorben ist, holen Parlamentarier im Jahr 1660 den Sohn des enthaupteten Monarchen aus dem Exil nach England zurück und stellen die Königswürde wieder her. Anders als sein Vater wird Charles II. offene Konfrontationen mit dem Parlament vorerst meiden. Der Weg zum absolutistischen Machtstaat, den Ludwig XIV. zur selben Zeit in Frankreich einschlägt, ist ihm verstellt. Umso mehr orientieren sich seine Hofhaltung, die Größe seiner Perücken und die Zahl der Mätressen am französischen Vorbild.

Langjährige Favoritin des Königs ist Barbara Villiers Palmer. Aus ihrer Beziehung gehen fünf Kinder hervor, darunter Vorfahren von Prinzessin Diana. Mrs. Palmer macht der königlichen Gemahlin das Leben zur Hölle. Katharina von Braganza hat als portugiesische Prinzessin eine Erziehung in einem katholischen Kloster hinter sich. Charles II. heiratete sie allein der Mitgift wegen, die ganz auf die englische Handelspolitik zugeschnitten war und neben der indischen Metropole Bombay dauerhafte Handelsrechte für Ostindien und Brasilien umfasste.

Der Tagebuchschreiber Samuel Pepys schwärmt von Mrs. Palmers Schönheit und gewährt tiefe Einblicke in die »Herrschaft der Unterröcke«, unter denen das Geld aus der königlichen Schatulle verschwindet. Vorüber ist nun die Zeit der »Godly«, der puritanischen Eiferer. »Die Sittenlosigkeit, die gleichsam als Reaktion gegen die puritanische Strenge erschien, wurde eine Art von Mode, welche selbst ehrenhafte Männer zum Erstaunen ihrer Freunde mit sich fortriss«, so der Historiker Leopold von Ranke. »Auf die Predigt folgte das Theater, das der Lust diente, die jene verpönt hatte.«[81]

Charles II. eröffnet seine Regierungszeit mit der Verteilung von Ämtern und gibt im Herbst 1660 seine Zustimmung zu der Gründung einer Gesellschaft zur Förderung des »physiko-mathematischen experimentellen Wissens«, aus der wenig später die Royal Society hervorgeht.[82] Im Londoner Gresham College stehen der Akademie ein Sitzungszimmer und ein weiterer Raum für die Unterbringung von Büchern und Apparaturen zur Verfügung. Die Remise nimmt Robert Hooke als Kurator für Experimente in Beschlag. Zwar erlaubt der wöchentliche Obolus, den die Mitglieder entrichten, keine großen Anschaffungen. Aber Hookes Kunstfertigkeit und seine Kontakte zu Handwerkern helfen der Gesellschaft über viele Anfangshürden hinweg. Auf eine finanzielle Förderung vonseiten der Krone hofft die Royal Society vergebens. Samuel Pepys zufolge lacht Charles II. gelegentlich über die Gelehrten, die ihre Zeit damit verbrächten, Luft zu wiegen.[83]

College-Bier und Zimmerdienste

Auch Isaac Newton reizt das experimentelle Studium der Naturerscheinungen. Allerdings muss er das dafür erforderliche Instrumentarium selbst zusammentragen. An der Universität Cambridge gibt es keine Laboratorien. Nur aus den Schriften von Boyle und anderen Naturforschern erfährt der Student, wie nützlich Vakuumkammern zur Erforschung der Bewegung, wie hilfreich Pendel zur Zeitbestimmung und Glasprismen zum Studium der Farben sind. Von seiner Universität wird er schließlich sagen, er habe dort kein wissenschaftliches Leben feststellen können. Sie sei beinahe eine »geistige Wüste«.[84] Im Unterschied zu Leibniz, der die Hochschule nach der Ausbildung verlässt, um etwas von der Welt zu sehen, und keine Gelegenheit auslässt, mit den führenden Intellektuellen Kontakt aufzunehmen, hat es bei Newton allerdings den Anschein, als habe er diese »Wüste« gesucht. In Cambridge lässt er sich auf ein exklusives Denkabenteuer ein. Abgesehen von wenigen Unterbrechungen bleibt er 35 Jahre lang am selben Ort.

Kurz nach der Rückkehr der Monarchie hat Newton die väterliche Schafzucht verlassen und sich am Trinity College eingeschrieben, das den akademischen Nachwuchs auf ein geistliches Amt vorbereiten soll. Dementsprechend hüllen sich die Graduierten in schwarze Talare. Mit dem Ende des puritanischen Interregnums ist die anglikanische Staatskirche wieder zur alleinigen Maßgabe geworden. Auch in Cambridge sind viele Professoren ausgewechselt worden. Nichtanglikanern ist der Besuch der Universität von 1662 an untersagt.[85]

Ungeachtet dessen spielt sich das Leben der Studenten auch außerhalb der insgesamt 16 Colleges in den umliegenden Wirtshäusern ab. Gerade der adlige Nachwuchs bringt im Vergleich zu den Söhnen der aufsteigenden Gutsbesitzer und Kaufleute wenig Lerneifer mit. Newton meidet die Orte, wo seine trinkfesten und spielfreudigen Kommilitonen ihr Geld und ihre Zeit verschwenden, wird aber in der neuen Umgebung stärker denn je von Gewissensnöten geplagt. Immer wieder verleiht er kleine Beträge an andere Studenten, obschon er selbst als »Subsizar« am College registriert ist, als einer der Mittellosen. Durch diesen Status kommt Newton in den Genuss von kostenlosen Mahlzeiten. Dafür muss er den zahlenden Kommilitonen mit Zimmerdiensten zur Hand gehen. Über seine Finanzen führt er penibel Buch und kreidet es sich selbst an, dass er zu oft ans Geld denkt.

John Wickins ist in dieser Zeit sein engster Freund. Nachdem sich die beiden von Sinnkrisen geplagten Studenten beim Spaziergang begegnet sind, bemühen sie sich gleich darum, ein Zimmer teilen zu dürfen.[86] Mehr als 20 Jahre lang, bis zu seinem Weggang aus Cambridge 1683, wird Wickins der Zimmergenosse Newtons bleiben und ihm in Phasen intensiver Studien viele Schreibarbeiten abnehmen.

In seinen Notizbüchern umreißt Newton das Spektrum der Naturphilosophie in 45 Unterpunkten. Er denkt über den möglichen Ursprung des Sonnensystems nach und meint, die Unbegrenztheit des Weltraums könnte nur als Resultat der Unendlichkeit Gottes verstanden werden, eines Wesens, über das hinaus nichts Größeres gedacht werden könne. »Zu sagen, die Ausdehnung wäre nur unbestimmt (ich meine alle Ausdehnung, die es gibt, und nicht nur so viel wir uns vorstellen können), weil wir ihre Grenzen nicht wahrnehmen können, bedeutet so viel wie zu sagen, Gott wäre auf unbestimmte Weise vollkommen, weil wir seine ganze Vollkommenheit nicht verstehen.«[87]

Mehrfach stellt er sich die Frage, wie weit die Materie teilbar ist, ob sie etwa aus Partikeln besteht, die mathematischen Punkten ähneln. Schließlich kommt Newton zum Schluss: »Keine mathematischen Punkte«, da diese keine Ausdehnung hätten. »Selbst eine unendliche Zahl mathematischer Punkte verschmilzt zu einem einzigen, wenn man sie zusammenfügt, und dieser, da es sich immer noch um einen mathematischen Punkt handelt, ist unteilbar. Aber ein Körper ist teilbar.«[88] Der fleißige Student liebäugelt mit der seinerzeit populären Vorstellung, dass die »prima Materia« aus Atomen zusammengesetzt ist. Freilich könnte diese Materie zu klein sein, um sie zu erkennen.[89]

Lehrjahre, Wunderjahre

Von 1664 an erlebt Newton eine äußerst fruchtbare Schaffensperiode. Er hat das Glück, dass am Trinity College erstmals ein Lehrstuhl für Mathematik eingerichtet und mit Isaac Barrow hervorragend besetzt wird. Noch im selben Jahr kauft Newton sich Descartes' *Geometrie* und studiert die Werke führender Mathematiker.

Dann grassiert in England die Pest, die Universität schließt ihre Pforten. Gut anderthalb Jahre, die er selbst im Rückblick als große Zeit seiner Entdeckungen bezeichnet, verbringt Newton in der ländlichen Abgeschiedenheit von Woolsthorpe und Boothby. Sie werden heute gerne seine »Wunderjahre« genannt. Jahrzehnte später wird er rückblickend eine ganze Liste mathematischer Entdeckungen aufführen, die er allein 1665 gemacht habe: von der Reihenentwicklung über die binomische Formel und Tangentenbestimmungen bis hin zur Fluxionsrechnung. »Im Januar des nächsten Jahres fand ich die Farbentheorie … Im selben Jahr fing ich an, darüber nachzudenken, die Schwere bis zur Umlaufbahn des Mondes auszudehnen ... Dies alles geschah in den beiden Pestjahren …, da ich zu jener Zeit auf der Höhe meiner Erfindungsgabe stand und mich mehr als irgend sonst mit Mathematik und Philosophie befasste.«[90]

Seine Licht- und Farbentheorie, die seiner Ansicht nach »außergewöhnlichste Entdeckung, die bis zum heutigen Tag gemacht wurde«, wird ihn in der Welt der Wissenschaft bekannt machen.[91] Wie hängen Licht und Farben miteinander zusammen? Das Licht, das die Sonne ausstrahlt, erscheint uns weiß. Doch dann fällt dieses Licht auf eine Regenfront, und wir sehen einen in allen Farben schillernden Regenbogen. Oder aber das Licht wird in einem Stückchen Glas gebrochen, und irgendwo an der Wand irrlichtert ein buntes Fleckchen.

Diesem Farbenspiel widmet Newton seine volle Aufmerksamkeit. Er kauft sich ein gläsernes Prisma, dunkelt sein Zimmer ab, lässt das Sonnenlicht durch ein nur sechs Millimeter großes Loch im Fensterladen einfallen, hält das Prisma davor und projiziert die gebrochenen Sonnenstrahlen auf eine mehr als sechs Meter entfernte Wand.[92] Auf diese Weise vergrößert er das schillernde Fleckchen und macht es dem experimentellen Studium zugänglich. Das aufgefächerte Spektrum in Rot, Gelb, Blau bis Violett ist etwa fünfmal länger als breit. Er dreht das Prisma, tauscht es gegen ein zweites aus, verändert den Abstand zur Projektionsfläche, wählt ein anderes Einfallsloch, protokolliert die jeweiligen Maße und prüft, inwiefern seine Beobachtungen mit dem bekannten Brechungsgesetz übereinstimmen. Nach vielen Tests kommt Newton zu der Vermutung, dass das weiße Licht beim Durchgang durch das Glas in Farben zerlegt und je nach Farbe unterschiedlich stark gebrochen wird.

Jetzt schaut er sich die einzelnen Farben genauer an. Dazu projiziert er das komplette Farbspektrum auf einen Schirm, in dem sich ein Spalt befindet. Die Öffnung ist so schmal, dass nur ein Strahl einer einzigen Farbe durchdringen kann, zum Beispiel Grün. Diesen grünen Strahl lässt Newton wiederum auf ein Prisma fallen. Und siehe da: Einfarbiges Licht fächert sich nicht weiter auf. Es bleibt stets unverändert.

Am erstaunlichsten aus Newtons Sicht ist die Farbe Weiß. »Sie ist immer zusammengesetzt, und zu ihrer Zusammensetzung sind alle vorher genannten primären Farben vonnöten.«[93] Führt er das durch ein Prisma in seine Farben zerlegte Sonnenlicht wieder in einem Punkt zusammen, ergänzen sich die Farben erneut zu Weiß, als wäre nichts geschehen. Newton folgert aus seinen Experimenten, dass die Farben Eigenschaften des Lichts selbst sind und die Sonne Licht aussendet, das aus sämtlichen Regenbogenfarben zusammengesetzt ist. Wassertropfen oder Glasprismen brechen die Lichtstrahlen je nach Farbe unterschiedlich stark: Rot am schwächsten, Blau am stärksten.

Seine Farbenlehre ist so befremdlich, dass Goethe ihr noch 150 Jahre später nicht folgen kann. Der Physiker hätte sie uns »weisgemacht«, indem er »die Natur auf die Folter spannte, um sie zu dem zu nötigen, was er schon vorher bei sich festgesetzt hatte«.[94] Die Phänomene müssten »ein für alle Mal aus der düsteren empirisch-mechanisch-dogmatischen Marterkammer vor die Jury des gemeinen Menschenverstandes gebracht werden«, fordert der Dichter.[95] Weitere 150 Jahre später werden dann die ersten Laser, ganz im Einklang mit Newtons Theorie, einfarbiges Licht aussenden, wie es heutzutage im CD-Player, an der Supermarktkasse oder in der Augenarztpraxis hin und her geworfen wird.

Newtons Blick ist nicht so eingeengt, wie Goethe uns glauben machen will. Was immer mit Licht und Farben zusammenhängt, zieht ihn in seinen Bann. Der angehende Naturforscher schneidet das Auge eines Schafes auf und studiert den Akt des Sehens. Als er versucht, die Farbwirkung im Auge zu ergründen, zieht er sich allerdings tatsächlich in eine »Marterkammer« zurück: »Ich nahm eine Ahle … und schob sie zwischen Augapfel und Knochen so weit nach hinten, wie ich konnte. Und als ich mit ihrem Ende gegen mein Auge drückte …, erschienen mehrere weiße, dunkle und farbige Kreise.«[96] Sobald er die Ahle ruhig hält, verschwinden die Kreise wieder.

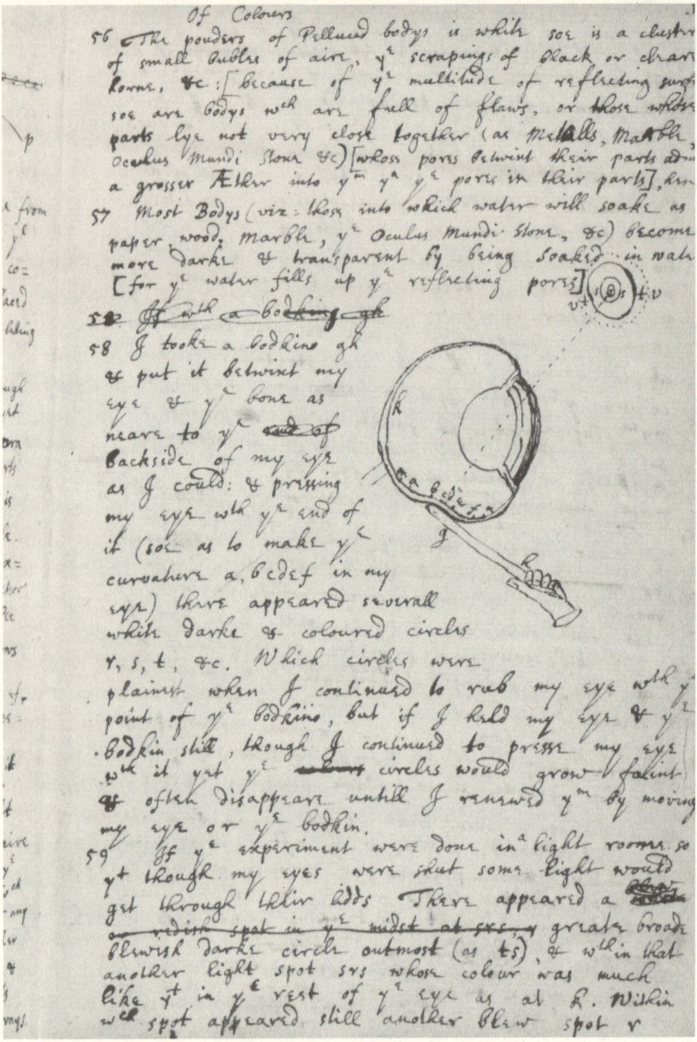
Of Colours

56 The pouders of Pellucid bodys is white soe is a cluster of small bubles of aire, ye scrapings of black or clear horne, &c: [because of ye multitude of reflecting surf… soe are bodys wch are full of flaws, or those whose parts lye not very close together (as Metalls, Marble, Oculus Mundi Stone &c) [whose pores betwixt their parts adm… a grosser Æther into ym yn ye pores in their parts], …

57 Most Bodys (viz: those into which water will soake as paper, wood, marble, ye Oculus Mundi Stone, &c) become more darke & transparent by being soaked in wate… [for ye water fills up ye reflecting pores]

58 I tooke a bodkine gh & put it betwixt my eye & ye bone as neare to ye backside of my eye as I could: & pressing my eye wth ye end of it (soe as to make ye curvature a, bcdef in my eye) there appeared severall white darke & coloured circles r, s, t, &c. Which circles were plainest when I continued to rub my eye wth ye point of ye bodkine, but if I held my eye & ye bodkin still, though I continued to presse my eye wth it yet ye circles would grow faint & often disappeare untill I renewed ym by moving my eye or ye bodkin.

59 If ye experiment were done in a light roome so yt though my eyes were shut some light would get through their lidds There appeared a greate broade blewish darke circle outmost (as ts), & wthin that another light spot srs whose colour was much like yt in ye rest of ye eye as at k. Within wch spot appeared still another blew spot r

Newton schreckte nicht vor Selbstversuchen zurück. Hier eine Seite aus seinem Notizbuch, auf der er ein Experiment am eigenen Auge aufgezeichnet hat. Mit Hilfe einer Ahle wollte er die Farbwirkung im Auge ergründen, Laboratory Notebook, *1669–1693.*

Nicht nur das eine Mal greift Newton zur Ahle, sondern er wiederholt das Experiment in einem dunklen, dann in einem hellen Raum. Ein andermal setzt er seine Augen dem von einem Spiegel zurückgeworfenen, grellen Sonnenlicht aus. Als Nachbilder tauchen wiederum farbige Kreise auf.[97] Ähnlich wie Hooke schreckt auch der Experimentator Newton nicht vor halsbrecherischen Selbstversuchen zurück.

Teil II

ZEIT DER UHREN

DIE ERFINDUNG DER PENDELUHR

Warum eine mechanische Uhr die Zeitmessung revolutioniert und zuallererst über die Weltmeere segelt

Der 13. Mai 1665 ist ein warmer Frühlingstag in London. Der Marinebeamte Samuel Pepys, ein unermüdlicher Tagebuchschreiber und heute unentbehrlicher Chronist des Londoner Stadt- und Hoflebens, schwitzt in seiner zu dicken Kleidung. Ans Mittagessen mag er noch nicht denken, denn seit dem frühen Morgen quälen ihn Blähungen, die er einem Mangel an Bewegung zuschreibt. Also macht er sich erst einmal auf den Weg zur Börse. Dort sucht er den Uhrmacher auf, um seine neue Uhr abzuholen. Anschließend fährt er mit der Kutsche nach Hause, dann zum Kronanwalt und wieder zurück zu seinem Büro im Marineamt. »Aber, mein Gott, seht her, wie albern und kindisch ich noch immer bin, dass ich es mir nicht verkneifen kann, meine Uhr den ganzen Nachmittag in der Kutsche in meiner Hand zu halten und hundertmal nachzuschauen, wie spät es ist! Ich bin geneigt zu sagen: Wie konnte ich nur so lange ohne sie auskommen!«[1]

Pepys besaß schon einmal eine Uhr, die ihm nur Ärger machte. Die neue Uhr aber ist ein deliziöses Spielzeug. Wie Pepys später verrät, hat sie eine Minutenanzeige, was in den 1680er-Jahren nicht mehr der Rede wert sein wird, denn da gibt es schon erste Taschenuhren mit Sekundenzeiger. Im Jahr 1665 aber ist eine Zeitangabe in Minuten eine Rarität.

In den kommenden Wochen und Monaten trägt Pepys seine »Minutenuhr« ständig mit sich herum, während sein Bewegungsradius kleiner und kleiner wird.[2] Die Pest breitet sich in London aus. Der König und sein Hofstaat fliehen nach Oxford, Pepys bringt seine Frau in Woolwich unter, muss aber seinen Amtsgeschäften in der Hauptstadt weiter nachgehen. Von nun an lebt er in der ständigen Angst, den Totenkarren zu begegnen, mit denen die Leichen zum Verbrennen gebracht werden. Die Epidemie fordert immer neue Opfer. Nach amtlichen Zählungen erliegen ihr allein in der letzten Augustwoche 6102 Menschen. In der darauffolgenden Woche registriert man offiziell sogar 6978 Pesttote in London. Pepys schreibt sein Testament, da er nicht sicher sein kann, »auch nur noch zwei Tage zu leben«.

Endlich findet das Marineamt ein Ausweichquartier in Greenwich. Von da an pendelt Pepys täglich zwischen Woolwich und Greenwich. Vorsichtshalber geht er ohne Perücke aus dem Haus. Er hat Angst, das gekaufte Haar könne von Leuten stammen, die Opfer der Seuche geworden sind.

Am 13. September 1665 notiert er in sein Tagebuch: »Aufgestanden und nach Greenwich gelaufen, wobei ich viel Freude daran hatte, meine Minutenuhr in der Hand zu halten, durch die ich in der Lage bin, die Entfernungen auf meinem Weg von Woolwich nach Greenwich zu überblicken. Und ich habe festgestellt, dass ich am Ende jeder Viertelstunde stets auf zwei Minuten genau am selben Ort ankomme.«[3]

Pepys' Begeisterung für die tragbare Uhr ist ungebrochen. Sie ist aus Silber, aber nach »puritanischer Machart« ohne Dekor und, obschon gebraucht, stolze 14 Pfund wert. Auf Schritt und Tritt spielt er mit dem Zeitmesser. Neugierig, wie er ist, überprüft er anhand der Minutenanzeige die Gleichmäßigkeit der eigenen Schrittgeschwindigkeit. Das kleine Experiment entzückt ihn. Pepys ist seit Anfang des Jahres Mitglied der Royal Society und hat in den zurückliegenden Monaten einiges über Präzisionsuhren gehört. Auch andere Akademiemitglieder haben sich daraufhin eine eigene Uhr zugelegt. Im Herbst 1666 wird er seine silberne Uhr Lord Brouncker, dem Präsidenten der Gesellschaft, mit großzügiger Geste überlassen und gegen eine weniger wertvolle eintauschen.[4] Bis dahin hütet er sie wie ein Kleinod. Da er sich mit der Uhrentechnik nicht näher vertraut gemacht hat, entgeht ihm völlig, dass sein Chronometer gar nicht so gut sein kann, wie der Minutenring vortäuscht.[5] Die dafür nötige Genauigkeit wird nämlich bis dato nur von Pendeluhren erreicht.

Gezählte Zeit

Die Erfindung der Pendeluhr durch den Niederländer Christiaan Huygens ist die seit Jahrhunderten bedeutendste Neuerung im Uhrenbau. Mit ihr erhöht sich die Ganggenauigkeit der Zeitmessinstrumente um das Zehn- bis Hundertfache, ein Gewinn an Präzision, wie er in der Uhrengeschichte nur noch einmal erreicht werden sollte: bei der Ablösung der Quarz- durch die Atomuhr.[6] Dem englischen Handwerk bescheren die neuen Uhren eine Blütezeit, der Wissenschaft eröffnen sie ungeahnte Perspektiven. Das Pendel erlaubt nicht nur Präzisionszeitmessungen, es dient den Naturforschern auch als physikalisches Modell.

Der Erfinder selbst gibt sich bescheiden. »Ich habe kürzlich eine neue Konstruktion ersonnen, eine Uhr, die mit solcher Gleichmäßigkeit läuft, dass eine gute Chance besteht, mit ihr die Längengrade zu messen, wenn man sie mit zur See nimmt«, teilt er im Januar 1657 einem befreundeten Mathematiker mit.[7] Huygens ist zu diesem Zeitpunkt 27 Jahre alt und nicht der erste Gelehrte, der Versuche mit dem Pendel anstellt. Den Anstoß für die Entwicklung gab Galileo Galilei.

Eindrücklich schilderte der Florentiner, wie er ein Senklot anblies, und zwar genauso rhythmisch, wie man ein Kind auf einer Schaukel anschiebt. Was ihn am meisten verblüffte: Die Schwingungsdauer des Pendels blieb scheinbar immer gleich. Auch wenn Galilei stärker blies und das Pendel weiter auslenkte, veränderte sich die Periode nicht. »Vor allem müssen wir konstatieren, dass jedes Pendel eine so feste und bestimmte Schwingungsdauer hat, dass man dasselbe in keiner Weise in einer anderen Periode schwingen lassen kann als nur in der ihm von Natur eigenen.«[8] Die mit viel spekulativem Schwung vorgebrachte These wurde in den folgenden Jahrzehnten strengen Prüfungen unterzogen. Praktisch verwertbar war sie zunächst nicht. Zur Messung der Zeit müssen die Pendelschwünge nämlich ausgezählt werden.

Der italienische Jesuitenpater Giambattista Riccioli stellte sich dieser Aufgabe auf bemerkenswerte Weise. Ihm schwebte ein Pendel vor, das genau einmal pro Sekunde von einer Seite zur anderen schwingt. Könnte man die Länge dieses Sekundenpendels genau bestimmen, wäre es als Chronometer zu gebrauchen. Zunächst schätzte Riccioli die Länge des Sekundenpendels mithilfe einer Wasseruhr ab. Dann machte er sich zusammen mit Pater Grimaldi in Bologna daran, das Hin und Her des Pendels sechs Stunden lang zu zählen, was einem Viertel eines Sonnentags entsprach. Als die sechs Stunden schließlich vorüber waren, hatten die beiden Jesuiten jedoch statt der erhofften 21660 Schwünge 21706 gezählt.[9]

Ricciolis Ehrgeiz war nun erst recht geweckt. Sein nächster Pendelversuch war noch aufwendiger. Vom 2. auf den 3. April 1642 unterstützten ihn neun Patres dabei, die Schwingungen einmal rund um die Uhr zu zählen, um die Messgenauigkeit zu erhöhen, also über 24 Stunden hinweg. Franciscus Adurnus, Paulus Casarus, Stephanus Ghisonus, Franciscus und Vicentus Maria Grimaldus, Camillus Rodengus, Jacobus Maria Palavacinus, Octavius Rubens und Franciscus Zenus lösten sich im Halbstundentakt ab. Das Ergebnis war wiederum ernüchternd: 87998 Schwingungen anstelle von 86640.[10]

Im Mai und im Juni desselben Jahres ließen sich die Patres noch weitere Male einspannen, wobei sie statt des Sonnengangs den Umlauf der Fixsterne als astronomischen Vergleichsmaßstab heranzogen. Danach verweigerten sie ihre Mitarbeit. Das Auszählen der Pendelschwünge hatte ihre Geduld über Gebühr strapaziert.

Christiaan Huygens erspart sich solche Mühen und überlässt das Zählen einer Maschine. Er verbindet das Pendel mit einer mechanischen Uhr, sodass ihr Gangrad mit jedem Pendelschwung vorrückt. Ein Sperrmechanismus stoppt die Drehung, und erst wenn es entriegelt wird, bewegt sich das Rad weiter. Die technische Realisierung dieses Stop and go, die Hemmung, ist ein Schlüsselelement jeder mechanischen Uhr. Huygens greift auf die seit Jahrhunderten bekannte Spindelhemmung zurück, bei der zwei Metalllappen wechselweise in die Lücken zwischen den Zähnen des Gangrades eingreifen. Die Neuerung besteht darin, dass nun ein schwingendes Pendel die Bewegung steuert und damit, so Huygens, »den Gang der ganzen Uhr«.[11]

Zwar würde man erwarten, dass die Schwingung eines Pendels durch den Luftwiderstand und die Reibung des Lagers so lange gedämpft wird, bis die Uhr schließlich stillsteht. Huygens' Auto-

Eine Hausuhr von Hans Buschmann, Augsburg um 1650, präsentiert den Löwen als programmierte Maschine. Das Tier rollt mit den Augen und schnappt viertelstündlich mit dem Maul. Die genaue Zeitanzeige ist nebensächlich.

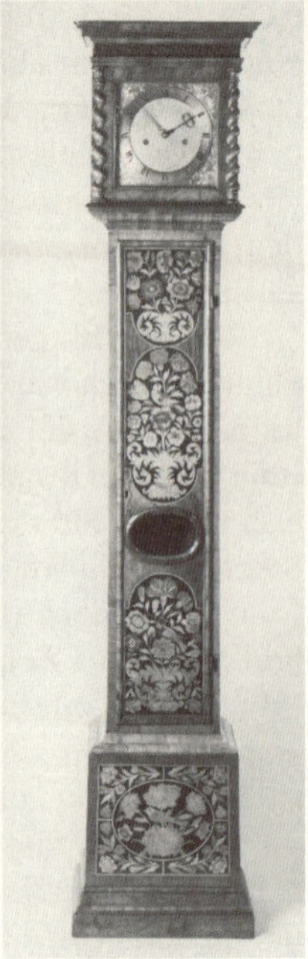

Eine typische Standpendeluhr, wie sie ein paar Jahrzehnte später in London beliebt wurde: Edward East, um 1675.

mat zeichnet sich jedoch dadurch aus, dass mittels einer Rückkopplung gerade so viel Energie in das System eingespeist wird, wie durch Reibung verloren geht. Wenn die Zähne gegen die Spindellappen schlagen, wird dem Pendel ein winziger Rückschwung mitgegeben. Die Spindel folgt also nicht nur dem Pendel, wie Huygens hervorhebt, »sie unterstützt auch dessen Bewegung ein wenig und verleiht ihr dadurch ewige Dauer«.[12] Die dafür nötige Energie entstammt dem Antrieb der Uhr. Er besteht traditionell aus einem sinkenden Gewicht. Solange es sich nach unten bewegen kann, ist die Uhr aufgezogen und das Pendel ermüdet nicht.

Die Pendeluhr ist anderen Zeitmessern von Beginn an überlegen. Und sie wird noch genauer, als Naturforscher und Uhrmacher wenige Jahre darauf neue Hemmungsmechanismen austüfteln, die das Pendel noch freier schwingen lassen. Der Uhrmacher Salomon Coster, mit dem der Erfinder zusammenarbeitet, bekommt im Juni 1657 ein Patent zuerkannt. Er baut mehr als ein Dutzend Hausuhren nach dem neuen Modell, außerdem eine Turmuhr für die Kathedrale in Utrecht und weitere Kirchen. Der Patentschutz besteht allerdings nur auf dem Papier. Noch ehe Coster 1659 stirbt, haben Handwerker in Rotterdam, Paris und London die Pendeluhr erfolgreich kopiert.

Das deutsche Handwerk greift die bedeutende Erfindung nur zögerlich auf, obschon gerade deutsche Städte für ihre Uhrmacherkunst berühmt sind. Im Nürnberger und Augsburger Fernhandel gehören Uhren zu den Hauptausfuhrprodukten. Allein in Augsburg waren zwischen 1550 und 1650 mindestens 182 Uhrmachermeister zugelassen.[13] Familien wie die Buschmanns haben das Handwerk über sieben Generationen hinweg vererbt. Den beiden letzten Uhrmachern dieser Dynastie begegnet man jedoch nicht mehr in Augsburg, sondern in London: John Bushman und John Baptist Bushman.[14] Der Uhrmacher Johann Philipp Treffler, der bereits 1658 eine Pendeluhr nach Costers Vorlage baut, wohnt zu diesem Zeitpunkt ebenfalls nicht mehr in Augsburg, sondern in Florenz. Ende des Jahrhunderts werden keine Augsburger Produkte mehr gefälscht, sondern die Signaturen englischer Werkstätten – ein Zeichen allgemeiner Anerkennung technischer Leistungen.

Dieser Niedergang des Handwerks ist nicht allein eine Folge der Zerstörung der Städte im Dreißigjährigen Krieg. Nach Kriegsende erweist sich das in Zünften organisierte deutsche Uhrmacherhandwerk auch als zu wenig innovativ.[15] Fruchtbare Verbindungen zwischen Wissenschaft und Technik, zwischen Naturforschern und Handwerkern, ergeben sich nur vereinzelt. In Paris oder London, wo Anfang der 1660er-Jahre nationale Akademien der Wissenschaften gegründet werden, profitieren Gelehrte und Uhrmacher wechselseitig von ihren Ideen und Fertigkeiten.

London hat bald die Nase vorn. Im September 1657 schickt der Uhrmacher Ahasuerus Fromanteel seinen Sohn als Lehrling in ebenjene Werkstatt in Den Haag, die nur wenige Monate zuvor ein Patent für den Bau der ersten Pendeluhren erhalten hat.[16] Das Wissen, mit dem der Sohn acht Monate später in die englische Hauptstadt zurückkehrt, macht sich umgehend bezahlt, denn der Pendelmechanismus lässt sich ohne große Schwierigkeiten in konventionelle Uhren einbauen. Schon im Herbst 1658 bewirbt Meister Fromanteel die neuen Zeitmesser als die ersten ihrer Art in England in der Presse. Die Anzeigen im *Mercurius Politicus* und im *Commonwealth Mercury* preisen den genauen Gang und die Wetterfestigkeit seiner Produkte.[17]

Im Unterschied zu ihren Vorgängern haben die neuen Uhren zwei Zeiger: außer dem kurzen Stundenzeiger, der am vorderen Ende verschnörkelt und daher gut erkennbar ist, dreht nun ein zweiter Zeiger seine Runden auf dem Ziffernblatt. Dieser Minutenzeiger ist feiner und länger. Während die Stundenangaben in großen römischen Ziffern auf dem inneren Ring angeordnet sind, bilden die Minutenangaben in arabischen Ziffern den äußeren Ring des Uhrenblatts.

Die zukünftigen Mitglieder der Royal Society sind elektrisiert. Als die Gesellschaft am 28. November 1660 unter dem Vorsitz Robert Morays aus der Taufe gehoben wird, kündigen die Gelehrten gleich für die erste Dezembersitzung einen Versuch zu Pendelschwingungen an.[18] Bei einem der folgenden Mittwochstreffen werden weitere Experimente geplant. Man möchte unter anderem prüfen, ob eine Pendeluhr auf dem mehr als 3000 Meter hohen Vulkan der Insel Teneriffa genauso schnell tickt wie auf Meereshöhe. Zeigt der neue Präzisionszeitmesser überall auf dem Globus dieselbe Zeit an? Als Richtmaß für die Expedition zu den Kanaren ist eine Sanduhr vorgesehen.[19]

Kurz darauf ist Christiaan Huygens zu Gast in London. Als er im Frühjahr 1661 an einer Sitzung im Gresham College teilnimmt, führt man ihm »drei schöne Pendeluhren« vor.[20] Einige Tage darauf kann er bei einem Besuch in Fromanteels Werkstatt bestaunen, was in England aus seiner Erfindung geworden ist.[21]

Von da an geht ein reger Briefwechsel über den Kanal. Robert Moray und Alexander Bruce, die Huygens in London hofiert haben, sind fest entschlossen, das gegen Schaukelbewegungen empfindliche Pendel hochseetauglich zu machen. Sie nutzen jede Möglichkeit, Uhrenmodelle an Bord von Schiffen zu testen. Schließlich gelingt es ihnen, Huygens für eine internationale Zusammenarbeit zu gewinnen.[22] Obwohl England und die Niederlande zu dieser Zeit mehrere See- und Handelskriege austragen, initiieren die Forscher gemeinsame Versuche zur Längengradbestimmung. 1663 gehen zwei Pendeluhren auf eine Reise nach Lissabon, im Jahr darauf weiter nach Westafrika. Von dort aus kehrt Kapitän Robert Holmes mit aufsehenerregenden Ergebnissen nach London zurück.

Das grundsätzliche Problem bei der Navigation auf hoher See lässt sich aus Sicht des Theoretikers auf eine knappe Formel bringen: Auf offenem Meer sind die Gestirne die einzigen Orientierungsmarken, aber die Erde dreht sich unter ihnen weg. Permanent ändert sich die Position eines Navigators relativ zu den Sternen, zu denen er hinaufschaut, um an der Himmelskarte seinen eigenen Standpunkt abzulesen.

Lediglich der Polarstern bleibt an einem festen Ort. Da die Drehachse der Erde genau auf ihn gerichtet ist, verharrt er immer an derselben Stelle, dem Himmelspol. Ein Beobachter, der sich am Nordpol aufhält, hat den Polarstern direkt über sich, am Äquator sieht man ihn stets am Horizont. Auf diese Weise zeigt die Position des Polarsterns, auf welchem Breitengrad sich der Navigator befindet.

Für die Längengrade gibt es keinen solchen Anhaltspunkt. Längengrade sind gedachte Linien, auf denen alle Orte zur selben Zeit Mittag haben. Aber keine dieser Mittagslinien – oder Meridiane – ist besonders ausgezeichnet. Von wo aus man zu zählen beginnt, wenn man ein Längennetz um den Globus wirft, ist eine willkürliche Entscheidung.

Einmal mit dem Schiff unterwegs, verliert man die geografische Länge schnell aus den Augen. Wer etwa von Portsmouth aus losfährt, um den Atlantik in Richtung Amerika zu überqueren, stellt fest, dass die Sonne und die Sterne immer später aufgehen. Wenn sich der Höchststand der Sonne am Mittag um vier Stunden verzögert, hat man sich um vier von 24 Stunden, also um ein Sechstel des Erdumfangs oder 60 Längengrade, nach Westen bewegt. Den eigenen Längengrad zuverlässig zu ermitteln ist jedoch knifflig. Dazu muss nicht bloß der Sonnenhöchststand oder der Meridiandurchgang eines bekannten Sterns vermessen werden. Nach Möglichkeit sollte man eine Borduhr mitführen, die während der ganzen Fahrt dieselbe Zeit anzeigt wie eine synchron zu ihr laufende Uhr in Portsmouth, sprich: Man benötigt eine Uhr, die unter den widrigen Bedingungen der Seefahrt hinreichend genaue Zeiten liefert.

Philipp II. von Spanien setzte 1598 einen Preis für die Lösung dieses Längengradproblems aus. Der König, in dessen Reich die Sonne nie unterging, versprach dem Entdecker eine lebenslange Rente von 2000 Dukaten im Jahr. Die fette Prämie lockte neben anderen Galileo Galilei, der mit seinem Teleskop vier Monde gesichtet hatte, die völlig regelmäßig um den Planeten Jupiter kreisten. Die Stellungen der Monde und ihre Verfinsterungen waren so präzise vorhersagbar, dass Galilei das himmlische Uhrwerk mit den vier Zeigern 1612 in Madrid vorstellte. Aber wie sollte man ein meterlanges Teleskop auf einem schwankenden Schiff installieren, um damit vier winzige Himmelspünktchen im Visier zu halten? Die Methode war bestenfalls an Land und auch dort nur in jenen klaren Nächten zu gebrauchen, in denen Jupiter mit seinen Monden über dem Horizont stand.

Huygens' Pendeluhr verspricht mehr Erfolg. Sein englischer Financier, Alexander Bruce, lässt zwei solcher Uhren gegen das Schlingern des Schiffs stabilisieren und mit einem bronzenen Zylinder umkleiden. Kapitän Robert Holmes hat sich bereit erklärt, bei einer längeren Schiffsreise zu testen, ob sie als Zeitmesser verlässlich genug sind. Als seine vier Schiffe bei der Rückreise von Guinea nach England von ihrer ursprünglich geplanten Route abkommen, werden die Pendeluhren auf die Probe gestellt. Die Windverhältnisse erzwingen einen Umweg, der von der westafrikanischen Küste weit weg auf den Atlantik hinausführt.

Als das Trinkwasser knapp wird, ruft Holmes alle Kapitäne zusammen. Die Situation ist besorgniserregend, weil sich die Navigatoren nicht über die augenblickliche Position einigen können.

Ihre Ergebnisse weichen um 80 und 100 Meilen von Holmes' eigenen Berechnungen ab. Er will mithilfe der beiden Pendeluhren ermittelt haben, dass sich die Flotte nahe bei der Insel Fogo befindet. Auf seinen Befehl hin nehmen die Schiffe Kurs auf die kapverdische Insel und erreichen tags darauf das rettende Ufer.

Die Royal Society veröffentlicht den Reisebericht im März 1665 in der allerersten Ausgabe ihrer neuen Wissenschaftszeitschrift, den *Philosophical Transactions*. Auch Huygens gibt die Schilderungen des Kapitäns acht Jahre später in einem Buch über die Pendeluhr wieder und verbucht die Westafrikareise als vollen Erfolg. Noch 1673 hebt er den gleichmäßigen Gang und die Nützlichkeit der Pendeluhren bei dieser und anderen Testfahrten hervor.[23] Die Guineafahrt galt daher lange als Meilenstein auf dem Weg zur Lösung des Längengradproblems.

Zwischen Wunsch und Wirklichkeit

Die Historikerin Lisa Jardine hat jedoch überzeugend dargelegt, dass Holmes' Report ziemlich frei erfunden war.[24] Seemannsgarn. Das Pikante daran: Den Mitgliedern der Royal Society war dies nicht verborgen geblieben.

Unmittelbar nachdem die Royal Society den Reisebericht publiziert hatte, wurden schon Zweifel an der Glaubwürdigkeit der Darstellung laut. Holmes' Berechnungen seien fehlerhaft, die angesteuerte Insel sei gar nicht Fogo gewesen, sondern ein anderes Eiland. Da Samuel Pepys mittlerweile Mitglied der Akademie geworden ist und regelmäßig an deren Sitzungen teilnimmt, beauftragt man am 8. März 1665 den Marinebeamten damit, der Sache nachzugehen.[25]

Nachdem er einen der anderen Kapitäne befragt hat, gibt Pepys am 15. März im Gresham College zu Protokoll, die Besatzung der Schiffe sei nicht in Fogo an Land gegangen, sondern auf einer anderen Insel 30 Meilen westwärts. Es habe auch keine nennenswerten Unterschiede zwischen der Berechnung des Längengrads mithilfe herkömmlicher Methoden und der Pendeluhren gegeben. Letztere hätten außerdem zwischendurch nachgestellt werden müssen.[26]

Robert Moray versucht zwar in derselben Sitzung, einige Punkte in ein etwas besseres Licht zu rücken. Schließlich würde die Zuverlässigkeit der Pendeluhren auch durch jüngere Testfahrten gestützt. Sie wären daher für die Längengradbestimmung durchaus geeignet. Doch offenbar hatte der Kapitän schamlos übertrieben.

Am 22. März bittet man Pepys, sich auch die entsprechenden Schiffstagebücher zu beschaffen, was er wiederum gewissenhaft erledigt. Die Royal Society aber schweigt sich von nun an über die Angelegenheit aus. Auch Huygens erwähnt die Diskrepanz zwischen Holmes' Ausführungen und den tatsächlichen Vorfällen während der Seereise mit keinem Wort. Umso intensiver bemühen sich alle Beteiligten in der Folgezeit darum, den gestiegenen Erwartungen gerecht zu werden und noch bessere Uhren zu entwerfen.

Diese Eigendynamik, die sich aus dem Wechselspiel greifbarer Fortschritte und zwischenzeitlicher Rückschläge, diffuser Versprechungen und konkreter Erwartungen entwickelt, ist charakteristisch für die modernen Naturwissenschaften. Mit ihr wächst auch die Bereitschaft zur Selbsttäuschung und zur Täuschung anderer. Nur selten führt ein direkter Weg von neuen Einsichten hin zu Prototypen, die in einem gewünschten Kontext funktionieren.[27] Als Huygens die erste Pendeluhr entworfen hatte, drängten ihn Moray und Bruce dazu, gemeinsam ein seetaugliches Modell zu bauen, ohne die damit verbundenen Schwierigkeiten auch nur im Ansatz zu kennen. Fortan bejubelten sie jeden noch so kleinen Erfolg. Von Rückschlägen wird die Öffentlichkeit weiterhin nichts erfahren, solange die Mitwirkenden davon überzeugt sind, in Kürze über bessere Uhren zu verfügen. Und wenn sich eine Leitidee erst einmal festgesetzt hat, hängen ihr Wissenschaftler und Techniker oft mit großer Beharrlichkeit an, ohne den Glauben an den Erfolg zu verlieren. Die seetaugliche Pendeluhr ist hierfür ein Paradebeispiel wie heutzutage die Kernfusion. Huygens, Bruce und Moray ahnen nicht, wie weit sie noch von einer Lösung des Längengradproblems entfernt sind. Ihren Qualitätstest auf hoher See wird die Uhr erst 100 Jahre später bestehen.[28]

Die Sitzungsprotokolle der Royal Society zeugen von angestrengten Aktivitäten nach der missglückten Veröffentlichung des Reiseberichts. Nicht zuletzt deshalb entwickelt sich die Uhrentechnik in den kommenden Jahren rasant weiter. Bemerkenswert ist, dass Huygens sein ursprüngliches Konzept noch einmal grundsätzlich überdenkt und neben dem Pendel einen weiteren Gangregler ins Spiel bringt, der gegen Schaukelbewegungen weniger empfindlich ist. Dank der Erfindung der Unruh, von der noch die Rede sein wird, können bald auch Taschenuhren die Zeit viel präziser anzeigen als zuvor.

LEIBNIZ IN PARIS

Ein deutscher Höfling in geheimer Mission baut mit der Unterstützung von Uhrmachern eine außergewöhnliche Rechenmaschine

Die Begegnung im September 1672 ist eine der bedeutendsten in seinem Leben. Gottfried Wilhelm Leibniz sucht seinen späteren Mentor vermutlich in der Königlichen Bibliothek auf. Hier, im Herzen von Paris, residiert Christiaan Huygens, der Erfinder der Pendeluhr. Der nunmehr 43-jährige Niederländer ist eine Art wissenschaftlicher Direktor der Académie des sciences. Um ihn nach Frankreich zu locken, in das mit 18 Millionen Menschen mit Abstand bevölkerungsreichste Land Mittel- und Westeuropas – Deutschland hat an die zehn, England gut fünf Millionen Einwohner –, hat ihm der Sonnenkönig ein üppiges Gehalt angeboten. Seine Wohnung liegt in unmittelbarer Nachbarschaft zum Louvre und den Tuilerien.

Huygens gilt als begnadeter Astronom, Mathematiker und Physiker. Die von ihm konstruierten Teleskope, mit denen er einen Ring um den Saturn und den Orionnebel entdeckt hat, suchen in Europa ihresgleichen. In der Mathematik wäre etwa sein Buch *Über die Berechnungen in Glücksspielen* zu nennen. Die darin vorgestellten statistischen Methoden ermöglichen es, die Lebenserwartung der Pariser Bevölkerung zu ermitteln, aus der sich wiederum die Höhe der Leibrenten errechnet. Seine physikalischen Forschungen werfen zum Beispiel neues Licht auf das Billardspiel, für das Ludwig XIV. eigens einen Salon in seinem künftigen Schloss in Versailles herrichten lässt.

Fast eine halbe Million Menschen leben in Paris und den Vorstädten. Ludwig XIV. hält sich kaum noch hier auf, sondern vornehmlich auf seinem Schloss in Saint-Germain-en-Laye. Unterdessen sind Architekten und Handwerker dabei, das Jagdschlösschen in Versailles 20 Kilometer außerhalb von Paris zur prächtigsten Residenz auszubauen, die Frankreich je gesehen hat. Dort wird der Sonnenkönig den gesamten Adel um sich scharen, um ihn zu beherrschen.

Wenn es seine Arbeit erlaubt, kehrt auch Huygens Paris den Rücken. Im vergangenen Jahr hat er sich monatelang in Den Haag aufgehalten. Die Seeluft tut ihm gut, denn er leidet unter Atembeschwerden, die ihn einige Jahre später dazu zwingen werden, die französische Hauptstadt ganz zu verlassen.[29] In den Niederlanden sieht man es nicht gern, dass er sein Wissen dem französischen Herrscher zur Verfügung stellt. Ludwig XIV. hat sich durch seine Ehe mit der spanischen Infantin Maria Theresia Ansprüche auf das Erbe des spanischen Weltreichs gesichert, zu dem die Spanischen Niederlande zählen. Kaum hatte Huygens sein Nobelquartier in Paris bezogen, marschierten 1667 französische Truppen in Flandern ein, eroberten Lille und andere Städte. Eine Zeit lang hofften die Niederländer auf eine Allianz mit England, weshalb Huygens' Vater im Alter von 76 Jahren noch einmal als Botschafter nach London reiste – vergeblich. Im März 1672 erklärte Ludwig XIV. der »Nation der Käsehändler« den Krieg.

Inzwischen sind 120 000 Soldaten über den Rhein vorgerückt. Huygens' Landsleute sahen sich dazu gezwungen, die Deiche zu durchstechen, Schleusentore zu öffnen und das eigene Territorium zu fluten. Ihr Land hat sich in eine Inselwelt verwandelt. Ob der Vormarsch der größten Armee Europas auf diese Weise gestoppt werden kann?

Was Huygens nicht weiß: Der junge Deutsche, der bei ihm anklopft, ist in geheimer Mission nach Paris gekommen. Leibniz fürchtet um den mühsam errungenen Frieden in Europa. Sein »Ägyptischer Plan«, für den er den Mainzer Kurfürsten und Reichskanzler hat gewinnen können, sieht vor, die Machtinteressen Ludwigs XIV. in eine andere Richtung zu lenken. Statt die Vereinigten Niederlande anzugreifen und den Unmut der meisten europäischen Fürsten auf sich zu ziehen, könnte der Sonnenkönig unsterblichen Ruhm im Kampf gegen die Türken erlangen, die als die größte Bedrohung der Christenheit ausgemacht sind. Wenn Ludwig XIV. die französischen Streitkräfte gegen das Osmanische Reich führen würde, wäre er imstande, den Türken das ägyptische

Territorium zu entreißen, und könnte dort einen Kanal bauen lassen, der das Mittelmeer mit dem Roten Meer verbindet, womit den französischen Schiffen eine konkurrenzlos schnelle Handelsroute nach Asien offen stünde.

Der »Ägyptische Plan« ist ganz auf Frankreichs neue Flottenpolitik und seine Handelsinteressen zugeschnitten. Allein zwischen 1670 und 1683 verdoppelt sich die Zahl der französischen Handelsschiffe.[30] Leibniz knüpft mit seiner »Suezkanal-Idee« an das seinerzeit größte europäische Ingenieursprojekt an: den Bau des 240 Kilometer langen »Canal Royal«. Seit etwa fünf Jahren ziehen Tausende Arbeiter eine künstliche Wasserstraße samt Schleusen und Stausee quer durch Frankreich. Sie soll vom Mittelmeer zum Atlantik reichen und französischen Schiffen den unsicheren Weg um die Iberische Halbinsel herum ersparen. Etwa 190 Höhenmeter sind dabei zu überbrücken. In Fonserannes zum Beispiel ist eine riesige Schleusentreppe mit acht Kammern geplant, um die Schiffe knapp 22 Meter zu heben.[31]

Ein Vorhaben dieser Dimension auf ägyptischem Boden, verbunden mit einem Krieg gegen die Türken, wäre eine völlig andere Herausforderung. Der französische Außenminister winkt sofort ab. Er hat bereits nach Mainz ausrichten lassen, seit Ludwig dem Heiligen wären Heilige Kriege gegen die Ungläubigen aus der Mode gekommen. Jedenfalls kommt Gottfried Wilhelm Leibniz mit seiner Mission keinen Schritt weiter. Seit seiner Ankunft in Paris versucht er, zu den Ministern, ihren Beratern oder auch nur in deren Nähe vorzudringen.

Eine lebendige Rechenbank

Nach dem frühen Tod seiner Mutter hatte Leibniz ursprünglich vor, in Holland Mathematik zu studieren. Brennend vor Begierde, die Welt kennenzulernen und Ruhm in den Wissenschaften zu erwerben, verließ er seine Heimatstadt Leipzig, promovierte im Schnellverfahren an der Universität Altdorf und war in Nürnberg kurzzeitig Sekretär einer alchemistischen Gesellschaft. Dort lernte er, warum »alchemistische Blasebalgtreter« im Bann der Magie mit ihren Experimenten Schiffbruch erleiden.[32] Der Traum vom Goldmachen wird allerdings auch ihn noch des Öfteren ereilen.

Als er dann »durch Maynz passiret, der meinung, nach Holland und weiter zu gehen«, kam er »bey dem dahmaligen berühmten Churfürsten Johann Philipp in Kundschafft ..., der mich bey sich behalten«. Im Dienst des Mainzer Kurfürsten wurde er Richter am Obersten Gericht, verfasste politische Traktate und fing an, »mit den gelehrtesten Männern« in und außerhalb Deutschlands zu korrespondieren.[33]

Sein ständiger Wunsch nach Kontakten zu führenden Intellektuellen entspringt der Logik der eigenen Reflexion: Leibniz fühlt sich in der Philosophie beheimatet. Er möchte zusammen mit den klügsten Köpfen ein begriffliches Feld bestellen, ganz gleich, ob es sich dabei um strenge Katholiken handelt wie den in Frankreich hoch angesehenen Antoine Arnauld oder um einen umstrittenen Bibelkritiker wie Baruch de Spinoza in Den Haag, dem Leibniz heimlich schreibt und den er später besuchen wird. Schon von Mainz aus knüpfte er erste Kontakte zur Royal Society und reichte bei der Pariser Akademie einen Aufsatz ein, in dem er sich mit den physikalischen Gesetzen für den elastischen Stoß befasste, die Huygens zuvor in einer Zeitschrift publiziert hatte.

Nach seiner Ankunft in Paris hat Leibniz etliche Salons aufgesucht, um die Hautevolee kennenzulernen, und mit Uhrmachern wie Handwerkern gesprochen, weil er den Bau einer Rechenmaschine voranbringen möchte. Die frühesten Skizzen zu dieser »lebendigen Rechenbank« stammen aus der Zeit in Mainz. Schon länger grübelt er darüber nach, wie sich Zahlen mechanisch darstellen, wie sich ihre Werte übertragen und weiterverarbeiten lassen. »Als ich vor einigen Jahren zum ersten Male ein Instrument sah, mithilfe dessen man seine eigenen Schritte, ohne zu denken, zählen kann, kam mir sogleich der Gedanke, es ließe sich die ganze Arithmetik durch eine ähnliche Art von Werkzeug fördern.«[34] Die Rechenmaschine soll alle Grundrechenarten beherrschen, also automatisch addieren und subtrahieren, multiplizieren und dividieren. Paris ist der rechte Ort, seine Entwürfe umzusetzen.

Zuerst hatte Leibniz die Idee, die Zahlen Quantum für Quantum mithilfe einer Waage in die Maschine einzulesen. Ein anderer Entwurf sieht Zylinder vor, wie sie in Glockenspielen benutzt werden. Solche Zylinder sind mit Stiften bestückt, lassen Musikstücke erklingen und setzen Figuren in Bewegung. Die Anzahl der

Stifte könnte auch für eine gewünschte Zahl stehen. Leibniz' Rechenautomat soll aber mit sehr großen Zahlen rechnen und würde daher viele Zylinder benötigen. In einem seiner Entwürfe sind es neun mal neun Zylinder in jeweils zwei Ausführungen, insgesamt also 162 Stück. Die Pariser Uhrmacher dürften ihm vor Augen geführt haben, dass dieses Modell nicht umsetzbar ist.

Neben der Stiftwalze sind weitere Informationsspeicher bekannt. Schon mittelalterliche Turmuhren, die mit einer Glocke verbunden waren, besaßen ein Stundenschlagwerk. Um die Uhrzeit über die jeweilige Zahl der Glockenschläge mitzuteilen, kerbten Uhrmacher das gewünschte Läutprogramm in eine rotierende Scheibe. Die automatisch ausgelösten Glockenschläge endeten genau dann, wenn der Sperrhebel in die dafür vorgesehene Kerbe fiel.[35]

Im Gespräch mit den Pariser Handwerkern wird Leibniz klar, dass er sein Ziel am ehesten mit der herkömmlichen, in Uhren eingesetzten Technik erreichen kann, also mit Zahnrädern und Zahnstangen, Wellen und Handkurbel. Schließlich hat er eine ausgezeichnete Idee, wie sich alle Zahlen von Null bis Neun mit einem einzigen mechanischen Bauteil darstellen lassen:

Dreh- und Angelpunkt aller Barockmaschinen ist das Zahnrad. Stellen Sie sich ein Zahnrad mit neun Zähnen vor. Darauf legen Sie ein baugleiches Zahnrad, dem Sie einen Zahn wegnehmen. Dem nächsten Zahnrad, das Sie darüberlegen, fehlt ein weiterer Zahn, und so fort. Auf diese Weise entsteht aus den flachen Zahnrädern ein dreidimensionaler Zylinder mit ungleich langen Rippen, ähnlich einer Wendeltreppe: die Staffelwalze. Sie zählt zu Leibniz' bedeutendsten Erfindungen. Bis ins 20. Jahrhundert hinein bleibt sie neben dem Sprossenrad, das Leibniz ebenfalls benutzt, ein Herzstück mechanischer Rechenmaschinen.

Bei der Staffelwalze repräsentieren Zahnrippen die Zahlen. Welche dieser Zahlen abgegriffen wird, hängt davon ab, wie weit man die Walze in die Maschine hineinschiebt. Dreht sich zum Beispiel das Abgreifzahnrad nur über eine einzige Rippe, nämlich die längste, dann bewegt sich das damit verbundene Ziffernrad des Resultatwerks ebenfalls nur um einen Zahn weiter.

Bis heute ist nicht gesichert, wann Leibniz die Staffelwalze erstmals zum Rechnen einsetzt. Als er seinen Antrittsbesuch bei

Huygens macht, steckt er mitten in der Entwicklung des Rechenautomaten. Beinahe täglich sucht er Uhrmacher auf, die ihn unterstützen.

Zwischen tocktock und ticktack

Huygens empfängt den 26-Jährigen wohlwollend. Über ihre Begegnung sind leider keine Einzelheiten bekannt, doch vermutlich zeigt der berühmte Naturforscher seinem deutschen Gast zuerst einige seiner Instrumente.[36] Zu den Prunkstücken zählen die neuen Pendeluhren, mit deren Technik Leibniz einigermaßen vertraut ist. Huygens hat unter anderem Zeitmesser entworfen, »bei denen jede Schwingung eine … Sekunde dauert und die auch mit einem Sekundenzeiger versehen sind«.[37] Da die Dauer der Schwünge allein von der Länge des Fadens oder der Pendelstange abhängt, haben die Sekundenpendel eine einheitliche Länge. Huygens zufolge sind es »nach dem alten Pariser Fußmaß 3 Fuß 8 Linien«, also 99,45 Zentimeter. In den Hallen der Académie des sciences ist die Ganggenauigkeit der Uhren für Leibniz sinnlich erfahrbar. Sie haben einen tiefen, dumpfen Klang. Anders als die ersten Pendeluhren mit Haken- und Ankerhemmung, die zur selben Zeit in England auftauchen, machen sie eher tocktock als ticktack.[38]

Auf Kirchtürmen und Rathäusern wurden Uhren einst installiert, um Beginn und Abschluss bestimmter Tätigkeiten durch Glockenschläge zu verkünden, um Stunden und noch später Viertelstunden zu läuten. Daher der englische Begriff »clock« für Schlag- und Kirchturmuhren, während nicht schlagende Taschenuhren auf der Insel als »watch« bezeichnet werden. Man schaut auf ihr Ziffernblatt und liest die Zeit ab.

Kirchturmuhren verkünden die Zeit in großen Abständen. Dagegen bestechen Huygens' Pendeluhren durch ihren Sekunde für Sekunde hörbar gleichmäßigen Gang. So bemerkt etwa der Instrumentenbauer Robert Hooke 1665, er habe nie zuvor eine Uhr völlig regelmäßig laufen hören. »Das Pendel jedoch scheint für unsere Sinne in gleichen Zeitabständen zu schwingen.«[39] Noch im 17. Jahrhundert wird aus der Pendeluhr ein Vorgänger des Metronoms hervorgehen, ein Instrument zur Festlegung des musikalischen Takts.[40]

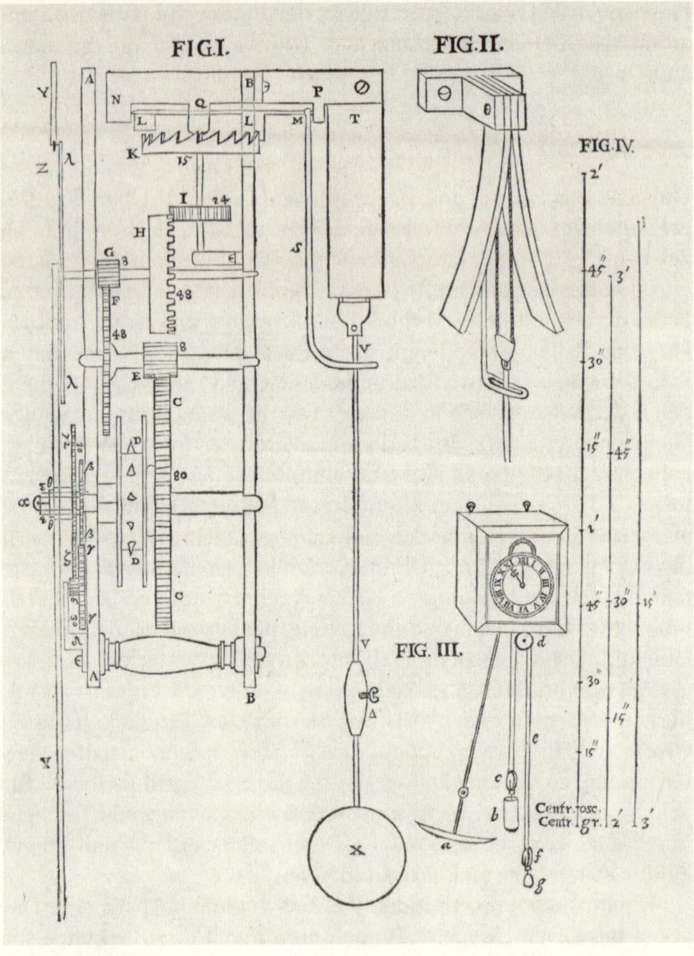

Der Erfinder der Pendeluhr, der Niederländer Christiaan Huygens, skizzierte den Pendelmechanismus in seinem 1673 gedruckten Horologium Oscillatorium, *dem bedeutendsten Werk über Mechanik seit Galileis* Discorsi.

In Leibniz' Ohren klingt das Tocktock der schwingenden Sekundenpendel wie die Ouvertüre zum aufziehenden Automatenzeitalter. Das Sekundenpendel macht das Verstreichen der Zeit zu einem Klangerlebnis neuer Qualität. Noch etwas fällt dabei auf: Stehen mehrere Pendeluhren beieinander, schwingen sie hörbar synchron. Huygens selbst wunderte sich als Erster darüber. Womöglich erzählt er seinem Gast schon bei ihrem ersten Treffen von jener Begebenheit einige Jahre zuvor, als er bemerkte, dass sich Pendeluhren über verborgene Kanäle aufeinander einstimmen.

Im Februar 1665 lag Christiaan Huygens krank im Bett, als er feststellte, dass beide Uhren im Zimmer genau gleich liefen. Wenn das Pendelgewicht der einen Uhr den höchsten Punkt erreichte, kam auch das Gewicht der anderen Uhr am Umkehrpunkt an. Huygens dachte an einen seltsamen Zufall. Trotzdem stand er auf und stieß ein Pendel an, um es aus dem Takt zu bringen. Kaum war eine halbe Stunde vergangen, schwangen sie zu seinem Erstaunen wieder völlig synchron. Nun begann er, die Sache systematisch zu untersuchen. Nach einigen Experimenten, bei denen er die Uhren voneinander entfernte und ihre Aufhängung veränderte, kam er zu dem Schluss, dass sich die Schwingungen der Uhren auf ihre Umgebung übertrugen. Wenn sie zum Beispiel am selben Balken aufgehängt waren, kommunizierten sie miteinander und bildeten ein gekoppeltes System. Dieses Phänomen, das sich in Uhrenmuseen einfach überprüfen lässt, beeindruckt Leibniz nachhaltig. Es taucht in späteren Schriften an etlichen Stellen auf.

Höhere Mathematik

Als Leibniz von Huygens empfangen wird, liegt in dessen Schublade ein druckfertiges Manuskript zu einer neuen Pendelkonstruktion. Der Erfinder räumt nämlich ein, dass auch die Pendeluhr kein absolut gleichförmiges Zeitmaß bietet. Bei ihr schwingt das Gewicht auf einem Kreisbogen hin und her. Entlang dieser Kurve ist die Dauer der Schwingung aber entgegen Galileis Vermutung nicht ganz konstant. Sie hängt geringfügig davon ab, wie weit man das Pendel auslenkt. Große Ausschläge des Pendels erforderten ein klein wenig mehr Zeit als kleine, so Huygens. Der Kreisbogen entspreche nicht dem Idealfall.

Mithilfe der Geometrie hat Huygens eine bisher unbekannte Aufhängungsweise des Pendels gefunden. »Ich habe nämlich die Krümmung einer gewissen Kurve untersucht, die in geradezu wunderbarer Weise geeignet ist, die gewünschte Gleichmäßigkeit herbeizuführen.« Zwingt man das Pendel auf diese Kurve, die Zykloide, dann bleibt die Schwingungsdauer, mathematisch gesehen, immer gleich.[41]

Die Zykloide ist eine erstaunliche Kurve. Sie wird Leibniz noch des Öfteren beschäftigen, etwa im Zusammenhang mit der Frage, wie Zahnräder so geformt werden können, dass möglichst wenig Reibung im Getriebe entsteht.[42] Überraschenderweise erweist sich die Zykloide auch als Schlüssel zur Lösung eines anderen Problems, dem sich Leibniz später widmen wird: auf welcher Art Bahn nämlich eine Kugel am schnellsten abwärts rollt.

Die Sache klingt einfacher, als sie ist. Die kürzeste Verbindung zwischen einem hoch gelegenen Anfangs- und dem tiefer gelegenen Endpunkt ist eine schnurgerade Linie. Doch bei dem Weg auf einer schiefen Ebene gewinnt eine Kugel zu Beginn kaum Tempo. Ihre Geschwindigkeit nimmt nur langsam zu.

Galileo Galilei vermutete, dass sich die Kugel auf einer kreisförmig gebogenen Rinne am schnellsten abwärts bewegt. Er irrte. Die schnellste Verbindung ist ein Zykloidenbogen. Diesen Nachweis zu erbringen lag allerdings außerhalb seiner mathematischen Möglichkeiten. Um die Zykloide als vorteilhafteste Rollbahn zu ermitteln, hätte Galilei die Geschwindigkeit der Kugel quasi zu jedem Zeitpunkt ihrer Rollbewegung bekannt sein müssen. Wie aber sollte er ihr Tempo auch nur für einen einzigen Zeitpunkt exakt berechnen?

Die Geschwindigkeit ergibt sich aus der Zeitspanne, die für das Durchlaufen eines entsprechenden Wegstücks benötigt wird: Geschwindigkeit ist Weg dividiert durch Zeit. Die exakte Geschwindigkeit der Kugel zu einem ganz bestimmten Zeitpunkt erhält man nur, wenn man in der Lage ist, ein unendlich kleines Wegstück durch einen unendlich kurzen Zeitabschnitt zu teilen.

Mit unendlich kleinen Größen zu operieren ist seit jeher ein gefährliches Terrain. Bekannt sind die Paradoxa des Zenon von Elea: Im 5. Jahrhundert v. Chr. unterteilte er die Bewegung eines fliegenden Pfeils in unendlich viele Zeitabschnitte. In jedem dieser

Momente, so Zenon, würde sich der Pfeil nur an einem Punkt des Raums aufhalten. Wenn er sich aber in jedem Augenblick in Ruhe befände, könnte er überhaupt nicht fliegen. Die Bewegung des Pfeils wäre nur eine Illusion. Ein ähnliches Paradoxon: Ein schneller Läufer wie Achilles könnte eine Schildkröte beim Wettrennen niemals einholen, und wäre sie noch so langsam. Denn immer, wenn Achilles den Abstand zur Schildkröte halbiert hätte, wäre die Schildkröte schon wieder ein Stückchen weitergekommen.

Mathematisch gesehen, resultieren derartige Paradoxa unter anderem aus falschen Vorstellungen über unendliche Reihen. Obschon die Strecke, die Achilles zurückzulegen hat, unendlich oft halbiert werden kann, ist sie begrenzt. Die Summe von 1/2 + 1/4 + 1/8 + 1/16 + … ist nicht unendlich. Sie strebt gegen einen Grenzwert und nähert sich immer mehr dem Wert eins an – jener Stelle, an der Achilles die Schildkröte einholt.

Zenons Beispiele werfen viele Fragen auf: Lässt sich der Raum in Punkte, die Zeit in Momente zerlegen? Ist die Welt in diskrete Einheiten unterteilbar?

Leibniz halbiert eine vorgegebene Strecke, halbiert die Teilstrecke noch einmal und denkt darüber nach, was geschähe, wenn man diese Teilung unendlich oft wiederholen würde. Der mathematische Grenzübergang führt ihn nicht auf die klassische Definition des Punktes, nicht auf etwas schlechthin Unausgedehntes. Die Strecke als zusammenhängendes, homogenes Ganzes lässt sich seiner Ansicht nach nicht aus solchen Punkten zusammensetzen. Vielmehr bezeichnet Leibniz einen Punkt als das, was kleiner ist als jede benennbare Größe.

Ein Kontinuum ist unerschöpflich. Hier sei das Ganze früher als der Teil. Es lässt sich daher immer wieder aufs Neue unterteilen. Da Raum und Zeit Kontinua seien, gebe es weder einen kleinsten Teil des Raums noch einen kleinsten Teil der Zeit. Alles, was sich bewegt, wie Zenons Pfeil, sei »während es sich bewegt, niemals an einer Stelle, nicht einmal in einem Augenblick«.[43] Im Zusammenhang mit der Infinitesimalrechnung wird Leibniz später ausführen, wie sich die Gegenwart, der Augenblick, dennoch charakterisieren lässt, aber immer nur im Rahmen eines Prozesses, der sich stets auf das Vorhergehende bezieht und bereits auf die Zukunft verweist.

Mit dem Stand der mathematischen Forschung noch nicht vertraut, bewegen ihn tiefschürfende Fragen, die ihn ein Leben lang beschäftigen werden. Leibniz steht wie Achilles in den Startlöchern, um die Wissenschaft mit ihren hochfliegenden Ansprüchen einzuholen. Zu seinem Glück kriecht sie manchmal genauso langsam wie eine Schildkröte, sodass der Autodidakt erstaunlich schnell zu ihr aufschließt.

Zum Beispiel hat er herausbekommen, wie er die Summe mathematischer Reihen berechnen kann, deren einzelne Glieder gewissen Gesetzmäßigkeiten folgen. Huygens horcht auf, als er von der vielseitig verwendbaren Rechenmethode hört, und stellt ihn auf die Probe. Er möchte wissen, welche Summe sich aus der Addition der Zahlen 1/1 + 1/3 + 1/6 + 1/10 + 1/15 + 1/21 + … ergibt.[44]

Bei dieser mathematischen Aufgabe handelt es sich um eine Reihe mit unendlich vielen Gliedern. Obschon die Terme immer kleiner werden, ist zunächst nicht klar, ob die Gesamtsumme gegen einen endlichen Wert strebt. Viele derartige Reihen nähern sich nicht immer weiter einem Grenzwert an, zum Beispiel die harmonische Reihe 1/1 + 1/2 + 1/3 + 1/4 + … Diese Summe strebt dem Unendlichen zu. Zwar überschreitet sie erst nach der Addition von 100 Gliedern die fünf. Doch langsam, aber sicher wächst die Summe in die Hunderte, Tausende, Abermillionen.

Die Reihe, die Huygens ins Spiel bringt, verhält sich anders. Für Leibniz sei die Lösung dieser Aufgabe eine »Schicksalsfrage« gewesen, urteilt der Mathematikhistoriker Joseph Ehrenfried Hofmann. »Ein anderes, nur ein wenig schwierigeres und daher für Leibniz unlösbares Beispiel hätte ihm zweifelsohne die Lust an der Fortsetzung seiner mathematischen Studien genommen.«[45]

Der Deutsche findet keine Ruhe, bis er der Sache auf den Grund gegangen ist. Beim nächsten Treffen präsentiert er Huygens sein Ergebnis. Und siehe da, es stimmt mit jenem Resultat überein, das Huygens aus einer Diskussion über Glücksspiele kennt: Die Summe ergibt genau zwei.

Nach diesem Schlüsselerlebnis, seinem Entree in die höhere Mathematik, liest Leibniz die Mathematikbücher, die Huygens ihm ans Herz legt, lernt mehrere Akademiemitglieder kennen und freundet sich unter anderen mit dem Laborassistenten Denis Papin an, einem Spezialisten für Vakuumexperimente und Vordenker der Dampfmaschine. Im Umfeld der Pariser Akademie und des Observatoriums, dessen Bau 1672 vollendet wurde, gerät er in einen wahren »Fieberrausch des Erkennens«.[46] Innerhalb kurzer Zeit entwickelt sich der Hofjurist zu einem anerkannten Naturforscher und Mathematiker, schreibt Abhandlungen über das Barometer und das Vakuum und erörtert die Möglichkeit oder Unmöglichkeit eines Perpetuum mobile.

Die Mathematik lehrt ihn auch, was es bedeutet, sich in einer Sache wirklich auszukennen. »Anstelle des intellektuellen Draufgängers, der mindestens jedes Jahr ein neues mehr oder weniger durchgearbeitetes literarisches Produkt auf den Markt wirft, entwickelt sich in den Pariser Jahren ein fast verhängnisvolles Eigenleben in Manuskripten, die nie der vollen Druckreife gewürdigt werden«, resümiert sein Biograf Kurt Huber.[47]

Pariser Luft

In der französischen Hauptstadt findet sich Leibniz inmitten einer fast modernen Verkehrswelt wieder. Auf den Straßen sind Tausende Kutschen und Karossen unterwegs. Kurzzeitig fasst man hier sogar den Pferdeomnibus als öffentliches Verkehrsmittel ins Auge.

Huygens hält seinen Schwager in Den Haag, einen Wagenbauer, auf dem Laufenden, welche Kutschen in Frankreich gerade in Mode sind. Er skizziert eine Kalesche, deren Vorderräder viel kleiner sind als die Hinterräder. Das macht das Gefährt wendiger. Der Kutschbock ruht auf einem Schwanenhals, der Wagen selbst hat Türen und Fenster aus Glas.[48] Zur selben Zeit widmet sich die Royal Society der Verbesserung von Rädern und Fahrwerken.[49]

Selbst bei Dunkelheit sind in Paris noch Kutschen unterwegs. Über den Hauptstraßen hängen in Abständen von rund 20 Metern Laternen zwischen den Gebäuden. 1667 wurde hier die erste Straßenbeleuchtung eingeführt. In den Wintermonaten werden die Laternen Abend für Abend heruntergelassen und mit frischen Kerzen versehen. Technische Neuerungen wie Reflektoren verstärken das Licht.[50] Es wird nicht mehr lange dauern, bis auch in Amsterdam und Berlin, in London und in Leipzig die Straßen bei Nacht beleuchtet sind.

Leibniz lässt sich gelegentlich gern durch die Stadt kutschieren. Allerdings nicht zum Stelldichein in den Bois de Boulogne oder ans Seineufer wie Huygens. Unter den 15 000 Briefen, die Leibniz hinterlassen hat, ist kein einziger Liebesbrief gefunden worden. Es gibt nicht den geringsten Hinweis darauf, dass er jemals ein sexuelles Verhältnis gehabt hätte. Leibniz liest selbst in der Kutsche – zumindest bei längeren Touren, wozu er später eigens einen zusammenklappbaren Reisestuhl für sich bauen lassen wird. Kürzere Stadtfahrten führen ihn eher ins Theater, wo er Jean-Baptiste Molière noch auf der Bühne erlebt. Der Dichter setzt die aufstrebenden Bürgerlichen genauso dem Spott aus wie den lächerlichen Marquis und die preziösen und gelehrten Frauen. Molière bringt sämtliche barocken Verbiegungen und Maskeraden auf die Bühne, einschließlich der modischen Perücken, wie auch Leibniz nun eine trägt. Die Allongeperücke bedeckt seinen zunehmend kahlen Schädel und ein taubeneigroßes Gewächs am Hinterkopf weit über die Pariser Zeit hinaus.

Paris ist ein Schauplatz, an dem die Wissenschaft noch mehr als anderswo ein Selbstdarstellungsspiel ist. Leibniz fällt es nicht leicht, hier Anerkennung zu finden. Will er in den Salons bestehen, kann er nicht auf mathematische oder philosophische Diskurse setzen. Im Wettstreit um Aufmerksamkeit muss er seine Erkenntnisse in Szene setzen. Und er weiß auch schon, wie, denn Huygens und andere Akademiemitglieder warten bereits auf den ersten Prototypen seiner Rechenmaschine.

Im November 1672 trifft eine Delegation aus Mainz in Paris ein. Der Neffe des Mainzer Kurfürsten soll beim französischen König für Friedensverhandlungen mit den Niederlanden werben. Allerdings erreicht er nichts am Hof und erhält den Auftrag, sich nach London zu begeben, um wenigstens Charles II. in eine Allianz gegen die Franzosen hineinzuziehen.

Leibniz schließt sich der diplomatischen Abordnung an. Nachdem seine Begegnung mit Huygens so glücklich verlaufen ist, möchte er seine Visitenkarte auch bei der Royal Society abgeben.

Am 14. Januar 1673 bricht er zu seiner ersten Reise nach London auf, im Gepäck sein Rechenautomat, das noch unfertige »Instrumentum arithmeticum«.

IM KREUZFEUER DER KRITIK

Newton und Leibniz besuchen London und bestehen vor der Royal Society ihre Reifeprüfungen

Nach der Pest kam das Feuer. Es legte die britische Hauptstadt binnen vier Tagen in Schutt und Asche und ging als der »Große Brand von London« in die Geschichte ein: Am Morgen des 2. September 1666 stand plötzlich die königliche Hofbäckerei in der Pudding Lane in Flammen.[51] Von dort griff das Feuer, angefacht von starkem Wind, in alle Richtungen um sich. Nach einem langen, trockenen Sommer »erwies sich alles als brennbar, selbst steinerne Kirchenmauern«, schrieb Samuel Pepys in seinem Tagebuch. Er hörte die ganze Nacht hindurch das Krachen zusammenbrechender Häuser. Auch am zweiten Tag waren alle Löschversuche vergeblich. Das Feuer breitete sich schneller aus, als man Gebäude einreißen und sprengen konnte, um die Flammen zu stoppen. Während sich das geschmolzene Blei aus der Kuppel der Saint Paul's Kathedrale über glühende Straßen ergoss[52], schaffte Pepys, das Herz voller Kummer, sein Hab und Gut in einem Boot weg, vergrub sämtliche Papiere, Wein und Parmesankäse in einem Erdloch.

Der Himmel über der City leuchtete weiter in blutigen Flammen, »schrecklich genug, uns den Verstand zu rauben«.[53] Das ganze Ausmaß der Katastrophe wurde deutlich, als der Wind nach vier Tagen nachließ und das Feuer endlich zur Ruhe kam: 460 Straßen waren niedergebrannt, 13 200 Häuser und 89 Kirchen zerstört.[54] Nur jedes fünfte Gebäude innerhalb der Stadtmauern war verschont geblieben, darunter Pepys' Haus und das Gresham College im Nordosten der City, wo sich die Royal Society zu ihren Versammlungen traf.

Die Akademie musste umziehen und für die nächsten Jahre

der Börse Platz machen, nahm ihre Sitzungen aber sofort wieder auf und arbeitete Vorschläge für den Wiederaufbau der Innenstadt aus. Zwei ihrer Mitglieder, Robert Hooke und Christopher Wren, wurden von der Stadt und vom König offiziell als Planer und Architekten bestellt.[55] Angesichts der ruinösen Lage Londons sollten bisherige Besitzverhältnisse und der Verlauf der Straßen weitgehend unangetastet bleiben. Die Straßen sollten allerdings verbreitert, Häuser von nun an nicht mehr aus Holz, sondern nur noch aus Steinen und Ziegeln gebaut werden.

Der Experimentator Hooke vermaß die halbe City und kümmerte sich um die Entschädigung der Grundeigentümer. In enger Zusammenarbeit mit dem Architekten Wren, der London sein heute noch sichtbares klassizistisches Erscheinungsbild verlieh, bereitete er die Instandsetzung von Kirchen und öffentlichen Bauwerken vor. Der »Große Brand« veränderte sein Leben. War Hooke in den Anfangsjahren der Royal Society Laborknecht von Boyle, Moray und anderen Adligen gewesen, wurde er nun stadtbekannt und erstmals in seinem Leben für seine qualifizierte Arbeit angemessen entlohnt. Unter anderem entwarf er jenes Monument, das bis heute an die Feuerkatastrophe erinnert: eine 61 Meter hohe Säule in der Fish Street.

Dinner for one

Zwei Jahre nach dem Brand reist Isaac Newton erstmals nach London. Der Wiederaufbau der City ist voll im Gange. Mehr als 1000 Neubauten sind fertiggestellt, auf der Themse drängen sich Schiffe und Boote wie eh und je, das Herzogliche Theater bringt wieder den *Hamlet,* und auf dem Jahrmarkt plappert der listige »Polichinelli« wie eine lebendige Zeitung vor sich hin.

Newton hat sein Studium in Cambridge mit der Ernennung zum Fellow abgeschlossen. Nun verweilt der 25-Jährige einen ganzen Monat lang in der Hauptstadt, doch hinterlässt sein Aufenthalt nur eine einzige Spur: eine Notiz in seiner Ausgabenliste. Als er anderthalb Jahre später nach London zurückkehrt, diesmal als Professor für Mathematik, wahrt er seine Anonymität erneut, so gut er kann. Die Royal Society, deren Zeitschrift er Monat für Monat liest, sucht er auch diesmal nicht auf. Statt mit anderen

Gelehrten in einen Gedankenaustausch zu treten, klopft er bei Apothekern an, besorgt sich Blei, Silber, Antimon und andere Chemikalien für sein Labor in Cambridge, kauft sich zwei Schmelzöfen sowie das sechsbändige *Theatrum Chymicum*, eine Sammlung alchemistischer Schriften.

Wenn er keine Vorlesungen zu halten hat, verschanzt sich Newton am liebsten hinter seinen Öfen. Das Destillieren von Stoffen und das Schmelzen von Metallen führen ihn von einer Erfahrung zur nächsten. Besonders Quecksilber hat es ihm angetan, ein geheimnisvoller Stoff, der mal flüssig ist, sich plötzlich in winzige Kügelchen verwandelt und äußerst stark mit anderen Metallen reagiert. Es sind die Jahre, in denen Newtons Haar ergraut – als Folge seiner zahlreichen Quecksilberexperimente, wie er selbst vermutet.

Womöglich wäre uns sein Name heute unbekannt, wenn ihn im November 1669 nicht ein Mitglied der Royal Society in einem Londoner Gasthof aufgespürt hätte. Der Mathematiker John Collins hat erst kurz zuvor von dem »außerordentlichem Genie« Newton erfahren.[56] Noch dazu bekleidet Newton im Alter von 26 Jahren eine der wenigen universitären Stellen, die es in England für Mathematiker gibt.

Collins möchte den neuen Lehrstuhlinhaber unbedingt persönlich kennenlernen, macht dessen Londoner Adresse ausfindig und lädt ihn nach einer kurzen Begegnung für den nächsten Tag zum Dinner ein.[57] Ihr Vieraugengespräch dreht sich wie ihr späterer Briefwechsel vor allem um mathematische Fragen. Beim Dinner erzählt ihm Newton jedoch auch von einem Spiegelteleskop, das er kürzlich gebaut hat.[58]

Das astronomische Beobachtungsinstrument besteht aus einem nur 16 Zentimeter langen Rohr, in das man seitlich hineinschaut, eine Konstruktion, die sich bis heute großer Beliebtheit erfreut. Wenn Licht in das Teleskop fällt, wird es nicht schon am Eingang des Rohrs von einer gläsernen Sammellinse gebündelt, sondern erst an dessen Ende mithilfe eines Hohlspiegels. Der nach innen gewölbte Spiegel wirft das Licht zurück auf einen zweiten, kleineren, um 45 Grad geneigten Fangspiegel. Dieser lenkt es durch ein Guckloch zur Seite zum Okular und dem Auge des Betrachters.

Das kompakte Fernrohr, das ferne Gegenstände »bis zu 150-fach« vergrößern würde, wie Collins anderen Gelehrten nicht ohne Übertreibung schildert, ist ganz nach dem Geschmack der Royal Society.[59] Ihr Sekretär, Henry Oldenburg, nimmt Verbindung zu dem Erfinder auf. Im Januar 1672 teilt er ihm mit, in den Reihen der Akademie halte man es für angebracht, dass Newton sich durch eine entsprechende Veröffentlichung die Rechte an seiner Entwicklung sichere. Denn allzu leicht könnten sich nun andere als deren Urheber aufspielen. In Klammern fügt Oldenburg hinzu, der Bischof von Salisbury habe Newton bereits als neues Mitglied der Akademie vorgeschlagen.[60]

Newton fühlt sich geschmeichelt und übt sich in Bescheidenheit: »Als ich Ihren Brief las, war ich überrascht über die Sorge, mir eine Erfindung zu sichern, aus der ich selbst bisher so wenig Nutzen gezogen habe.« Wäre es allein nach ihm gegangen, dann hätte er sein Wissen für sich behalten.[61] Jetzt aber ist er sogar einverstanden damit, dass Oldenburg eine Beschreibung des Instruments nach Paris schickt.

Von da an macht der Name Newton die Runde. Mit seiner Einschätzung, dass Spiegelteleskopen die Zukunft gehört, wird er auf lange Sicht recht behalten. Allerdings überschätzt er die Möglichkeiten, in absehbarer Zeit teleskoptaugliche Spiegel herzustellen. Nicht mal den besten Leuten der Royal Society gelingt es, die notwendige Metalllegierung dafür zu finden. Bei heutigen Spiegeln wird eine dünne Silber- oder Aluminiumschicht von hinten auf eine polierte Glasscheibe aufgebracht. Das Glas schützt die Metalloberfläche vor Luft. Ohne eine solche Schutzschicht reagiert das Metall mit dem in der Luft enthaltenen Schwefel. Dann bekommt der Spiegel schwarze Punkte und wird blind.

Newton, mit dem Schmelzen von Metallen vertraut, verwendet für seine Spiegel eine Legierung aus Kupfer und Zinn, der er mal Arsen, mal Silber beimischt.[62] Zwar läuft auch sie mit der Zeit an. Vor astronomischen Beobachtungen setzt er die Spiegeloberfläche aber instand, indem er sie mit einer Politur auffrischt.

Christiaan Huygens überzeugt das in den *Philosophical Transactions* ohne exakte Mischungsverhältnisse dargelegte Verfahren nicht. Ihm sei keine Metalloberfläche bekannt, die auch nur annähernd so gut poliert werden könne wie Glas, erklärt er Oldenburg gegenüber. Wenn Newton nicht über eine besondere Art der Spiegelherstellung verfüge, müssten die optischen Eigenschaften seiner Teleskope schlechter sein als die von Linsenfernrohren.[63] Unterdessen lässt der Chefexperimentator der Royal Society, Robert Hooke, verlauten, der schottische Mathematiker James Gregory habe bereits vor Newton ein Spiegelteleskop beschrieben.

Neugier und Habgier

Die Reaktionen von Huygens und Hooke sind symptomatisch. In der zweiten Hälfte des 17. Jahrhunderts kristallisieren sich die in London und Paris gegründeten Akademien als Knotenpunkte des wissenschaftlichen Kommunikationsnetzes heraus. Unentwegt ermuntert der Sekretär der Royal Society, Henry Oldenburg, Forscher im In- und Ausland dazu, der Gesellschaft ihre Ergebnisse mitzuteilen. Die ihm zugesandten Berichte über neue Instrumente und Entdeckungen werden in den Akademiesitzungen diskutiert, wenn möglich mithilfe von Experimenten überprüft und in den *Philosophical Transactions* publiziert.

»Im Vergleich zum Buchdruck, der das Wissen aller Epochen egalisierte und die Bedeutung der Autorität erhöhte, stellte die periodische Presse eine Qualität ins Zentrum der Aufmerksamkeit, welche dem Wesen traditioneller Gesellschaften strikt zuwiderlief, nämlich die Neuigkeit«, so der Historiker Wolfgang Behringer.[64] Die schnellere Zirkulation des Wissens hilft dem einzelnen Naturforscher, sich auf dem Laufenden zu halten und Anknüpfungspunkte für aktuelle Studien zu finden. Allerdings wächst nun auch der Umfang dessen, was er wissenschaftlich zu verarbeiten hat. Um Anschluss an das zu bekommen, was die Zeitschriften als Neuigkeiten deklarieren, muss er seine eigenen Forschungen ruhen lassen. Gleichzeitig setzen ihn die monatlich erscheinenden Zeitschriften unter Druck, selbst Neuigkeiten zu produzieren und die Früchte der eigenen Arbeit zu veröffentlichen, ehe ihm andere damit zuvorkommen.

Man kann den heutigen Wissenschaftsbetrieb als Wettbewerb um den Zugang zu renommierten Fachzeitschriften verstehen. Im Glauben, dass die Zahl ihrer Publikationen und deren Rezeption die Qualität der eigenen Arbeit widerspiegelt, drängen Naturwissenschaftler von einer Veröffentlichung zur nächsten. »Publish or perish« lautet die Devise: »Publiziere oder geh unter.«

Henry Oldenburg, in Bremen geboren, ist einer der geistigen Urheber dieses modernen Publikationswesens. Der gesamte Schriftverkehr der Royal Society läuft über seinen Schreibtisch. Seine »pausenlose Auslandskorrespondenz« macht ihn den englischen Behörden so verdächtig, dass man ihn kurzzeitig im Tower einsperrt. Um Argwohn zu vermeiden, benutzt er mitunter den Decknamen »Grubendol«.

Eine Wissenschaftszeitschrift Monat für Monat mit aktuellen Beiträgen zu füllen wäre ohne entsprechende Kommunikationsnetze undenkbar. Von London aus führen Postwege strahlenförmig in alle Richtungen: nach Norden über Grantham und Berwick hinauf bis Schottland, nordwestwärts über Chester und Holyhead nach Irland und südostwärts über Canterbury und Dover auf den Kontinent. Beim Wechsel der Pferde müssen die Boten strenge zeitliche Vorgaben einhalten. Ihre Schnelligkeit wird neuerdings mithilfe von Poststempeln kontrolliert.

Der schlechte Zustand der Wege behindert nach wie vor den Verkehr. Um den Straßenbau mithilfe privater Investitionen voranzutreiben, hat das britische Parlament 1663 den ersten von zahlreichen »Turnpike Acts« erlassen. Nach einigen Anlaufschwierigkeiten wird dieses Mautsystem für bessere Straßenverhältnisse sorgen, das Reisen bequemer und die Post noch schneller machen.[65]

Leibniz reist kreuz und quer durch Europa, verschickt Zigtausende Briefe und ist ein ausgesprochener Anhänger des Zeitschriftenwesens. Aber selbst er hat einige Vorbehalte gegenüber der neuen Art des Publizierens. Wie viele berühmte Mathematiker kommuniziert er gerne mit Fachkollegen, indem er ihnen Rätsel aufgibt. Er verteidigt diese Art der Geheimhaltung ausdrücklich: »Es ist aber guth, dass wann man etwas würcklich exhibiret, man entweder keine demonstration gebe, oder eine solche, dadurch sie uns nicht hinter die schliche kommen.«[66]

Isaac Newton denkt ähnlich, spricht oft nur in Andeutungen über seine Methoden und Resultate und spart sich die Mühe einer sorgfältigen Ausarbeitung. Einige seiner Entdeckungen geraten sogar bei ihm selbst nahezu in Vergessenheit.

Der französische Mathematiker Marin Mersenne, ein Kommunikator im Stile Oldenburgs, rückt die wissenschaftliche Neugier in die Nähe der Habgier: »Und so verlangen wir immer weiter zu gehen, sodass bereits erworbene Wahrheiten nur als Mittel dienen, um zu anderen vorzudringen. Daher nehmen wir von denen, die wir bereits besitzen, nicht mehr Kenntnis als ein Geizhals von den Schätzen in seinen Truhen.«[67] Ähnlich äußert sich der Philosoph Thomas Hobbes über die Neugier des barocken Naturforschers: dass nämlich die Beglückung durch die fortlaufende Erzeugung neuen Wissens »das kurze Feuer jeder fleischlichen Lust weit übertrifft«.[68]

Im Einsatz für einen länderübergreifenden Wissenstransfer muss Oldenburg auf persönliche Eitelkeiten und nationale Gesinnungen Rücksicht nehmen. Zugleich heizt er die fachlichen Diskussionen an, indem er seine Briefpartner darum bittet, zu Arbeiten ihrer Kollegen Stellung zu nehmen. Dieser organisierte Skeptizismus wird zu einem weiteren Daseinsprinzip und Erfolgskriterium der Wissenschaft, führt aber fast zwangsläufig zu Missstimmungen und Konflikten, die Newtons Forscherleben ebenso prägen wie das von Leibniz.

Die nächste Kontroverse

Newton hat sich kurzerhand dazu entschlossen, zusammen mit dem Spiegelteleskop auch die »außergewöhnlichste Entdeckung …, die bis zum heutigen Tag gemacht wurde«, bekannt zu geben: seine Licht- und Farbentheorie. Der Wissenschaftler aus Cambridge behauptet, wie bereits beschrieben, das weiße Licht der Sonne sei aus allen Farben des Regenbogens zusammengesetzt. Diverse Experimente hätten gezeigt, wie dieses Licht beim Durchgang durch ein Glasprisma in seine zuvor bereits vorhandenen Anteile zerlegt werde.

Hooke, sieben Jahre älter als Newton und ein Experte auf dem Gebiet der Optik, begutachtet die Abhandlung als Erster. Er ist keineswegs dazu bereit, seine eigenen Ansichten zur Entstehung der Farben aufgrund von bisher unbestätigten Experimenten über Bord zu werfen, und stutzt die »außergewöhnlichste Entdeckung« zurecht. Er selbst habe in mehreren Hundert Versuchen Ähnliches beobachtet wie Newton. Nur seine Erklärung der Phänomene sei eine andere.

Mit einem neuen Vergrößerungsinstrument, dem Mikroskop, hat Hooke in einen bis dahin weitgehend unerforschten Kosmos hineingeschaut. Er hat die schwarze Rüstung des Flohs und die Facettenaugen der Fliege nachgezeichnet, die Eier des Seidenspinners und Schimmelpilze studiert. Das Wort »Zelle« für kleinste biologische Strukturen geht auf ihn zurück. Newtons »Hypothese« aber ist ihm unbegreiflich. Warum sollte das, was die Farben hervorbringt, von Beginn an in den Lichtstrahlen vorhanden sein? Genauso wenig könnte man behaupten, »dass all die Töne, die man aus Orgelpfeifen herauskommen hört, bereits in der Luft des Gebläses gewesen sein sollten«.[69] Hooke hält Licht für eine dem Schall ähnliche Folge von Impulsen. Ein Prisma würde die Farben nicht bloß sichtbar machen, sondern sie vielmehr mittels Brechung des Lichts erst entstehen lassen.

Rückzug in den Elfenbeinturm

Newton ist diese Art der Kontroverse nicht gewöhnt. Nicht nur, dass er sich über Wochen und Monate mit der Beantwortung der Briefe von Hooke, Huygens und anderen Naturforschern herumschlagen muss. Er fühlt sich von Hooke persönlich angegriffen und wie ein Schuljunge behandelt. Oldenburg sieht das Unheil heraufziehen und bittet Newton darum, in seiner Entgegnung nur Sachfragen zu behandeln und Hookes Namen am besten gar nicht zu erwähnen. Schließlich gehe es der Royal Society allein um die Wahrheit und die Erweiterung des Wissens.[70] Newton jedoch schreibt sich den Frust von der Seele. Als seine ausführliche Erwiderung nach drei Monaten in London eintrifft, fällt der Name Hooke gleich in der ersten Zeile.

»Mr. Hook sieht es als seine Aufgabe, mich zurechtzuweisen … Er weiß jedoch sehr gut, dass es sich nicht geziemt, einem anderen in Bezug auf dessen Forschungen Regeln vorzuschreiben, besonders dann nicht, wenn man die Grundlagen nicht versteht, auf denen sie beruhen.« Gerade von ihm hätte er eine unvoreingenommene Überprüfung erwartet. Stattdessen habe Hooke ihm eine »Hypothese« zugeschrieben, die gar nicht seine sei.[71] Hookes eigene Erklärungsversuche bezeichnet Newton als »unverständlich« und lässt es sich nicht entgehen, den Autor der *Micrographia* darüber zu belehren, wie er sein Mikroskop verbessern könnte. Newtons maßgeblicher Biograf Richard S. Westfall sieht in dem Brief, »ein Schriftstück voller Feindseligkeit und Zorn«.[72]

Hooke beschwert sich darüber beim Präsidenten der Royal Society: In wissenschaftlichen Debatten stehe es jedem zu, seine Ansichten frei zu äußern. Er wünsche sich keine öffentlichen Dispute dieser Art.[73] Ganz zurückziehen kann er sich nicht. Als Kurator für Experimente fällt ihm die Aufgabe zu, die Prismenversuche zu wiederholen, der er gewissenhaft nachkommt. Noch im selben Jahr bestätigt er Newtons Beobachtungsergebnisse.

Dagegen stürzt Newton nach den aus seiner Sicht fruchtlosen Wortgefechten in eine Krise. Selbst Huygens interessiert sich nach einigem Hin und Her nur noch für eine mechanische Erklärung der Beobachtungsbefunde. Besteht das Licht aus irgendwelchen Teilchen, die sich mit unterschiedlichen Geschwindigkeiten bewegen? Solange Newton eine solche »Hypothese« nicht gefunden habe, könne er auch nicht sagen, wie die Unterschiede zwischen den Farben – abgesehen von ihrer unterschiedlichen Brechbarkeit – zustande kämen.

Huygens begreift nicht, dass es dem Experimentator vornehmlich auf diese unterschiedliche Brechbarkeit der Lichtstrahlen ankommt. »Die beste und sicherste Methode des Philosophierens scheint mir zu sein, zuerst sorgfältig die Eigenschaften der Gegenstände zu erforschen und diese durch Experimente zu stützen«, schreibt Newton an einen Forscherkollegen. Erst dann solle man mit der gebotenen Vorsicht zu Hypothesen zur Erklärung derselben voranschreiten. Solche Hypothesen sollten überdies nur zur Erklärung der Eigenschaften der Dinge herangezogen werden. »Denn wenn allein die Möglichkeit der Hypothesenbildung als Test für die Wahrheit und Wirklichkeit der Dinge genügt, sehe ich nicht, wie man in irgendeiner Wissenschaft Gewissheit erlangen kann, da man sich ja immer wieder neue Hypothesen ausdenken kann.«[74]

Mehr und mehr ärgert sich Newton darüber, sein Wissen preisgegeben zu haben. Warum ist er Mitglied der Royal Society geworden, die ihn in immer neue Diskussionen hineinzieht und ihm die

Ruhe raubt? Just zu der Zeit, da Gottfried Wilhelm Leibniz zum ersten Mal nach England reist, zieht sich Newton wieder in seinen Elfenbeinturm zurück.

Leibniz und die Royal Society

Nach stürmischer Überfahrt von Calais nach Dover kommt Leibniz bei Schnee- und Graupelschauern in der Hauptstadt an. Dort muss er erst einmal seinen Kalender zehn Tage zurückstellen. Auf der Insel schreibt man erst den 14. Januar 1673. Seinen ersten Londonbesuch gestaltet der deutsche Gelehrte völlig anders als Newton. Schon im Vorfeld der Reise hat sich der 26-Jährige bei Oldenburg angekündigt. Er möchte mit möglichst vielen Gelehrten der Royal Society bekannt gemacht werden und die neuesten Neuigkeiten erfahren.

Wie alle Reisenden mietet sich Leibniz erst einmal einen Fiaker. Die 800 Mietkutschen, die das Parlament bewilligt hat, warten an allen Londoner Straßen auf ihre Kunden.[75] Während seines gesamten dreiwöchigen Aufenthalts bleibt es frostig. Die englische Hauptstadt ist oft in Nebel gehüllt, was sie noch unübersichtlicher macht.[76] Die schmalen Straßen der City haben keine Bürgersteige. Robert Hooke, der fast immer zu Fuß unterwegs ist, wird am 17. Juli 1674 beinahe unter die Räder kommen, weil ein Wagenlenker nicht aufgepasst hat. Drei Monate später, am 15. September, wird es die Deichsel einer Kutsche sein, die Hooke beinahe erfasst – ausgerechnet ihn, der im Auftrag der Royal Society getestet hat, wie sich die Geschwindigkeit der Kutschen noch steigern lässt.

Während die Pariser Prachtbauten Jahrhunderte ohne größere Brandkatastrophen überdauert haben, ist die Londoner Innenstadt immer wieder umgestaltet worden. Aber wie ein Mitglied der Royal Society in seinem Tagebuch festhält: »Was unsere Londoner City nicht an Häusern und Palästen hat, das hat sie an Geschäften und Tavernen.« Die Stadt sei so offen bei Tag und so fröhlich bei Nacht, dass man sie in einem ständigen Wachzustand wie bei einer Hochzeit erlebe. So verrückt und so laut wie London sei keine andere Stadt der Welt.[77]

Bald nach der Ankunft trifft sich Leibniz mit seinem Landsmann Oldenburg, der ihn einlädt, an einer Sitzung der Royal

Society teilzunehmen und seine Rechenmaschine vorzustellen. Bei dieser Versammlung gewinnt Leibniz einen lebendigen Eindruck von der Vielfalt der an der Akademie wöchentlich verhandelten Themen. Man diskutiert über Robert Boyles chemische Experimente, über die Studien eines Italieners zur Entwicklung des Kükens im Ei, über einen soeben entdeckten Mond und über Mathematik.

Newtons Name fällt gleich zu Beginn der Sitzung in einem Gespräch über Spiegelteleskope. Es ist anzunehmen, dass Leibniz ihn nicht zum ersten Mal hört. Vor etwas mehr als einem Jahr hat er selbst eine kleine Abhandlung über die Möglichkeiten der Verbesserung von Linsen an die Royal Society geschickt. Jetzt erfährt er, dass Hooke einen Metallspiegel für ein riesiges Spiegelteleskop präpariert.[78]

Anschließend hat Leibniz seinen Auftritt. Unter den erwartungsvollen Blicken der Akademiemitglieder stellt er sein Rechenkästchen vor. Bereits in dieser frühen Ausführung ist es komplexer als das Räderwerk jeder barocken Uhr.

Wie die Maschine Zahlen miteinander multipliziert, demonstriert er vermutlich an dem Beispiel $365 \times 24 = 8760$, der Zahl der Stunden im Jahr, das er schon in einem anderen Zusammenhang verwendet hat. Die wohlwollende Schilderung seiner Präsentation ist in den Annalen der Society festgehalten. Leibniz habe einige Beweise für das gegeben, was er sagte, und versprochen, der Royal Society in Kürze eine fertige Maschine zuzuschicken.[79] Vor allem aber bleibt sein Automat über Monate hinweg Gesprächsgegenstand in London.[80]

Problematisch bei dieser wie bei allen Addiermaschinen sind Rechnungen wie $9999 + 1$. Bei solchen Additionen wird ein Zehnerübertrag fällig, der technisch schwer zu bewerkstelligen ist. Leibniz' Vordenker, der Franzose Blaise Pascal, machte sich dafür die Schwerkraft zunutze. In seiner »Pascaline« wurde mit den aufsteigenden Ziffern ein Fallhebel immer weiter angehoben, bis er beim Überschreiten der Neun hinuntersauste und das benachbarte Zählrad über einen Mitnehmerstift um eine Ziffer weiter drehte.[81]

Als »Probestück des glücklichsten Genies« bezeichnet Leibniz die Maschine des französischen Mathematikers. »Aber da sie nur die Addition und Subtraktion erleichtert, deren Schwierigkeit

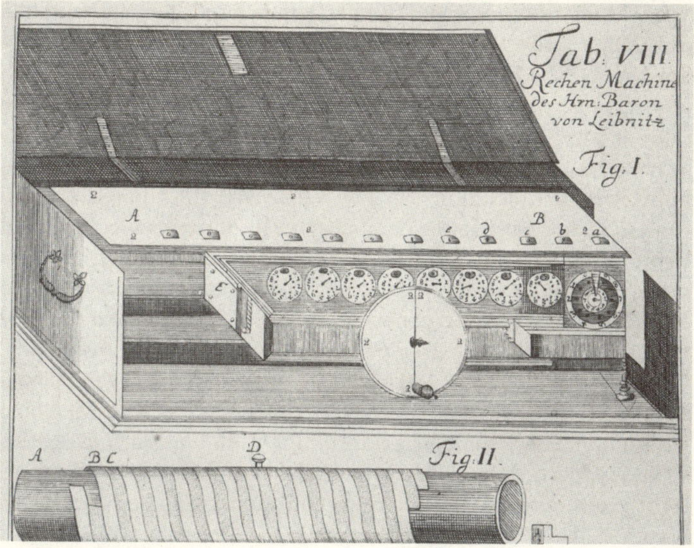

Eine Funktionsskizze der von Leibniz erfundenen Rechenmaschine, die alle vier Grundrechenarten beherrscht, veröffentlicht in den Miscellanea Berolinensia, *Berlin 1710.*

ohnehin nicht groß ist, aber die Multiplikation und Division der früheren Rechnung überlässt, so hat sie sich mehr durch ihre Feinheit bei den Neugierigen als durch praktischen Nutzen bei ernst beschäftigten Leuten empfohlen.«[82] Der Blick in Pascals Maschine hat ihn der bereits erwähnten Staffelwalze und anderen technischen Lösungen nicht wesentlich näher gebracht.

Leibniz bewältigt den Zehnerübertrag mit einem Zahnrad, das nur einen einzigen Zahn hat. Geht die Umdrehung eines Zählrads über den Wert neun hinaus, erfolgt der Übertrag in zwei Stufen: Zunächst bewegt der Einzahn eine Zwischen- oder Merkwelle – »eins im Sinn«. Diese gibt die Eins an das nächste, weiter links gelegene Zählrad weiter.

Ein Zehnerübertrag über viele Stellen hinweg wie bei 9999 + 1 ist jedoch mechanisch so heikel, dass Leibniz und die von ihm engagierten Uhrmacher ewig lange daran herumfeilen. Bruchteile von Millimetern entscheiden über das richtige Ineinandergreifen der vielen Zähne. Schließlich bringt Leibniz zur Fehlerkontrolle am hinteren Ende jeder Zwischenwelle eine Scheibe an. Ihre Stellungen zeigen an, ob der Zehnerübertrag einwandfrei geklappt hat oder nicht.[83]

Multiplikationen sind noch kniffliger als Additionen. Zwar lässt sich jede Multiplikation auf eine Reihe von Additionen zurückführen. Dabei hat man es dann aber nicht nur mit einem Zehnerübertrag zu tun, sondern mit einer komplexen Dezimalverschiebung. Und für diese benötigt Leibniz ein separates Eingabeteil und ein Resultatwerk, die gegeneinander bewegt werden können und reibungslos zusammenspielen.

Robert Hooke hätte den Automaten am liebsten auseinandergenommen, um seine Funktionsweise zu verstehen. Die Maschine kommt ihm »so kompliziert vor mit ihren Rädern, Antrieben, Gestellen, Federn, Schrauben, Arretierungen und Zylindern, dass ich nicht glaube, dass sie jemals von irgendeinem größeren Nutzen sein wird«.[84] Die Zeit scheint noch nicht reif für Leibniz' Erfindung. Er selbst wird seine erste große funktionstüchtige Rechenmaschine erst in den 1690er-Jahren fertigstellen. Und bis zur Serienfertigung mechanischer Rechenmaschinen werden gar noch zwei Jahrhunderte verstreichen.

Eine »alberne Maschine«

In Hookes Tagebuch aber ist ab jetzt immer wieder von »arithmetischen Maschinen« die Rede. Der Chefexperimentator versucht, weitere Einzelheiten über das Rechenkästchen zu erfahren, und begleitet Oldenburg und Leibniz am 31. Januar nach Whitehall. Dort besuchen sie gemeinsam den stadtbekannten Erfinder Samuel Morland.

Morland hat unter anderem einen Automaten entworfen, mit dem die Post Briefe öffnen und wieder verschließen kann, ohne dass der Empfänger etwas davon bemerkt. Dafür zahlt ihm die Behörde eine beträchtliche Pension von 500 Pfund im Jahr. Den König noch mehr beeindruckt hat ein Gerät, das beliebige Handschriften in Minutenschnelle zu reproduzieren vermag. Charles II. hat es schon manches Mal getestet.[85]

Auch eine prunkvolle Rechenmaschine hat Morland dem Regenten geschenkt. Ihr Aufbau erschließt sich Leibniz und Hooke vergleichsweise schnell: Der Erfinder hat die seinerzeit beliebten Napier-Stäbe verwendet, Rechenstäbe, auf denen man das Ergebnis von Teilprodukten ablesen kann. Die Addition dieser Zahlenwerte erfolgt dann zwar maschinell[86], allerdings verfügt das Gerät nicht einmal über einen automatischen Zehnerübertrag – eine »alberne Maschine«, notiert Hooke in seinem Tagebuch.[87] Abgesehen von ihrem schmucken Äußeren kommt sie nicht an die »Pascaline« und erst recht nicht an die leibnizsche Rechenbank heran. Denn was an diesen Geräten besticht, ist ja gerade ihre völlige Selbsttätigkeit.

In dieser Hinsicht ist die Rechenmaschine verwandt mit der Uhr. Eine Uhr addiert zwar keine Zahlen, zählt aber in einem automatisierten Prozess die Zeit. Dass die Rechenmaschine ein Abkömmling der Uhr ist, wird deutlich, als ein venezianischer Physiker einige Jahrzehnte später die Beschreibung einer Rechenmaschine veröffentlicht, die wie eine Turmuhr mit Gewichtsantrieb und Spindelhemmung arbeitet.[88]

Als Uhrenexperte gewinnt Hooke am ehesten einen Eindruck von dem genialen Wurf des jungen Deutschen. Noch in der ersten Februarwoche beginnt er damit, eine eigene Rechenmaschine zusammenzubasteln, und kündigt an, sie werde »viel einfacher sein als die von Mr. Leibniz«. Am 8. Februar ist Leibniz dann den ganzen Nachmittag bei Hooke zu Gast, hält sich aber, was seine Erfindung betrifft, bedeckt. Der Engländer erfährt keine Details und kauft sich stattdessen am 1. März ein Buch über Napiers Rechenstäbe. Zwei Monate später wird er bei einer Versammlung der Royal Society erklären, er verfüge über eine Apparatur, die das Gleiche könne wie die des Deutschen, aber nicht einmal ein Zehntel der Bauteile benötige. Den Entwurf werde er aber erst bekannt geben, wenn Leibniz, wie versprochen, ein fertiges Modell aus Paris geschickt habe und dieses überprüft worden sei.[89]

In Mathe immer noch nicht up to date

Man darf davon ausgehen, dass Oldenburg seinen Landsmann vor Hookes Chuzpe gewarnt hat. Vor einer Peinlichkeit kann er Leibniz aber nicht bewahren. Sie wirft einen Schatten auf seine Englandreise.

Leibniz nimmt die Gelegenheit wahr, Robert Boyle zu besuchen, dessen Vakuumexperimente und chemische Erkenntnisse ihn in ganz Europa bekannt gemacht haben. Insgeheim hofft er darauf, einen Einblick in Boyles Laboratorium zu bekommen und etwas über dessen chemische Verfahren in Erfahrung zu bringen. Doch die Geheimniskrämerei waltet auch hier, weshalb Leibniz mit der bei Hofe üblichen Hinterlist weiterzukommen versucht: Er macht sich an einen von Boyles Gehilfen heran, einen Deutschen, um ihn auszuhorchen und zu bestechen – ohne Erfolg.[90] Ob davon etwas zu Boyle und Oldenburg durchdringt, lässt sich nicht sagen. Ein anderer Zwischenfall ist für den aufstrebenden Mathematiker allerdings so beschämend, dass er am folgenden Tag eine Ehrenerklärung abgibt:

»Als ich gestern bei dem berühmten Mr. Boyle war, traf ich den angesehenen Mr. Pell, einen bedeutenden Mathematiker«, heißt es in dem bei der Royal Society hinterlegten Schriftstück. Das Gespräch, so Leibniz weiter, sei zufällig auf die Reihenlehre gekommen. In diesem Zusammenhang stellte er seine eigene Entdeckung heraus. Es zeigte sich jedoch, dass Pell mit der entsprechenden Fachliteratur bestens vertraut, Leibniz dagegen nicht up to date war. Die vermeintliche Entdeckung war gar nicht seine. »Der angesehene Mr. Pell antwortete, sie wäre bereits publiziert worden.«[91]

Ein solches Missgeschick wäre angesichts seines Alters verzeihlich. Irgendetwas veranlasst Leibniz aber dazu, am nächsten Tag schriftlich dazu Stellung zu nehmen. Hat ihm Pell in offener Runde vorgeworfen, sich mit fremden Federn zu schmücken? Ist Leibniz in die Klemme geraten, weil er nicht einsehen wollte, dass ihm ein anderer zuvorgekommen war?

Als er das zitierte Buch noch am selben Abend bei Oldenburg vorfand und darin blätterte, sah er sofort, dass Pell recht hatte. »Doch was mich betrifft, ... wusste ich nichts davon, dass dieses Buch erschienen war.«[92] Seine Erklärung verfasst er kurz vor seiner Abreise aus London, sie enthält allerdings einen weiteren Fauxpas genau der gleichen Art. Eine Kopie der Ehrenerklärung wird in Newtons Hände gelangen, der sie später in ihrem Plagiatsstreit gegen ihn verwenden wird.

Leibniz verlässt London mit zwiespältigen Gefühlen. Der

plötzliche Tod des Kurfürsten von Mainz führt zu einem überstürzten Aufbruch der deutschen Delegation, sodass ihm keine Zeit bleibt, sich von Oldenburg persönlich zu verabschieden. Stattdessen hinterlässt er ihm ein Schreiben, in dem er sich bedankt und um Aufnahme in die Royal Society bittet. Mit Unterstützung des Sekretärs wählt man, nach Newton, auch ihn zum Mitglied der königlichen Akademie der Wissenschaften.

EINE FEDER SORGT FÜR UNRUHE

Auch Taschenuhren laufen mit einem Mal minutengenau, nur: Was ist überhaupt eine Uhr?

Im 17. Jahrhundert entsteht das, was wir die modernen Naturwissenschaften nennen. Ihr beispielloser Aufstieg verdankt sich ausgefeilten mathematischen Methoden und einem neuen Verhältnis zwischen Naturforschern und Handwerkern. So wie die Mathematik den Wissenschaftlern neue Möglichkeiten der theoretischen Beschreibung eröffnet, machen Teleskop, Mikroskop und Vakuumpumpe räumliche Dimensionen sichtbar oder erfahrbar, die dem Menschen bis dahin verborgen waren. Von nun an bestimmt die apparative Ausstattung die Richtung der Forschung.

Die Pendeluhr markiert die Zeitrevolution in dieser Epoche. Ihr Erfinder Christiaan Huygens und andere Gelehrte sind davon überzeugt, dass sie gleichmäßiger tickt als jede andere Uhr. Dessen sicher sein können sie nicht. Jede Zeitmessung hat etwas von Natur aus Unbestimmtes.

Gottfried Wilhelm Leibniz nennt die Uhr ganz allgemein einen Zeitmaßstab. So wie man seinerzeit die Länge eines Zolls oder eines Fußes benutzt, um Abstände oder Strecken an verschiedenen Orten miteinander zu vergleichen, gebraucht man eine Uhr, um die Dauer verschiedener Geschehensabläufe einander gegenüberzustellen. Der Vergleich mit dem Längenmaßstab ist hilfreich und wird von Leibniz ausführlich erörtert:

Als räumliche Distanz zwischen zwei Punkten bezeichnet man »die Länge der kürzesten Linie, die man von einem zum anderen ziehen kann«. Zoll und Fuß eignen sich als Längenmaßstäbe, weil sie eine solche Entfernung definieren. Man kann diese Maßstäbe an einen anderen Ort transportieren und mit dem Abstand zwischen zwei beliebigen anderen Punkten vergleichen. Was ein Zoll oder ein Fuß ist, lasse sich aber rein geistig nicht begreifen. »Vielmehr kann man die Bedeutung dieser Namen nur durch wirkliche Maße bewahren, die man als unveränderlich annimmt und an denen man sie stets wieder finden kann.«[93]

Nun könne man zwar nicht behaupten, dass »ein räumliches Maß, wie zum Beispiel eine Elle, die man in Holz oder Metall aufbewahrt, vollkommen dieselbe bleibt«. Dennoch haben wir guten Grund anzunehmen, dass sich ihre Länge beim Transport von einem Ort zum anderen nicht ändert, obschon dies etwa aufgrund von Temperaturschwankungen möglich wäre. Nur wenn wir eine sehr präzise Messung machen möchten, müssen wir den Einfluss der Temperatur berücksichtigen. Das Messergebnis ist dann entsprechend zu korrigieren.

In ähnlicher Weise vertrauen wir bei Kalendern und Uhren darauf, dass sie zuverlässige Zeitmaße darstellen. Wir gehen davon aus, dass wir es mit Geschehensabläufen zu tun haben, die sich stets in gleicher Weise wiederholen. Beim Zeitmaß denken wir also üblicherweise an feste Perioden. »Man kann in der Tat behaupten«, so Leibniz, »dass die Dauer durch die Zahl der periodischen, gleichen Bewegungen erkannt wird, von denen die eine anfängt, wenn die andere schließt«.[94]

Den Ablauf einer Periode erkennen wir bei der Sanduhr daran, dass sich das obere Gefäß geleert und das untere gefüllt hat. Für die nächste Zeitmessung müssen wir das Glas per Hand oder mit einer maschinellen Vorrichtung umdrehen. Bei einer Pendeluhr kehrt das pendelnde Gewicht von sich aus nach jedem Hin und Her in die Ausgangslage zurück. Der Ablauf einer Periode ist außerdem als Tocktock hörbar. Auch die Zeitrechnung mithilfe des Kalenders beruht auf der Wiederkehr gleicher Zustände.

Wie der Soziologe Norbert Elias erläutert, bauen wir mithilfe von Kalendern und Uhren so etwas wie Meilensteine in den kontinuierlichen Fluss anderer Geschehensabläufe ein. Innerhalb des Geschehens sind jedes Jahr und jede Stunde einmalig und unwiederbringlich. »Sie kommen, sie gehen und kehren niemals wieder.«[95] Aber die durch Kalender und Uhren festgelegte Dauer eines Jahres oder einer Sekunde, jener Zeitmaßstäbe also, die wir als Standard definiert haben, bleibt gleich.

»Die wandelbare Konstellation auf dem Gesicht einer Uhr hat

die Funktion, Menschen anzuzeigen, welche Position in dem Nacheinander des großen Geschehensflusses sie und andere gegenwärtig einnehmen, oder auch, wie lange sie gebraucht haben, um von dort nach hier zu kommen.«[96] Wir sehen zum Beispiel auf die Uhr und stellen fest: Es ist jetzt 19 Uhr 20 am 30. Oktober 2012. Eine solche Anzeige kann uns vor Augen führen, dass in 40 Minuten ein Theaterstück beginnt, für das wir uns mit Freunden verabredet haben, die vermutlich schon auf dem Weg zu dem gemeinsamen Treffpunkt sind, da sie demselben Zeitstandard folgen wie wir. Ohne Uhr und Kalender hätten wir uns nicht langfristig mit ihnen verabreden können.

Mittels der Zeitbestimmung koordinieren wir unser Leben nicht nur mit dem anderer Menschen, sondern passen uns auch den natürlichen Rhythmen an. Die Anzeige 19 Uhr 20 am 30. Oktober 2012 bedeutet, dass es Abend und, da der Herbst schon begonnen hat, draußen bereits dunkel ist und vermutlich recht kühl. Die Stellung der Uhrzeiger und die Datumsangabe fallen zusammen mit einer ganz bestimmten Konstellation von Erde und Sonne, weil die von uns benutzte Uhr an Himmelsbewegungen geeicht wurde.

Unsere biologische Uhr

Betrachtet man die Entwicklung der westlichen Zivilisation, so fällt ein wesentlicher Unterschied zwischen Zeit- und Längenmessung ins Auge: Über Jahrtausende hinweg haben Kulturen ihre Längenmaße ziemlich frei gewählt. So sind der Steinwurf oder die Meile alte Längenmaße, Leibniz nennt Zoll, Fuß oder Elle als Beispiele, wobei er stets einkalkulieren muss, dass mit einem Pariser Fuß etwas anderes gemeint ist als mit einem Fuß in London. Noch im 17. Jahrhundert unterscheiden sich die Längenmaßstäbe benachbarter europäischer Länder ganz erheblich voneinander.

Beim Zeitmaß ist dies nicht der Fall. Jahr und Tag haben sich in ganz Europa als Zeitmaße durchgesetzt. Es mag sein, dass ein Reisender wie Leibniz Kalender und Uhr umstellen muss, weil in England das neue Jahr am 25. März eingeläutet wird und auf dem Kontinent am 1. Januar, weil in Italien der neue Tag nach Sonnenuntergang anfängt, während er anderswo um Mitternacht beginnt, und vor allem, weil es im Unterschied zu heute keine Zeitzonen gibt. Aber unter dem mit einem Tag oder Jahr bezifferten Intervall versteht man überall in Europa nahezu dasselbe. Der Streit zwischen den protestantischen und katholischen Staaten um die Kalenderreform ist, so gesehen, lediglich ein letztes Gefecht um eine winzige Änderung an der astronomisch bestimmten Jahreslänge.

Während die Meilensteine im Raum willkürlich gesetzt zu sein scheinen, sprechen wir beim Jahreslauf der Sonne und dem Tag-Nacht-Wechsel von »natürlichen Rhythmen«. Aus gutem Grund, denn die Sonne ist Taktgeber unseres Lebens. Sie versorgt uns mit Licht und Wärme und reguliert den biologischen Rhythmus jeder Zelle in unserem Körper. Unser Leben ist genauso wie das Werden und Vergehen der Pflanzen und Tiere, von denen wir uns ernähren, eingebunden in eine Ordnung, die keine Ländergrenzen kennt. Sie durchläuft Perioden wie Frühling, Sommer, Herbst und Winter und Phasen wie Morgendämmerung, Sonnenaufgang, Sonnenhöchststand und Abenddämmerung.

Dass in unserem Körper eine biologische Uhr tickt, die uns durch Tag und Nacht lotst, haben Wissenschaftler in zahlreichen Experimenten nachgewiesen. Die Chronobiologie hat sich zu einem eigenen Forschungszweig entwickelt. Auch Menschen, die sich wie der Franzose Michel Siffre über Wochen und Monate hinweg in eine unterirdische Höhle einsperren lassen, folgen dem Takt der inneren Uhr. »Die Körperzeit regelt Blutdruck, Hormone und Magensäfte, lässt uns müde werden und wieder erwachen«, so der Wissenschaftsautor Stefan Klein. Er bezeichnet das natürliche Chronometer als Wunderwerk an Genauigkeit. Denn es gehe während der Jahrzehnte eines ganzen Lebens »höchstens ein paar Minuten vor oder nach«.[97]

Babys kommen mit einem an den Wechsel von Tag und Nacht gekoppelten Biorhythmus zur Welt. Dieser unterscheidet sich allerdings insofern von dem der Eltern, als der Säugling häufiger etwas zu essen benötigt und die Mahlzeiten in den ersten Lebenswochen das Wach- und Schlafverhalten vorgeben. Ein Baby wacht auch nachts auf, worüber man sich im 17. Jahrhundert, als die Menschen früher zu Bett gingen und mitten in der Nacht noch einmal aufstanden, weniger wunderte als heutzutage.

Im Lauf ihrer ersten Lebensjahre entwickeln Kinder ein Gespür für die Zeit. Nachdem sich ein Rhythmus des Essens, Schlafens und Aufstehens eingependelt hat, lernen sie zum Beispiel, was ein Tag ist und dass auf den nächsten Schlaf ein neuer Tag folgt. Länger dauert es, ehe sie die Bedeutung von Minuten oder Stunden, Wochentagen oder gar Monaten erfassen, nach denen wir uns heutzutage im Alltag richten. Bei diesen Zeitspannen handelt es sich allerdings um kulturelle Errungenschaften, um Intervalle ohne irgendwelche Entsprechungen in der Natur. Im Unterschied zu diesem tradierten Wissen ist uns der Tag-Nacht-Rhythmus von Geburt an mitgegeben.

Leibniz weist jedoch darauf hin, dass selbst der Tag-Nacht-Wechsel eine regional begrenzte Erscheinung ist. Die Griechen, Römer und alle übrigen Völker hätten von jeher bemerkt, dass vor Ablauf von 24 Stunden der Tag sich in die Nacht und die Nacht in den Tag wandle. »Man würde sich aber geirrt haben, wenn man geglaubt hätte, dass dieselbe Regel überall zutrifft.« Denn beim Besuch von Nova Zembla habe sich das Gegenteil gezeigt. Die erstmals im 16. Jahrhundert von Westeuropäern besuchte Insel im Nordpolarmeer liegt jenseits des nördlichen Polarkreises. Dort geht die Sonne im Winter für einige Tage nicht auf und im Sommer für einige Tage nicht unter.

Leibniz holt noch weiter aus: Es sei sogar ein Irrtum zu glauben, dass der Tag-Nacht-Wechsel in unserer Zone »eine notwendige und ewige Wahrheit ist, weil man annehmen muss, dass die Erde und die Sonne selbst nicht notwendig existieren und vielleicht einmal eine Zeit kommt, wo dies schöne Gestirn mit seinem ganzen System, wenigstens in seiner gegenwärtigen Gestalt, nicht mehr sein wird«.[98] Wir können den Sinnen also nicht ohne Weiteres trauen. Unsere Erfahrungen hängen sowohl von unserem Standort als auch von unserer Lebensspanne ab. Selbst mit technischen Hilfsmitteln können wir im weit verzweigten Gefüge von Raum und Zeit nur Ausschnitte erfassen.

In unseren Breiten eignet sich der (mittlere) Sonnentag jedoch in ausgezeichneter Weise als zeitliches Bezugssystem für unser soziales Handeln. Zwar könnten wir andere Zeitmaßstäbe wählen, aber die Affinität zur Sonne ist verständlicherweise groß. Ob derartige Intervalle im strengen Sinne periodisch sind, lässt sich nicht mit letzter Gewissheit sagen.

»Unser Zeitmaß würde genauer sein, wenn man einen vergangenen Tag aufbewahren könnte, um ihn mit den künftigen Tagen zu vergleichen«, schreibt Leibniz.[99] Aber das Zeitmaß lässt sich nicht konservieren. Die Perioden folgen stets aufeinander und existieren nie zugleich. Daher können wir grundsätzlich nicht erkennen, ob sie genau übereinstimmen. Stattdessen sind wir auf den Vergleich verschiedener periodischer Bewegungen angewiesen und auf unsere Mutmaßungen über die dahinter liegenden Bewegungsmechanismen.

Unterwegs in Raum und Zeit

Die grundlegende Bedeutung der Zeitmessung drückt sich im 17. Jahrhundert unter anderem darin aus, dass Christiaan Huygens mit ihrer Hilfe ein neues Längenmaß definiert. Der Niederländer eicht die von ihm entworfene Pendeluhr an den Himmelsbewegungen. Anschließend erklärt er die Länge desjenigen Pendels, das für eine Halbschwingung genau eine Sekunde benötigt und daher drei Pariser Fuß und acht Linien lang ist, sprich: 99,45 Zentimeter, zu einem universellen Längenmaßstab. Man sollte ihn überall verwenden können.

Huygens ist nicht der Erste, der die Längenmessung auf eine Zeitmessung zurückführt. Seit jeher haben Menschen räumliche Verhältnisse in zeitliche Prozesse übersetzt und umgekehrt. Bis heute ist der »Tagesmarsch« in etlichen Kulturen ein gängiges Entfernungsmaß. Und wenn uns auf der Straße jemand danach fragt, wie weit der Weg zum Bahnhof ist, dann antworten wir typischerweise: »Etwa zehn Minuten in diese Richtung.«

Mit der Länge des Sekundenpendels greift Huygens einer Definition des Meters voraus, auf das man sich schließlich als Längenstandard international einigen wird. Seit 1983 wird das Metermaß folgendermaßen definiert: Ein Meter ist die Strecke, die das Licht im Vakuum in 0,00000000333564095198 Sekunden zurücklegt. Zugegeben, eine seltsame Definition. Schon die vielen Nullen deuten darauf hin, dass die Lichtgeschwindigkeit einem astronomischen Kontext entstammt, in dem man es mit völlig anderen Dimensionen zu tun hat.

Der Däne Ole Rømer macht 1676 die spektakuläre Entdeckung,

dass sich Licht nicht unendlich schnell ausbreitet, sondern eine endliche, messbare Geschwindigkeit besitzt. Rømer zählt zu den von Leibniz besonders geschätzten Gelehrten der Pariser Akademie. Über viele Jahre hinweg hat er die Monde des Jupiters ins Visier genommen. Die vier Himmelskörper umkreisen den Planeten mit der Regelmäßigkeit eines Uhrwerks und laufen gemeinsam mit ihm um die Sonne. Dabei kommen sie der Erde mal näher und sind dann wieder weiter von ihr entfernt.

Rømer führt penibel Buch darüber, wann die Monde in den Jupiterschatten eintreten. Die Zeiten ihrer Verfinsterungen verschieben sich im Lauf eines Jahres in einem festen Rhythmus: Immer wenn sich Jupiter von der Erde entfernt, geht die Monduhr seltsamerweise einige Minuten nach. Rømers kühne Schlussfolgerung: Um den langen Weg vom Jupitersystem zur Erde zurückzulegen, benötigen Lichtstrahlen Zeit. Und diese Zeit verlängert sich bei größerer Entfernung der Monde von der Erde.

Für die Lichtgeschwindigkeit ergibt sich aus Rømers Daten ein Wert von etwa 215 000 Kilometern pro Sekunde, heute geht man von knapp 300 000 Kilometern in jeder Sekunde aus. »Licht … benötigt sieben bis acht Minuten, um von der Sonne zur Erde zu gelangen«, hält Newton in seinen *Opticks* fest.[100] Die Lichtlaufzeit ist deshalb so groß, weil der Abstand der Sonne von der Erde immens ist. Andere Himmelskörper sind noch viel weiter entfernt. Schon die Distanz zum der Sonne nächstgelegenen Stern beträgt unvorstellbare 40 Billionen Kilometer oder 4,2 Lichtjahre, um den heute gängigen kosmologischen Entfernungsmaßstab zu verwenden.

Durch die Entdeckung der Lichtgeschwindigkeit bekommt die Unendlichkeit des Alls eine neue, zeitliche Dimension. Wann immer wir zum Himmel blicken, schauen wir in die Vergangenheit. Leibniz zufolge muss dies selbst dann berücksichtigt werden, wenn wir ein Gemälde oder einen x-beliebigen Gegenstand betrachten. »Da nun die Lichtstrahlen eine, wenn auch noch so geringe Zeit brauchen, so ist es möglich, dass der Gegenstand in dieser Zwischenzeit zerstört worden und in dem Moment, in dem der Strahl zum Auge gelangt, nicht mehr vorhanden ist.«[101] Wie sehr die Entdeckung der Lichtgeschwindigkeit die Vorstellungen der Naturwissenschaftler von Raum und Zeit dereinst verändern wird, klingt hier noch nicht an. Einsteins Relativitätstheorie liegt noch in ferner Zukunft.

Warum die Pendeluhr nicht genau ist

Christiaan Huygens ist mit seiner Pendeluhr nicht zufrieden. Im Mai 1673 schickt er zwölf Ausfertigungen seines soeben gedruckten *Horologium Oscillatorium* nach London, das seit Galileis *Discorsi* bedeutendste Werk über Mechanik.[102] Es enthält die bis heute gültigen Stoßgesetze und öffnet das Fenster zu einer Physik, die 15 Jahre später in Newtons *Principia* gipfeln wird. Das Hauptaugenmerk des Forschers aber gilt der Präzisionszeitmessung mit einer verbesserten Pendeluhr.[103] Denn was nützen physikalische Gesetze, wenn es nicht möglich ist, sie anzuwenden, weil die entscheidende Größe, die Zeit, nicht bestimmt werden kann? Ohne entsprechende Uhren »bleiben die Gesetze der neuen Dynamik abstrakt und leer«, so der Wissenschaftshistoriker Alexandre Koyré.[104]

Aufgrund mathematischer Überlegungen erachtet Huygens die Pendeluhr als ungenau. Um eine immerzu gleiche Schwingungsperiode zu erhalten, müsse man das pendelnde Gewicht auf eine leicht abgewandelte Kurve zwingen, den schon erwähnten Zykloidenbogen.

Pariser Uhrmacher haben bereits einige Uhren nach dieser Vorgabe gebaut. Allerdings benötigt man für ein solches Pendel zusätzliche, entsprechend geformte Bauteile. Mit ihnen kommen neue Reibungskräfte ins Spiel, die die geringen Vorteile, welche der Zykloidenbogen gegenüber dem Kreisbogen bietet, wieder zunichtemachen.

Robert Hooke, für seine loses Mundwerk bekannt, macht sich lustig über den pompösen mathematischen Überbau, mit dem Huygens seine Entdeckung einführt. Das Zykloidenpendel ist die einzige Erfindung, die der Experimentator der Royal Society dem niederländischen Wissenschaftler ohne Weiteres zugesteht: »Ich habe niemals von irgendjemandem gehört, der ihm diesbezüglich die Ehre streitig machen würde.«[105]

Londoner Uhrmacher gehen andere Wege und bauen mehr als zwei Meter hohe Standuhren. Schmucke Holzkästen mit Intarsienarbeiten verwandeln die raumhohen Uhren in repräsentative Möbelstücke. Die schiere Größe dieser typisch englischen Standuhren mag zwar manchen potenziellen Käufer abschrecken, aber ein Pendel schwingt eher im Gleichtakt, wenn es lang ist und nur wenig ausgelenkt wird, wenn es sich also nur in kleinem Winkelabstand um die untere Ruheposition herum bewegt.

Die langpendeligen präzisen Uhren erfordern eine neue Technik: die bis heute gebräuchliche Ankerhemmung. Einige zeitgenössische Quellen nennen Hooke als Erfinder, doch könnte die Idee auch auf Uhrmacher wie William Clement oder Joseph Knibb zurückgehen.[106] Bei der Ankerhemmung umspannen die beiden Arme eines Ankers das äußere Zahnrad des Uhrwerks.

Um sich dies besser vorstellen zu können, stellen Sie sich einmal hin, breiten Ihre beiden Arme aus und lassen die Hände nach unten hängen. Nun pendeln Sie mit dem Oberkörper mal nach rechts, mal nach links, indem Sie zuerst das eine Bein leicht abspreizen, dann das andere. Sie werden feststellen: Schon das leichte Abspreizen eines Beins verursacht eine spürbare Neigung Ihres Oberkörpers. Auf diese Weise kann mal Ihre rechte, mal Ihre linke Hand in ein großes, imaginäres Zahnrad eingreifen, das sich vor Ihrem Bauch dreht.

Genau so funktioniert die Ankerhemmung. Nur dass sich anstelle Ihrer Hände zwei Haken am Ende der Ankerarme in das Hemmungsrad einhängen. Und anstelle Ihrer Beine schwingt eine lange Pendelstange hin und her.

Viel Raffinesse erfordert die Gestaltung der Haken, die den Kontakt zum Räderwerk herstellen. Kunstfertigkeit und Erfindungsreichtum englischer Uhrmacher zeigen sich vor allem an dieser heiklen Stelle. Infolge der höheren Ganggenauigkeit werden in London schon in den 1670er-Jahren, gut eine Dekade nach Einführung des Minutenzeigers, etliche Standuhren mit Sekundenzeiger ausgestattet. Als mittlerweile dritter Zeiger ist er nicht mehr in der Mitte des Ziffernblatts fixiert, sondern kreist in einem kleinen separaten Ring, üblicherweise unter der Zwölf-Uhr-Markierung.

Der Erfinder der Pendeluhr, Christiaan Huygens, hält an der klassischen Spindelhemmung fest, die viele Vorzüge hat. Für Uhren englischer Bauart ist sie jedoch ungeeignet. Bei der Spindelhemmung greift nämlich ein Metalllappen in das Räderwerk ein, der wie der Bart eines Schlüssels aussieht. Und so, wie man einen Schlüssel weit herumdrehen muss, um das Schloss zu öffnen, erfordert die Spindel mit den beiden daran angebrachten Spindellappen eine große Umdrehung der Achse und damit auch eine weite Auslenkung des Pendels, was die Genauigkeit beeinträchtigt.

Mit der Kombination aus Spindelhemmung und Zykloidenpendel gerät Huygens in eine technologische Sackgasse. Allerdings findet er mit einer zündenden Idee wieder aus ihr heraus: Huygens entwirft das Herzstück aller künftigen mechanischen Taschenuhren, die Unruh mit Spiralfeder.

Vermessen

Zu seiner Entdeckung gelangt Huygens auf verschlungenen Wegen. Als Naturforscher wird er von anderen Interessen geleitet als ein Uhrmacher. Die staatlich gelenkte Pariser Akademie, der er angehört, hat ein großes Vermessungsprogramm in Gang gesetzt. Ludwig XIV. erwartet von den Gelehrten präzise Karten seines expandierenden Reichs. Die verbesserte Frankreichkarte, die ihm die Akademie schließlich vorlegt, hätte er sich freilich anders gewünscht. Über Nacht ist sein Territorium erheblich geschrumpft. Der Sonnenkönig spöttelt, er habe weniger Land an seine Feinde verloren als an seine Astronomen.

Obwohl Ludwig XIV. weiterhin Krieg gegen seine niederländische Heimat führt, rühmt Huygens den König im Vorspann seines *Horologium Oscillatorium* in höchsten Tönen. Er besingt ihn als unvergleichlichen Förderer der Wissenschaften, dessen Großzügigkeit die aller anderen Könige übertreffe, und preist ihm die Pendeluhr als ausgesprochen nützliches Instrument für die Navigation an. Seefahrer könnten damit den Längengrad genauer ermitteln. Auf Order Seiner Majestät seien diese Uhren schon mehr als einmal über die Ozeane geschickt worden.[107]

Eine solche Reise führte den Franzosen Jean Richer nach Südamerika. Zusammen mit einem Assistenten schiffte sich der Naturforscher im Februar 1672 nach Cayenne ein. Richer hatte eine Uhr mit Sekundenpendel im Gepäck und war der festen Überzeugung, dass ein Pendel, das in Paris binnen einer Sekunde von einer Seite zur anderen schwingt, in Äquatornähe die gleiche Periode aufweise. Wie Huygens in seinem Buch geschrieben hatte, sollte ein Sekundenpendel auf der ganzen Welt dieselbe Länge haben.

Diese bestechend einfache Idee wird eine lange Debatte nach sich ziehen. Einer von Huygens' Kollegen behauptet, Pendeluhren gingen im Winter anders als im Sommer. Tatsächlich ändert sich mit der Temperatur die Länge einer Pendelstange geringfügig. Das Metall dehnt sich bei Erwärmung aus und lässt das Pendel langsamer schwingen. Diese Temperaturempfindlichkeit schränkt die Ganggenauigkeit der Uhr bei Reisen in andere Klimazonen ein, ein Problem, dem sich von nun an einige Uhrmacher widmen.

Aber dies ist nicht die einzige Schwierigkeit, mit der Richer zu kämpfen hat. In Cayenne angekommen, kalibriert er die aus Frankreich mitgebrachte Uhr anhand der Wanderbewegungen der Gestirne neu. Zu seiner Verwunderung geht sie um mehr als zwei Minuten pro Tag nach. Er muss das Pendel um einige Millimeter kürzen, damit es sich wieder im Sekundentakt bewegt. Richer, seit sechs Jahren Mitglied der Académie des sciences, ahnt schon, dass seine Pariser Kollegen diese Messung in Zweifel ziehen werden. Er justiert die Uhr abermals. Über ein Jahr hinweg wiederholt er das Experiment Woche für Woche, kann sich die Längenunterschiede des Sekundenpendels zwischen Paris und Cayenne jedoch nicht mit dem Einfluss der Temperatur erklären.

Ende Mai 1673 begibt er sich auf die Rückreise nach Frankreich. Dort sieht sich Huygens, der nach wie vor hofft, das Problem der Positionsbestimmung auf hoher See mithilfe einer Pendeluhr zu lösen, mit einem Einwand völlig neuer Qualität konfrontiert: Kann es sein, dass die Länge des Sekundenpendels von Breitengrad zu Breitengrad variiert? Dass die Pendeluhr von Ort zu Ort neu justiert werden muss?

Huygens glaubt zunächst nicht daran. Isaac Newton hingegen wird Richers Akribie zu schätzen wissen. Newton sieht in der Messreihe einen entscheidenden Hinweis darauf, wie sensibel eine Pendeluhr auf Änderungen der Schwere reagiert. Ein Pendelgewicht schwingt unter dem Einfluss der Schwere, aufgrund dessen wird es stets zum tiefsten Punkt gezogen und bewegt sich um diese Mittellage herum.

Die Schwerkraftwirkung könnte allerdings am Äquator geringer sein als in Paris und London, so Newtons Deutung des Experiments. Anders gesagt: Der Globus ist möglicherweise nicht rund wie eine Kugel, sondern aufgrund seiner Rotation an den Polen flacher und am Äquator dicker. Zwischen Newtons Anhängern und ihren Gegnern in Frankreich wird bald ein langer Streit darüber entbrennen, ob die Erde an den Polen abgeplattet ist oder ob sie, umgekehrt, eine zu den Polen hin leicht gestreckte Form hat. Die Auseinandersetzung wird erst 1737 durch eine französische Expedition nach Lappland entschieden: zu Newtons Gunsten.

Huygens möchte das Problem der Längengradbestimmung auf hoher See mit einer transportablen mechanischen Uhr lösen. Sie soll immerzu im Gleichtakt mit einer entsprechenden Referenzuhr in Paris laufen. Wenn sich jedoch die Schwere von Breitengrad zu Breitengrad ändern sollte, wäre dies eine Ursache mehr dafür, dass eine Pendeluhr für die Längengradbestimmung grundsätzlich nicht taugt, obschon es einstweilen keinen besseren Zeitmesser gibt. Für eine exakte Längengradbestimmung würde man einen Gangregler benötigen, der ähnlich gute Schwingungseigenschaften aufweist wie das Pendel, dessen Periode aber nicht unmittelbar von einer äußeren Kraft wie der Schwere abhängt und der gegen das Schaukeln eines Schiffs unempfindlich ist. Bei einer idealen Uhr müssten innere Kräfte wirksam sein.

Wir wissen nicht, ob sich Huygens die Frage in dieser Weise stellte. Jedenfalls lässt ihm das Längengradproblem keine Ruhe mehr. Tatsächlich findet er eine technische Anordnung, die den gewünschten Anforderungen entspricht. Sie erregt so viel Aufsehen, dass die Royal Society darüber beinahe auseinanderbricht.

Eine Feder sorgt für Unruhe

Der englische König hat an der sicheren Navigation seiner Kriegs- und Handelsflotte ein ähnlich großes Interesse wie Ludwig XIV. Im Dezember 1674 setzt Charles II. eine Kommission zur Längengradbestimmung ein. Robert Hooke ist nicht zum ersten Mal Mitglied eines solchen Gremiums. Erst kürzlich hat er sich damit auseinandersetzen müssen, ob sich das Längengradproblem mithilfe eines magnetischen Kompasses lösen lässt. Nun behauptet ein Franzose, der sich Sieur de St. Pierre nennt, den Längengrad aus der Stellung des Mondes und einiger Sterne zuverlässig ermitteln zu können.[108]

Die Angelegenheit hat eine gewisse Dringlichkeit. St. Pierre hat nämlich eine einflussreiche Fürsprecherin am Hof, die erst 25-jährige Louise de Kéroualle, inzwischen erste Mätresse des Königs. Sie setzt sich bei Charles II. erfolgreich für ihren französischen Landsmann ein und damit für die Klärung einer wissenschaftlichen Fragestellung, die allen Forschern der Royal Society am Herzen liegt.

Nachdem die Kommission am 12. Februar 1675 zusammengetreten ist, fasst der junge Astronom John Flamsteed die Ergebnisse der Diskussion in einem Gutachten zusammen. Darin stellt er St. Pierres Verfahren zwar als umständlich hin. Grundsätzlich sollte es jedoch möglich sein, in Kenntnis der genauen Position des Mondes den Längengrad zu errechnen.[109] Die Kommissionsmitglieder erkennen die Gunst der Stunde und weisen den König auf die Bedeutung der noch jungen Pariser Sternwarte hin. Schließlich willigt Charles II. in den Plan ein, auch in England ein Observatorium zu errichten. Hooke erhält den Auftrag, den Bau der Königlichen Sternwarte im Park von Greenwich zu beaufsichtigen. Zu deren Leiter wird Flamsteed ernannt.

Mitten hinein in diese Diskussionen platzt eine Nachricht aus Paris: Christiaan Huygens soll eine Taschenuhr gebaut haben, die zur Längengradmessung taugt. In Hookes Tagebuch findet sich eine erste Erwähnung am 17. Februar.[110]

Eine Uhr mit Unruhfeder? Der Gedanke ist ihm alles andere als neu! Hooke, der immer schon alles erfunden haben will und tatsächlich schon vieles ausgeheckt hat, kramt sofort in seinen alten Aufzeichnungen.

Die Feder ist ein gängiges Uhrenelement. Von ihrer Elastizität machen Uhrmacher seit Jahrhunderten Gebrauch. Bisher setzten die Handwerker aufgewickelte Stahlfedern als Antriebsquelle ein, und zwar bei Kleinuhren alternativ zum Gewichtsantrieb. Die Antriebskraft einer gewundenen Feder ist am größten, wenn sie ganz aufgezogen ist, lässt aber mit abnehmender Federspannung nach. Um dennoch einen konstanten Antrieb zu ermöglichen, gleichen Uhrmacher dieses Spannungsgefälle mithilfe eines weiteren Bauteils aus, der sogenannten Schnecke.

Die Verwendung der Feder als Kraftwerk der Uhr hat ihre sonstigen Eigenschaften lange in den Hintergrund gedrängt. Im Nachhinein überrascht es nicht, dass ausgerechnet Huygens dies in einer mathematischen Studie offenlegt. Denn eine Spiralfeder verhält sich ganz ähnlich wie das schwingende Pendel.

Auch das pendelnde Gewicht bewegt sich innerhalb einer Periode nicht gleichförmig, sondern mal schneller und mal langsamer. Beim Durchgang durch den tiefsten Punkt ist seine Geschwindigkeit am höchsten, anschließend wird es abgebremst. Wie sich das Pendel innerhalb der Periode verhält, ist für den Gang der Uhr jedoch irrelevant. Entscheidend ist, dass die Gesamtdauer der Periode stets die gleiche bleibt.

Diesen Effekt erzielt auch eine gewundene Spiralfeder, die um ihre Mittellage hin- und herschwingt. Aufgrund der Elastizität der Feder bleibt die Schwingungsperiode auch in diesem Fall konstant. Verbindet man die Feder also mit einem radförmigen Schwingkörper, einem oszillierenden Rädchen, lässt sie sich genauso wie das Pendel als Gangregler in eine Uhr einsetzen. Ihr großer Vorzug: Die Spiralfeder mit Unruh ist erheblich kleiner als ein Pendel und unempfindlicher gegenüber hohem Seegang oder dem Schaukeln einer Kutsche.

Nachdem Huygens sein theoretisches Konzept an einem Sonntag im Januar 1675 zu Papier gebracht hatte, begab er sich schon am nächsten Tag auf die Suche nach dem Uhrmacher Isaac Thuret, der auch die Uhren mit Zykloidenpendel für ihn gebaut hatte, er traf den Handwerker aber erst am Morgen danach an. Thuret reagierte euphorisch und setzte Huygens' Skizze noch vor Sonnenuntergang in ein Modell um, das er in den folgenden Tagen verfeinerte und verbesserte.

Unterdessen informierte Huygens den Sekretär der Royal Society über seine Erfindung. Er schickte Henry Oldenburg eine verschlüsselte Nachricht.[111] Den Bauplan hielt er vorerst geheim, weil er beim französischen Wirtschaftsminister ein Patent auf die neue Uhr beantragt hatte. Gut eine Woche später erfuhr er jedoch, dass sich sein Pariser Uhrmacher im eigenen Interesse ebenfalls um ein solches Schutzrecht bemüht hatte, und zwar noch vor ihm.

Huygens stellte Thuret sofort zur Rede, veröffentlichte seine Entdeckung in der Februarausgabe der Zeitschrift der Pariser

Akademie und setzte alles in Bewegung, um sich die exklusiven Rechte an der Uhr zu sichern. Schließlich wurde ihm das Patent zugesprochen.

Da von einem Geheimnis nun keine Rede mehr sein kann, schickt er Oldenburg eine verschlüsselte Beschreibung der Uhr zu. Mehr noch: Im selben Brief überlässt er die englischen Patentrechte an der Uhr der Royal Society und ihrem Sekretär, »wenn Sie meinen, ein solches Privileg wäre in England etwas wert«.[112]

Und ob es etwas wert wäre! Oldenburg informiert die Gesellschaft im Februar 1675 von Huygens' Entdeckung. Bei dieser Versammlung im Gresham College geht es hoch her. Auch Isaac Newton ist anwesend, zum ersten Mal.[113] Dass er nun den Kontakt zu den Londoner Gelehrten sucht, hängt womöglich mit seiner ungewissen Zukunft in Cambridge zusammen.

Mehr als sechs Jahre nach seiner Ernennung zum Professor befindet sich Newton am Trinity College in einer prekären Lage. Die geltenden Gesetze sehen vor, dass er in Kürze in den geistlichen Stand erhoben wird. Sein persönlicher Glaube weicht jedoch in entscheidenden Punkten von der Lehrmeinung der anglikanischen Kirche ab. Das intensive Studium historischer Bibelübersetzungen und früher Texte der Kirchenväter hat unter anderem seine Zweifel am Dogma der Dreifaltigkeit verstärkt. Diese käme im Neuen Testament nicht vor. Vom Anfang bis zum Ende der Heiligen Schrift sei mit Gott immer der Vater gemeint, heißt es in seinen geheimen Bekenntnissen zum Arianismus, die erst lange nach seinem Tod an die Öffentlichkeit gelangen werden.[114] Wären sie früher bekannt geworden, hätte er seine Stelle eingebüßt.

Newtons religiöse Überzeugungen lassen ein geistliches Amt nicht zu, aber von dieser Verpflichtung kann ihn nur eine Ausnahmegenehmigung entbinden. Allein der König hat das Recht, einzelne Personen von der strengen Gesetzgebung zur religiösen Konformität auszunehmen. Dem Sekretär der Royal Society hat Newton daher im Januar 1675 geschrieben, er werde seine Stellung wohl aufgeben müssen.[115] Denkbar, dass er in London den Antrag auf die Befreiung von seinen geistlichen Pflichten voranbringen möchte und gleichzeitig nach neuen beruflichen Möglichkeiten Ausschau hält.

Newton erlebt die Royal Society einmal mehr als streitsüchtigen Haufen. Als Oldenburg Auszüge aus Huygens' Brief vorliest, ist Hooke empört. Die Uhr mit Feder wäre seine Erfindung. Man könnte dies in den Annalen der Royal Society nachlesen.[116] Er zeigt den Kollegen sogar den entsprechenden Passus. Dennoch habe sich die Gesellschaft mehrheitlich auf Huygens' Seite geschlagen, heißt es in seinem Tagebuch.[117]

So leicht lässt sich Hooke nicht abfertigen. Er findet weitere Notizen zu seiner in den 1660er-Jahren angefertigten Uhr.[118] Beim Treffen eine Woche später, Newton ist wieder mit von der Partie, pocht er erneut auf seine Prioritätsansprüche. Diesmal gibt er an, er besäße eine Methode, den Längengrad bis auf eine Minute genau zu bestimmen, würde sie allerdings nur gegen eine entsprechende Belohnung veröffentlichen. Einer der Anwesenden verspricht ihm daraufhin für eine solche Erfindung 1000 Pfund auf einen Schlag oder aber 150 Pfund pro Jahr.[119]

Die Affäre nimmt in den kommenden Wochen und Monaten dramatische Formen an. Hooke vermutet hinter Huygens' Vorstoß ein Komplott zwischen dem Niederländer und Oldenburg. Er fühlt sich vom Sekretär der Royal Society hintergangen und bezeichnet ihn als Spion, wohl wissend, dass Oldenburg für ähnliche Verdächtigungen bereits im Tower gesessen hat. Noch im selben Jahr schließt sich Hooke mit Christopher Wren und einigen anderen Mitgliedern der Royal Society zu einem neuen Club zusammen, der sich mehr oder weniger regelmäßig trifft. Eines ihrer Ziele: Oldenburg und den Präsidenten der Gesellschaft, Lord Brouncker, abzusetzen. Wäre Oldenburg 1677 nicht plötzlich gestorben, wäre eine Spaltung der Royal Society beinahe unausweichlich gewesen.

Warum reagiert Hooke so erbittert? Warum ist er so unnachgiebig? Dies wird verständlicher, wenn man die lange verschollenen handschriftlichen Protokolle der Royal Society hinzuzieht, die im Jahr 2006 plötzlich wieder auftauchten, und jene geheimen Briefe, die in den 1660er-Jahren zwischen Huygens und einigen Mitgliedern der Royal Society hin und her gingen. Blicken wir noch einmal kurz zurück ins Jahr 1665, als Kapitän Holmes vom spektakulären Einsatz der Pendeluhr bei der Seereise nach Guinea berichtete: Damals verheimlichte die Royal Society, dass die Reise ein Flop war und Huygens' Pendeluhr für die Längengradbestimmung nicht mehr taugte als andere Methoden. Wenige Monate später informierte Robert Moray den niederländischen Forscher über die jüngste Erfindung Hookes: eine mithilfe einer Feder regulierte Uhr.[120] Moray setzte auch Oldenburg von diesem Brief in Kenntnis. Brouncker kannte Hookes Uhr ebenfalls. Dazu passen die Schilderungen des Englandreisenden Lorenzo Magalotti, Mitglied der Florentiner Akademie. Nach einem Besuch bei der Royal Society schrieb Magalotti im Februar 1668, man habe ihm dort eine Taschenuhr gezeigt, bei der die Zeit durch eine Feder reguliert werde, deren Ende mit einer Unruh verbunden gewesen sei.[121]

Welche Schlussfolgerungen aus alldem zu ziehen sind, ist bis heute unklar. Huygens hatte nämlich schon vor Morays Brief mit der Spiralfeder geliebäugelt. Die Idee lag offenbar in der Luft. Doch erst nach eingehenden Berechnungen gelangte der Niederländer zu der Überzeugung, dass die Spiralfeder dem Pendel als Gangregler kaum nachstand. Hooke dagegen experimentierte wohl eine Weile mit unterschiedlichen Federn, ließ die Sache dann aber wieder fallen. Für einen Patentantrag fehlte ihm die Unterstützung der zumeist adligen Mitglieder der Royal Society. Vor allem versäumte es der Experimentator, einen gewieften Uhrmacher als Spezialisten hinzuzuziehen.

Vermutlich liegt der Leiter der Königlichen Sternwarte in Greenwich mit seiner Einschätzung richtig, als er einem Kollegen im März 1675 schreibt: »Ich zweifle nicht daran, dass du bereits von Monsieur Huygens' neuen Uhren gehört hast, die, wie er sagt, so genau gehen wie die Pendeluhr. Und sie passen in jede Tasche. Das Geheimnis hat er nur Oldenburg mitgeteilt … aber hier nun behauptet Mr. Hooke, die Erfindung wäre seine, er hätte sie vor vielen Jahren gemacht und sie wäre über einen englischen Gentleman an Huygens weitergegeben worden. Allerdings ist es zwar sicher, dass er damals eine oder zwei Uhren mit einem Schwungrad hatte, das von einer Feder reguliert wurde, doch sie liefen so schlecht, dass sie gegenüber den üblichen Konstruktionen als minderwertig galten.«[122]

Ab in die Westentasche

Nun, zehn Jahre später, holt Hooke das Versäumnis von damals nach. Diesmal arbeitet er mit einem der besten Londoner Uhrmacher zusammen, mit Thomas Tompion, der auch die ausgezeichneten Pendeluhren für die Sternwarte in Greenwich anfertigt. Am 8. März 1675 legt Hooke dem Fachmann dar, wie die Feder seiner Ansicht nach am Schwungrad fixiert werden müsste.[123] Von nun an ist das Tagebuch voll mit Einträgen zur produktiven Zusammenarbeit des Naturforschers mit dem Handwerker. Sie treffen sich zu den Mahlzeiten, mal hält Hooke ein Mittagsschläfchen in Tompions Werkstatt, dann bleibt Tompion über Nacht im Gresham College, weil Hooke ihm eine Mondfinsternis zeigen möchte. Der Experimentator erfindet eine Fräsmaschine für Zahnräder, Tompion repariert nebenbei schon mal Hookes Brille oder dessen Taschenuhr. Gemeinsam machen sie einen Gegenentwurf zu Huygens' neuer Uhr, deren Bauplan Hooke einem Tagebucheintrag zufolge im März zu sehen bekommt. Hooke nennt den Handwerker eine »lahme Schnecke« und einen »knauserigen Hund«, wenn die Arbeit zu langsam vorankommt, versöhnt sich dann aber rasch wieder mit ihm.[124]

Schließlich gewährt ihnen der König eine Audienz. Voller Stolz präsentieren sie ihm das Design ihrer Uhr. Der Erfolg bleibt nicht aus. Charles II. stellt Oldenburgs Patentantrag erst einmal zurück, zumal Huygens trotz mehrfacher Aufforderung immer noch keine Uhr nach London geschickt hat. Als die Uhr Ende Juni schließlich eintrifft, fehlt ihr gerade jenes Attribut, das inzwischen zum wichtigsten Merkmal einer präzisen Zeitmessung geworden ist: Sie hat keinen Minutenzeiger.[125]

Hooke und Tompion haben dem König ihre Taschenuhr schon Mitte Mai ausgehändigt. Ihr Erstlingswerk hat jedoch kleine Macken, sodass der König die Uhr mehrfach zur Reparatur an die Hersteller zurückgibt. Letztlich erteilt er niemandem das gewünschte Patent – zur Freude der englischen Uhrmacher, die sich auf einem freien Taschenuhrenmarkt profilieren können. Auch Tompion richtet sich schließlich nicht nach Hookes wechselnden Konzepten für die Anordnung von Feder und Unruh, sondern nach Huygens' Entwurf.

Die Londoner Uhrmacher haben dem Monarchen noch etwas zu verdanken: Charles II. trägt mit Vorliebe Westen. Er führt damit eine Mode ein, die sich in England lange halten wird. In dem mit Taschen besetzten Kleidungsstück wird auch die kleine Uhr heimisch. Sie geht zwar nur bis auf wenige Minuten am Tag genau, ist also als Zeitmesser nicht ganz so präzise wie eine Pendeluhr, dafür jedoch kann man sie bequem mit sich herumtragen. Sie verschwindet in der Westentasche. Die Uhrzeit rückt dem Menschen zu Leibe und steigt ihm immer mehr zu Kopf.

ZEIT DER STADT, ZEIT DER DÖRFER

Mit dem Aufkommen von Minuten- und Sekundenzeigern tragen immer mehr Londoner Bürger die Zeit mit sich herum. Die englische Metropole gibt den Takt vor

London platzt aus allen Nähten. Die Bevölkerung hat sich innerhalb eines Jahrhunderts verdreifacht. Die City, deren Stadtmauern man in etwa einer Stunde zu Fuß abgehen kann, ist viel zu klein, um eine halbe Million Menschen aufzunehmen. Anders als in Paris, wo Ludwig XIV. die alten Festungsanlagen schleifen lässt, um aus Bollwerken Boulevards zu machen, Verkehrsadern für die vielen Tausend Kutschen, in denen Adlige und reiche Bürger neuerdings durch die Metropole und ihre Parkanlagen fahren, sind die Stadtmauern in London von beiden Seiten zugebaut.

Hochadel und Klerus haben die City of London schon vor Generationen verlassen und ihre Paläste rund um den Hof in Westminster und Whitehall gebaut. Nach dem »Großen Brand« wachsen die City of Westminster und die City of London zusammen. Wo ehemals Felder lagen, ziehen Baukolonnen von einem Areal zum nächsten. Unternehmer wie Nicholas Barbon erwerben systematisch Grundstücke im reichen Westen, teilen sie unter Umgehung mancher Gesetze in möglichst viele Parzellen auf und errichten kleine uniforme Häuser. Im Osten, wo viele Arme, Hafen- und Werftarbeiter wohnen, sind die Bauaktivitäten noch weniger kontrollierbar.[126]

In London tätigen Kaufleute und Finanziers zunehmend auch jene internationalen Geschäfte, die bis dahin niederländischen Unternehmern die größten Gewinne eingebracht haben. »Das erstaunliche Wachstum des Binnen- und Außenhandels der Niederlande, ihre Reichtümer und die Zahl ihrer Schiffe sind augenblicklich Gegenstand des Neids und mögen künftigen Generationen wie ein Wunder erscheinen«, schreibt ein englischer Parlamentsabgeordneter. Dennoch seien die Mittel, mit denen dies erreicht worden sei, offensichtlich und könnten in großem Stil von anderen Nationen nachgeahmt werden.[127]

England hat mit seinem wachsenden Kolonialreich beste Voraussetzungen dafür. 1664 wurde Neu-Amsterdam in Besitz genommen, das seither New York heißt, kurz darauf haben englische Siedler Carolina und Pennsylvania gegründet. Die englischen Kolonien in Amerika erstrecken sich vom Norden bis hinunter zur Südküste und zu den karibischen Inseln Barbados und Jamaika. Anders als auf den großen Märkten Indiens und Chinas, wo kaum Interesse an europäischen Produkten besteht und Silber meist die einzige Tauschwährung ist, können Kaufleute in der Neuen Welt eigene Tuch- und Manufakturwaren absetzen und erhalten dafür Tabak und Zucker. Der Warenverkehr über den Atlantik wird von Jahr zu Jahr lukrativer, sodass sich der englische Außenhandel zwischen 1640 und 1700 mehr als verdoppelt.[128]

Doch der süße Aufstieg des Kapitalismus in Europa gründet auf der Sklaverei in den Gewürzpflanzungen der Molukken und auf den Zuckerrohrplantagen der Karibik wie auf der Zwangsarbeit in südamerikanischen Silberminen, um nur einige Beispiele für die rücksichtslose Durchsetzung europäischer Handelsinteressen zu nennen. Kein Küstenstrich der Erde ist sicher vor den kanonenbewehrten Schiffen der Spanier und Niederländer, der Engländer und Franzosen. Ein schlechter Europäer sei schlimmer als ein Wilder, betont Leibniz. »Denn er steigert künstlich das Böse.«[129] Allein das Geschwader, das Frankreich 1670 nach Ostindien schickt, führt 238 Kanonen mit sich.[130]

Während Ludwig XIV. vergeblich versucht, die Vereinigten Niederlande einzunehmen, die über die größten Schiffswerften und die mächtigsten Banken verfügen, kopieren die Engländer das niederländische Modell. Am Amsterdamer Vorbild ausgerichtet, bauen Unternehmer und Aktionäre in London Schritt für Schritt ein modernes Finanz- und Versicherungswesen auf. So ruft Nicholas Barbon die erste Feuerversicherung für Gebäude ins Leben und gründet die National Land Bank, die später sogar die Bank of England zu übernehmen droht.

Barbon hatte in den Niederlanden Medizin studiert, wo »der Geist des modernen Konsumententums« viel früher aus der Flasche gelassen worden war als in London.[131] In Leiden, Amsterdam oder Delft wechselten Damen ihre Kleider von Jahr zu Jahr nach der jeweiligen Mode, beinahe in jedem Haushalt dekorierten Gemälde die Wände. Unter den Verkaufsschlagern: chinesisches Porzellan, chinesische Bettvorhänge mit Vogelmotiven und chinesische Möbel. »Der private Konsum war in den Vereinigten Provinzen bereits im 17. Jahrhundert so ausgeprägt, dass auch die pathologische Extremform des Verbrauchers, der thesaurierende Messie, als sozialer Typ auftrat«, resümiert der Kulturwissenschaftler Ulrich Ufer.[132]

Auch die Tulpenmanie fiel in Barbons Studienzeit. Farbenfrohe Züchtungen mit Namen wie Admiral da Costa oder Schöne Helena waren Liebhaberstücke. Zur Jahrhundertmitte waren in den Niederlanden etwa 800 verschiedene Tulpensorten namentlich bekannt. Ihre Zwiebeln wurden zum Gegenstand halsbrecherischer Spekulationen. Kaufleute handelten mit Optionen auf künftige Blumen mit neuen Mustern und Farbspielen, »eine eigenartige, gefräßige, vernunftwidrige Wut, die rasant um sich griff und die braven Bürger mit ihren langen goldenen Pfeifen, ihrer gediegenen schwarzen Kleidung mit den Spitzenkrägen ins Verderben riss«.[133] Kurzzeitig wurde für eine einzige Zwiebel so viel geboten wie für ein herrschaftliches Haus im besten Wohngebiet von Amsterdam.

Barbon fasziniert diese Welt der sich vervielfältigenden Dinge. Während einige Kaufleute in London bereits für einen freieren Handel kämpfen, staatlich vergebene Monopole unterlaufen und neue Gesellschaften gründen, um die gestiegene Inlandsnachfrage zu befriedigen, malt Barbon in seinem *Discourse of Trade* aus, wie wechselnde Moden und fremde Güter dem Wirtschaftssystem zugutekämen.[134] Ein freier Warenaustausch wäre für alle Beteiligten vorteilhafter als der Merkantilismus mit seinen hohen Zöllen und Monopolvergaben.

Das Londoner Bürgertum ist längst empfänglich für Luxusgüter, mit denen es seinen Wohlstand zur Schau stellen kann. Der Marinebeamte und Tagebuchschreiber Samuel Pepys zum Beispiel kauft sich hier einen Rock mit Goldknöpfen, dort einen farbigen Seidenanzug, lässt seine Frau in Öl malen und stattet seinen Haushalt mit genügend Tafelsilber aus, damit das Essen zu allen Anlässen auf Silbertellern serviert werden kann. Schließlich legt er sich auf Anraten eines Freundes eine elegante und wendige Kutsche zu. Seine Ausgaben für Kleidung und Schmuck, Bücher und Mobiliar steigen von Jahr zu Jahr.

Noch schneller als sein privater Konsum wachsen seine Geldmittel. Hatte er zu Beginn seiner Tagebuchaufzeichnungen bescheidene Rücklagen von 25 Pfund, war er ein Jahr später schon 300 Pfund »wert«. Im Sommer 1664 war seine Freude übergroß, als seine Rücklagen erstmals die 1000-Pfund-Marke erreichten. Da er sein festes Einkommen durch Schmiergelder aufbesserte, begann er nun darüber nachzudenken, ob er die Eisentruhe unter seinem Bett weiterhin füllen oder einen Teil der Summe bei einem Goldschmied zum festen Zins von sechs Prozent anlegen sollte. Sein Vertrauen in die Lebenserwartung der »großen Dealer«, aus deren Zunft die ersten Londoner Bankiers hervorgehen sollten, war zu diesem Zeitpunkt aber noch nicht groß genug.

Nur zwei Jahre später beteiligte sich Pepys an riskanten Spekulationsgeschäften. Die wundersame Geldvermehrung hielt an. Zwar gehörte Pepys weder zum Adel noch zu den Großhandelskaufleuten. Doch 1669 betrug sein Vermögen geschätzte 10 000 Pfund.[135] Zum Vergleich mag das Jahresgehalt von 100 Pfund herhalten, das Isaac Newton oder der Leiter der Königlichen Sternwarte, John Flamsteed, zur selben Zeit bezogen.

Ein Königreich für Uhrmacher

Von der Konsumfreude der Londoner Oberschicht profitieren auch Uhrmacher wie Thomas Tompion, der 1671 nach London gekommen ist. Tompion hat sich eine Werkstatt im reichen Westen der City eingerichtet. Der gelernte Schmied baut zunächst Turm- und Großuhren und erhält 1674 die Erlaubnis, eigene Lehrlinge auszubilden. Zwei Jahre später hat die Zahl seiner Aufträge bereits derart zugenommen, dass er sich gedrängt sieht, sein Unternehmen neu zu organisieren.[136]

Mit dem Umzug in größere Räume und der Anstellung weiterer Gesellen ist es nicht getan. Tompion führt eine Schneidemaschine ins Uhrmacherhandwerk ein, mit der er Zahnräder und Scheiben seriell herstellen kann. Außerdem geht er zu einer arbeitsteiligen Produktion über, wie Jeremy Evans, Kurator für Uhren am British Museum, in langwierigem Quellenstudium rekonstruiert hat. Zu Tompions neuen Geschäftspartnern zählen Möbelschreiner, die ihm die Holzkästen für bis zu drei Meter große Bodenstanduhren zimmern und diese auf Kundenwunsch hin mit Intarsien verzieren. Er arbeitet mit Goldschmieden, Silberdrechslern, Messingschrötern, Glasmachern und anderen Uhrmachern zusammen, um ansprechende Uhrengehäuse zu gestalten und den steigenden Bedarf an Taschenuhren zu decken.

Schließlich beginnt Tompion, seine Uhren mit Seriennummern zu kennzeichnen. Aus seiner Werkstatt kommen insgesamt 700 Bodenstand- und Stutzuhren, an die 5000 Taschenuhren und mehrere Hundert andere Schlaguhren.[137] Einige von ihnen landen in Amerika. Evans' Schätzungen zufolge sind mehr als die Hälfte seiner Standuhren bis heute erhalten. Keine andere Maschine ist über Jahrhunderte hinweg in so großer Zahl und mit einer solchen Hingabe bewahrt worden wie die Uhr.[138]

Das großstädtische Treiben bringt Tompion immer wieder auf neue Ideen. Eine seiner Taschenuhren aus der Zeit um 1682, die heute im Metropolitan Museum of Art in New York zu sehen ist, verfügt nicht nur über einen separaten Ring für den Sekundenzeiger, der sich auf dem Ziffernblatt unten an der Sechs-Uhr-Markierung befindet, sondern auch über einen Stoppmechanismus. Man kann sie als Stoppuhr benutzen, um variable Zeitintervalle zu messen.

Pferde- und Läuferrennen in den Londoner Parks oder an der Mall erfreuen sich im 17. Jahrhundert großer Beliebtheit. Samuel Pepys bedauert es, wenn er solche Rennen seiner Amtsgeschäfte wegen verpasst. Bedeutende Wettkämpfe werden manchmal sogar verschoben, wenn die Veranstaltungen terminlich mit Parlamentssitzungen kollidieren, damit auch die hohen Herren aus dem Abgeordnetenhaus zuschauen können.[139]

Ging es bei derartigen Wettkämpfen früher ausschließlich um einen Sieg über den Gegner, beginnt man nun, die Zeiten zu messen, die Reiter oder Läufer für festgelegte Strecken benötigen. Bei

Ein besonders schönes Exemplar der beginnenden Modewelle von Taschenuhren in der Welthandelsstadt London. Die um 1682 von Thomas Tompion angefertigte Uhr ist eine der frühesten mit Sekundenzeiger und Stoppmechanismus. Man kann sie als Stoppuhr benutzen, um kleine Zeitintervalle zu messen.

diesen »matches against time«, Wettläufen gegen die Zeit, wird die Leistung der Athleten in Form einer abstrakten Messgröße registriert. Zunächst tauchen die Zeitangaben nur bei längeren Rennstrecken auf. »Seit den 1660er-Jahren sind Zeitwerte in Bruchteilen von Minuten überliefert«, so der Historiker Henning Eichberg. »Erst seit dieser Zeit scheint auch das ›match against time‹ über Kurzstrecken üblich geworden zu sein.«[140] Wann erstmals Stoppuhren dabei zum Einsatz kommen, ist nicht näher bekannt.

Tompions Werkstatt ist eine Ideenschmiede und ein herausragendes Beispiel für vorindustrielle Produktionsabläufe und geschäftliche Verflechtungen in der englischen Hauptstadt. Seine eigenen Leistungen treiben den Uhrmacher zu einer immer größeren Produktivität und einem besseren Zeitmanagement an. Die Zeit wird für ihn in doppeltem Sinne zur Ressource. Um in möglichst wenig Zeit immer mehr Uhren herzustellen, lässt er andere Handwerker für sich arbeiten, die sich auf die Fertigung bestimmter Uhrenteile spezialisiert haben und ihre Aufträge aus zweiter Hand empfangen. Auch Tompion kennt viele seiner Kunden im In- und Ausland nicht. Er muss seine Produktionspläne und Lieferzeiten mit seinen Zulieferern und Zwischenhändlern abstimmen. Für den Arbeitsbeginn der rund 20 Lehrlinge, die er schließlich beschäftigt, gibt es ebenso feste Zeiten wie für die Abfahrt der Handelsschiffe oder die Versammlungen der Clockmakers' Company.

Pulsschlag der Metropole

Barbon, Pepys und Tompion sind Aufsteiger in einer dynamischen Gesellschaft, in der nicht mehr allein die Herkunft über das künftige berufliche Schicksal entscheidet, sondern auch Findigkeit und Leistung. In der wachsenden englischen Metropole sind die Menschen ständigen Veränderungen ausgesetzt, während sie miteinander um Anerkennung, Geld und Güter konkurrieren. Die Großstadtbewohner leben nach einer anderen Zeit als die Landbevölkerung.

Auf dem Land pflanzen, säen und ernten Bauern nach wie vor im Zyklus der Jahreszeiten und denken in Generationenfolgen. Söhne gehen der Arbeit ihrer Väter nach, das Vergangene wiederholt sich in ähnlicher Weise immerfort. Wo Arbeitsleben und Ruhephasen derart in natürliche Kreisläufe integriert sind, bestimmt der lichte Tag den Rhythmus.

Je näher man den Städten kommt, umso präsenter wird die Uhrzeit. Wer sein Vieh oder andere Waren in der Stadt verkaufen möchte, der muss wissen, an welchen Tagen Markt ist und zu welcher Uhrzeit ihm dies gesetzlich erlaubt ist. Umgekehrt fahren Kaufleute aus der Stadt in die Dörfer, um landwirtschaftliche Produkte zu kaufen und billige Arbeitskräfte anzuheuern. Da der Arbeitslohn auf dem Land niedriger ist als in London, verlagern städtische Unternehmer die Handarbeit in ländliche Regionen, indem sie zum Beispiel Webstühle an Bauern vermieten. Die Schuhe, die man in London trägt, kommen ebenfalls aus dem Umland.[141]

Von Gegebenheiten wie Tages- und Jahreszeiten, Licht- und Wetterverhältnissen haben sich die Städter stärker abgekoppelt als die bäuerliche Bevölkerung. Uhren und Kalender haben zwar nach wie vor auch für sie die Funktion, ihre Aktivitäten auf natürliche Rhythmen abzustimmen, in erster Linie jedoch, das gesellschaftliche Miteinander zu koordinieren. Denn das großstädtische Leben ist auf Planung und einmalige Ereignisse ausgerichtet.

Samuel Pepys zum Beispiel bewegt sich zwischen Heim und Arbeitsplatz, Geschäften und Liebesnestern, Kultureinrichtungen und Vereinslokalen hin und her. Viele seiner Tagebucheinträge beginnen mit Wendungen wie: »Aufgestanden und ins Büro, wo ich den ganzen Morgen über viel zu tun hatte.«[142] In der Marineverwaltung nimmt er an Sitzungen teil, muss Termine einhalten und sich in wechselnde Aufgabengebiete einarbeiten. Manchmal hetzt er mittags nach Hause, wo ihm kaum Zeit zum Essen bleibt, ein andermal interpretiert er seine Arbeitszeit als Gleitzeit und stiehlt sich zu Einkäufen davon.

Während man auf dem Land im Allgemeinen noch nicht zwischen Arbeits- und Freizeit trennt, verfügt Pepys als Städter über viel freie Zeit. Diese kultiviert er und gestaltet sie jeden Tag anders. Zum Beispiel geht er mit Vorliebe ins Theater, besucht Pferderennen und andere Großereignisse, ist an der Börse unterwegs, schnappt die neuesten Nachrichten aus aller Welt auf, liest immerzu neue Bücher, frischt seinen Wissensstand bei den Versammlungen der Royal Society auf und kostet das Liebesleben in den Schlupfwinkeln Londons aus. Wegen seiner vielen Affären wird Pepys' Ehefrau mit den Jahren so eifersüchtig, dass sie manchmal neben ihm im Bett liegend prüft, ob er im Schlaf eine Erektion, also erotische Träume, hat. Die mechanische Uhr erleichtert es ihm, seinen Tagesablauf zu untergliedern, mit dem anderer abzustimmen – bleibt ihm noch Zeit für ein Stelldichein mit Mrs. Bagwell? – und in vielen verschiedenen sozialen Sphären unterwegs zu sein.

Die Großstadt mit ihren Reizen gibt einen neuen Takt vor. Angesichts der vielen Optionen, die ihm die Metropole bietet, hat Pepys immer wieder Sorge, etwas zu verpassen. Trotzdem hat man als Leser seiner Tagebücher selten das Gefühl, dass der Zeitdruck überhandnimmt. Vielmehr genießt Pepys die Ereignisfülle. Als gebürtiger Londoner ist er an das höhere Lebenstempo gewöhnt, auch wenn es seinen Essens- und Schlafbedürfnissen bisweilen zuwiderläuft.

Seine Tagebuchaufzeichnungen führt er über neun Jahre fort und bedient sich dabei einer beliebten Kurzschrift, Sheltons Stenografie. So spart er auch beim Schreiben Zeit und Papier. Als Chronist bildet er die gesellschaftlich-politischen Zustände seiner Zeit ab und gibt sie an spätere Generationen weiter.

Leben nach der Uhr

Als im letzten Drittel des 17. Jahrhunderts zuerst Pendel-, dann Taschenuhren mit Unruhspirale auf den Markt kommen, holen Pepys und seine Londoner Mitbürger die Zeit zu sich ins Haus und tragen sie mit sich herum. Die neuen Uhren befriedigen ihr Bedürfnis nach einer kontinuierlichen Zeitbestimmung. Obschon sie kostspielig sind, verdichtet sich das Netz der Zeitmessung so sehr, dass der private Besitz von Uhren im reichen Londoner Bürgertum binnen weniger Jahrzehnte allgemein üblich wird. Wie der Englandreisende Henri Misson im Jahr 1698 feststellt, ist die Uhrmacherkunst in London »so verbreitet und so sehr in Mode, dass nahezu jedermann eine Taschenuhr hat und nur wenige private Familien ohne eine Pendeluhr auskommen«.[143]

Selbstverständlich ist auch Isaac Newton Uhrenbesitzer. Eine um 1695 vom Londoner Uhrmacher Samuel Watson gebaute Tischuhr soll ihm gehört haben. Diese Pendeluhr unterscheidet sich nur insofern von zeitgenössischen Modellen, als sie rundum mit astronomischen Zifferblättern bestückt ist.[144]

Eine englische Besonderheit sind die großen Standuhren. Schon ihr Format bringt, ähnlich wie heute Flachbildschirme, die Bedeutung zum Ausdruck, die die Besitzer der Uhrzeit beimessen. Mit den Jahren werden die Zifferblätter der raumhohen Uhren immer größer, sodass sie von überall ablesbar sind.

Damit verliert die akustische Zeitangabe aber nicht an Bedeutung. Aus dem Glockengeläut der Kirch- und Stadttürme sind im Verlauf der Jahrhunderte schlichte, regelmäßige Zeitsignale geworden. Diese Entwicklung setzt sich nun fort. Die neuen Uhren schlagen nicht bloß im gewohnten Viertelstunden- und Stundentakt, vielmehr manifestiert sich das unaufhörliche Fortlaufen der Zeit in den Wohnungen als stetes Ticktack. Die Uhrzeit ist präsenter denn je.

Pepys war schon 1666 begeisterter Besitzer einer Uhr mit Minutenzeiger und trug sie im Pestjahr ständig mit sich herum. Im Jahr darauf kaufte er eine weitere Uhr für seine Frau Elizabeth. Zwar enden seine Tagebuchaufzeichnungen 1669, durch seinen Neffen wissen wir jedoch, dass er sich mindestens eine Taschenuhr aus Tompions Werkstatt zulegt: ein Schmuckstück aus Gold, ein Statussymbol wie die eigene Kutsche, in der er durch London fährt.

In den 1670er- und 1680er-Jahren rückt Pepys als Sekretär in die Admiralität auf, wird Abgeordneter im Unterhaus und Präsident der Royal Society. Die goldene Taschenuhr symbolisiert seinen gesellschaftlichen Aufstieg und macht den Stellenwert sichtbar, den er der Zeit zuschreibt. Pepys hat den Schritt hin zu einer neuen Technik mit vollzogen.

Das Rechnen in Minuten ist für die Menschen neu. Kleine Zeiteinheiten sind im städtischen Leben seit jeher Usus. Halbe, Viertel- oder Achtelstunden verwendet man schon lange, um Wachdienste, Arbeitspausen oder Redezeiten bei Sitzungen zu begrenzen, meist mithilfe von Sanduhren. Minutenangaben begegnete man bisher ausschließlich im astronomischen Kontext.[145] Doch bereits zur Jahrhundertwende sind Minutenzeiger auch bei Taschenuhren allgemein üblich.

Zeichneten sich Taschenuhren zu Beginn durch ihr ansprechendes Gehäuse aus, sind die modernen Zeitmesser schlicht. Ihren Wert erhalten sie durch eine gute Mechanik. Während ihre Zeiger Zeitpunkt für Zeitpunkt unaufhaltsam vorrücken, verwandelt sich die Zeit in eine genormte, objektivierte Größe, die alles Geschehen vernetzt.

Die sprunghaft gestiegene Genauigkeit hat unmittelbaren Einfluss auf das allgemeine Zeitempfinden. Es liegt in der Logik der neuen Chronometer selbst, dass man nun von »Pünktlichkeit« zu sprechen beginnt. Allein dadurch, dass die Technik präzisere Zeitangaben möglich macht, mahnt sie auch eine strikte Anpassungsleistung an. Dem Einzelnen lässt sie kaum eine Wahl, ob er sich in diese neue Zeitordnung eingliedern möchte oder nicht. Wo diese zur Norm wird, muss er sich daran gewöhnen.

In einer Gesellschaft, die den Müßiggang moralisch verdammt, weil die von Gott gezählte Zeit nicht verschwendet werden dürfe, setzt sich die Verengung des Zeitrasters beinahe mühelos durch. Vor allem Puritaner fordern eine strenge Arbeitsdisziplin. Ein guter Christ ordne sein Leben, dass alle Pflichten ihren rechten Platz darin hätten wie die Teile einer Uhr in ihrem Gehäuse, predigt der Geistliche Richard Baxter 1673 in London. Es gelte, »jede Minute als kostbarstes Gut« für die Arbeit zu nutzen, nicht länger zu schlafen, als es für die Gesundheit erforderlich sei, und Zeit zu sparen, indem man sich etwa beim morgendlichen Anziehen beeile.[146]

Im Ringen mit den eigenen Schwächen legen viele Puritaner in Tagebüchern Rechenschaft vor sich ab. Der Kaufmann Ralph Thoresby, später Mitglied der Royal Society, lebt in ständiger Sorge darüber, seine Zeit zu vertun. Zufrieden ist er nur dann, wenn er nicht nach fünf Uhr am Morgen aufsteht. Am 6. Dezember 1680 trägt der 22-Jährige in sein Tagebuch ein, er habe seine Uhr nun endlich mit einem Wecker versehen, um »nicht mehr so viel wertvolle Zeit mit Schlaf zu vergeuden«.[147]

Mit der Verbreitung der neuen Uhren intensiviert sich der Wunsch, Handlungszeiten zu verkürzen, Wartephasen zu verringern und kleine Zeitspannen auszunutzen. Nach und nach verschärfen sich die Arbeitszeitregelungen, Pausen werden beschnitten, wohingegen sich die Gesamtarbeitszeit in London im Verlauf des 18. Jahrhunderts in etlichen Berufsgruppen verringert.[148] Das großstädtische Leben beschleunigt sich auch nicht generell.

Zum Beispiel öffnen in der zweiten Jahrhunderthälfte immer mehr Kaffeehäuser in der City. Hier kann jeder einkehren, wann und so lange er möchte. In den Kaffeehäusern kursieren Zeitungen, organisiert sich die bürgerliche Öffentlichkeit, fließen Geldmittel zu Unternehmungen zusammen, holen sich Forscher wie Robert Hooke neue Anregungen. In den Coffee Houses rund um die Börse zum Beispiel treffen sich Spekulanten mit Schiffseignern und Immobilienmaklern, um über neue Geschäftsmodelle zu sprechen. Aus Stammcafés wie Lloyd's Coffee House werden später Versicherungskonzerne hervorgehen.

Während sich Kaffeehäuser als Versammlungsorte einer immer größeren Beliebtheit erfreuen, sinkt die Bereitschaft, zeitraubende Ämter in Handelskompanien oder im Stadtrat zu übernehmen.[149] Dafür wird dem Londoner Kaufmann die Taschenuhr unverzichtbar, um Geschäftspartner an einem im Vorhinein vereinbarten Ort treffen zu können. Unter den Bedingungen der städtischen Mobilität, der Fragmentierung von Raum und Zeit, müssen solche Verabredungen geplant werden. Das Leben der Städter nach der Uhr und ihr vergleichsweise höheres Lebenstempo sind mehr oder minder strukturelle Notwendigkeiten, wie Georg Simmel, einer der Begründer der Stadtsoziologie, feststellte. Den Großstadtbewohnern werden Pünktlichkeit und Berechenbarkeit gewissermaßen »aufgezwungen«.[150]

Voraussetzung dafür ist ein für alle Seiten verbindliches großstädtisches Zeitnetz. »Genau wie die Sprache ihre Funktion nur so lange erfüllen kann, wie sie die gemeinsame Sprache einer ganzen Menschengruppe ist, und sie einbüßen würde, wenn jeder Mensch sich seine eigene Sprache zurechtmachte, genauso können Uhren ihre Funktion nur erfüllen, wenn die wechselnde Konfiguration ihrer sich bewegenden Zeiger – also mit einem Wort: die dadurch angezeigte Zeit – für eine ganze Menschengruppe dieselbe ist«, so der Soziologe Norbert Elias. Dies sei auch eine der Wurzeln der zwingenden Kraft, die die Zeit in Bezug auf den einzelnen Menschen besitze. »Er muss sein eigenes Verhalten auf die etablierte Zeit der jeweiligen Gruppe abstimmen, der er angehört.«[151]

Diese Synchronizität muss erst hergestellt werden. Ein verbindlicher Zeitstandard ist umso wichtiger, je mehr Uhren in Umlauf sind. Ohne eine solche Standardisierung ist jeder Zugewinn an Genauigkeit hinfällig.

Eine Uhrzeit für alle

Mit der Ernennung des Astronomen John Flamsteed zum Leiter der Königlichen Sternwarte in Greenwich und dem Bau zweier besonderer Pendeluhren für das Observatorium beginnt 1675 die Geschichte der »Greenwich Mean Time«, die sich schließlich von der englischen Hauptstadt aus über alle Ozeane verbreiten und im 19. Jahrhundert zur Weltzeit erklärt werden wird. Auf Grundlage der in Greenwich bestimmten Zeit wird man die ganze Erde in Zeitzonen einteilen.

Davon ist man Ende des 17. Jahrhunderts noch weit entfernt. Die öffentlichen Schlaguhren in London werden weder nach der Uhr in Greenwich noch nach irgendeiner anderen mechanischen Uhr gestellt, sondern – mehr oder weniger regelmäßig und präzise – nach dem Höchststand der Sonne am Mittag. Da Sonnenuhren weiterhin die Südwände vieler Kirchen und mancher Häuser zieren, kann man seine mechanische Uhr bei Bedarf auch selbst nach der Mittagssonne ausrichten.

Neuerdings ist der um Pünktlichkeit bemühte Bürger dabei mit einem Problem konfrontiert, das bis dahin nur in astronomischen Fachkreisen bekannt war: Der zeitliche Abstand von einem Sonnenhöchststand zum nächsten ist nicht gleich. Eine Präzisionsuhr läuft der Sonnenzeit mal voraus, mal hinkt sie ihr hinterher, weil die Länge der Sonnentage im Lauf des Jahres schwankt.

Wer seine Uhr zum Beispiel am 1. Januar mithilfe einer Sonnenuhr auf zwölf Uhr stellt, wenn die Mittagssonne im Zenit steht, der muss einkalkulieren, dass die Sonne am 2. Januar nicht wieder um zwölf Uhr im Zenit steht, sondern erst um zwölf Uhr und 24 Sekunden. Im Lauf des nächsten Tages kommen weitere 23 Sekunden hinzu. Selbst eine ideale Pendeluhr ginge in dieser Phase des Jahres scheinbar zu schnell, erläutert der Autor eines populären Büchleins, das Mitte der 1680er-Jahre in London gedruckt wird. Bis zum 31. Januar würde die genaue Pendel- oder Taschenuhr der Sonne um insgesamt sechs Minuten und 26 Sekunden vorauseilen. Noch schlimmer ist der Monat Dezember. Dann summieren sich die täglichen Abweichungen binnen Monatsfrist auf 15 Minuten und neun Sekunden.[152]

Dafür gibt es mehrere Gründe: Die Erde wandert im Jahreslauf nicht auf einer exakten Kreisbahn um die Sonne, sondern auf einer leicht elliptischen Bahn. Im Winter kommt sie der Sonne etwas näher und wird ein wenig schneller, im Sommer verringert sich die Umlaufgeschwindigkeit in größerer Sonnenentfernung. Infolgedessen bewegt sich die Erde während einer vollen Tagesrotation nicht immer gleich weit auf ihrer Bahn, sodass sich der Blickwinkel auf die Mittagssonne geringfügig verschiebt.

Eine zweite zeitliche Schwankung ergibt sich daraus, dass die Umlaufbahn der Erde um die Sonne und der Erdäquator nicht in ein und derselben Ebene liegen. Die Drehung der Erde um die

Das kunstvolle Uhrenziffernblatt des 1675 gegründeten Königlichen Observatoriums von Greenwich, Thomas Tompion 1676.

Sonne und die Rotation um ihre eigene Achse sind gegeneinander gekippt. Beide Effekte überlagern sich. Mal addieren sie sich, mal gleichen sie sich aus, sodass die von Mittag zu Mittag verstrichene Zeit im Lauf eines Jahres variiert.

Christiaan Huygens und John Flamsteed erörtern diese Zusammenhänge ausführlich, fassen sie zu einer Zeitgleichung zusammen und geben ihr Wissen in tabellarischer Form an Uhrmacher weiter, damit diese den Gang ihrer Uhren anhand einer mittleren Sonnenzeit justieren können.[153] Die mittlere Sonnenzeit ist eine abstrakte, vom konkreten Geschehen abgezogene Zeit. Ihr entspricht eine ideale Uhr oder eine fiktive Sonnenkugel, die sich mit gleichbleibender Geschwindigkeit auf einer Kreisbahn über den

Himmelsäquator bewegt. 100 Jahre später wird man die mittlere Sonnenzeit zur gesetzlichen Zeit in London erklären. Vorerst jedoch bleibt die wahre Sonnenzeit der für alle verbindliche Zeitstandard, obwohl sie den Ansprüchen der Uhrmacher offensichtlich nicht mehr genügt.

Im Spannungsverhältnis zwischen den Rhythmen der Natur und den Errungenschaften von Wissenschaft und Technik, dem schnellen Takt der Großstadt und den Bedürfnissen des globalen Seehandels erfährt die Zeitmessung eine nie da gewesene Beachtung. Während Uhrmacher mit den neuen Chronometern ihr handwerkliches Können demonstrieren, sind Präzisionsuhren für die Mitglieder der Royal Society und der Académie des sciences Erkenntnisinstrumente.

Ist der Jahresgang der Erde um die Sonne stets von gleicher Dauer? Bleibt die Rotationsgeschwindigkeit der Erde aufgrund ihrer Achsendrehung immer gleich? Die Gelehrten überprüfen mit Pendeluhren die Gleichmäßigkeit der Erdrotation, bestimmen die Beschleunigung frei fallender Körper oder die Geschwindigkeit des Schalls. Ohne die vorherige Erfindung dieser Zeitmesser, so eine These dieses Buches, wäre auch jene allgemeine Bewegungs- und Schwerkrafttheorie nicht vorstellbar, die Isaac Newton gegen Ende des Jahrhunderts aufstellt.

Seiner neuen Wissenschaft legt Newton eine neue Zeitauffassung zugrunde. Ihm zufolge konstituieren periodische Bewegungen von Himmelskörpern oder andere Veränderungen in der Natur nicht erst die Zeit. Vielmehr spielt sich jeglicher Wandel in einer von den Erscheinungen unabhängigen Zeit ab: einer »absoluten, wahren und mathematischen Zeit«.

Teil III

ZEIT DER MATHEMATIK

KURVEN IM KOPF

Die Spur der größten mathematischen Entdeckung des 17. Jahrhunderts führt zu Newton und Leibniz. Zwei Forscher, ein Gedanke?

Die Mathematik als gedankliches Gebäude steht auf dem Fundament der Zahlen. Man beginnt mit der Setzung der Einheit, der Eins, und gelangt, wenn man diese sukzessive wiederholt, zur Vielheit, die verschiedene Namen trägt: $1 + 1 = 2$, $2 + 1 = 3$, $3 + 1 = 4$ und so fort. Für diese Addition braucht man nur zu wissen, wie die Zahlen, die aufeinanderfolgen, definitionsgemäß heißen. Das Rechnen fängt da an, wo man nicht mehr eins addiert, sondern zwei. Warum ist $2 + 2 = 4$ und nicht etwa 5? Leibniz' Beweis ist kurz. Aufgrund der vorausgegangenen Definitionen kommt er rasch zu einem eindeutigen Ergebnis. Denn $2 + 2$ ist das Gleiche wie $2 + 1 + 1$. Und das entspricht laut Definition $3 + 1$, also 4.[1]

Gedanklich schwieriger ist das Teilen. Dabei löst sich die Einheit auf, ähnlich wie bei der Zergliederung des Tages in 24 Stunden, 1440 Minuten oder 86 400 Sekunden. Wer Sekunden zählt wie der Jesuitenpater Giambattista Riccioli und seine Helfer, verliert den Tag als Ganzes aus dem Blick. Die kleinen Portionen reihen sich schier endlos aneinander.

Mathematiker treiben diese Analyse im 17. Jahrhundert auf die Spitze, indem sie mit Reihenlehre und Infinitesimalrechnung Verfahren mit unendlicher Teilung einführen. Auf Basis dieser Rechenmethoden formuliert Newton seine allgemeine Himmelsmechanik. Für die Thematik dieses Buch hat die Infinitesimalrechnung, von Newton als Fluxionsrechnung bezeichnet und von Historikern kurz Calculus genannt, eine besondere Bedeutung: Sie führt zu einem heftigen Prioritätsstreit zwischen Newton und Leibniz und uns an das Zeitverständnis der beiden Protagonisten heran.

Pi mal Daumen

Zunächst beschäftigen sich Leibniz und Newton mit klassischen Fragen der Mathematik, zum Beispiel mit der Quadratur des Kreises und der geheimnisvollen Zahl Pi. Sollte während der Lektüre dieses Buches ein Kaffeebecher in Ihrer Nähe stehen, dann nehmen Sie ihn kurz zur Hand. Betrachten Sie einmal die kreisrunde Form.

Ein Kaffeebecher hat typischerweise einen Durchmesser von einem Zeigefinger. Um den Becher zu umfassen, genügen Zeigefinger und Daumen jedoch nicht. Probieren Sie es aus! Die Lücke entspricht in etwa einem dritten Finger. Daraus folgt, dass das Verhältnis von Umfang zu Durchmesser ungefähr drei ist.

Mathematiker begnügen sich nicht mit solchen Pi-mal-Daumen-Näherungen. Um die Zahl Pi dingfest zu machen, die angibt, in welchem Verhältnis der Umfang und der Durchmesser eines Kreises zueinander stehen, verwendete der große Archimedes geometrische Figuren. Er betrachtete Sechsecke und Zwölfecke, Vierundzwanzigecke und Sechsundneunzigecke, die sich von außen und von innen immer enger an einen gegebenen Kreis anschmiegen. Auf diese Weise grenzte er den Wert von Pi ein. Pi ist demnach größer als 3,14084, aber kleiner als 3,14289.[2]

Mathematiker wie Christiaan Huygens möchten es noch genauer wissen. Das von ihm benutzte Pendel schwingt nämlich auf einem Kreisbogen. Daher hängt auch die Schwingungsdauer des Pendels vom Wert der Kreiszahl ab. Wie groß ist Pi?

Es gab in der Geschichte der Mathematik viele Versuche, der Zahl näher zu kommen und womöglich irgendwelche Regelmäßigkeiten in ihren Nachkommastellen aufzuspüren. Zu Beginn des 17. Jahrhunderts trieb der Mathematiker Ludolph van Ceulen die archimedische Methode auf die Spitze. Für die Nachwelt ließ er in seinen Grabstein meißeln, die Zahl Pi sei größer als 3,14159265358979323846264338327950288, jedoch kleiner als nämliche Zahl mit einer Neun anstelle der Acht als letzter Ziffer.

Leibniz geht anders vor als sein Vordenker. Er konstruiert keine dem Kreis ungefähr flächengleichen Vielecke, sondern entfernt sich Schritt für Schritt von der Geometrie und findet eine erstaunliche Formel, um Pi zu berechnen. Aus einer geometrischen Kurve wie dem Viertelkreis wird bei Leibniz eine unendliche Reihe:

Pi/4 = 1/1 – 1/3 + 1/5 – 1/7 + 1/9 – 1/11 ± …

In dieser Reihe werden immer kleinere Bruchstücke von eins abgezogen und hinzugerechnet. Subtraktion und Addition wechseln in strenger Folge, es tauchen sämtliche Stammbrüche der ungeraden Zahlen auf. Der Wert von Pi, notiert Leibniz, lasse sich auf diese Weise mit jeder gewünschten Genauigkeit angeben. Zwar kann die Reihe niemals abgeschlossen werden, dennoch bleibt sie als Ganzes überschaubar, denn die einzelnen Glieder resultieren aus einem bestimmten Bildungsgesetz.

Mit der »Leibniz-Reihe« löst sich der Kreis aus seiner archimedischen Umzäunung. Pi wird zum Fluchtpunkt einer unendlichen Schrittfolge. Die »Leibniz-Reihe« steht beispielhaft für das hohe Abstraktionsniveau, das die Mathematik im 17. Jahrhundert erreicht. Mehr und mehr befasst sie sich mit Zahlen wie Pi, die schwerer zu fassen sind als natürliche oder rationale Zahlen und die Leibniz als »transzendent« bezeichnet.

Während die natürlichen Zahlen aus der Wiederholung der Einheit hervorgehen, sind rationale Zahlen solche, die sich durch Brüche darstellen lassen, sich also wie 1/2 oder 3/4 aus der Teilung natürlicher Zahlen ergeben. Man kann diesen rationalen Zahlen Punkte auf einem Zahlenstrahl zuordnen, etwa 0,5 oder 0,75. Wählt man aus dieser Punktmenge zwei beliebig dicht benachbarte Punkte aus, lässt sich zwischen ihnen immer noch ein dritter finden, anders gesagt: Die Punktmannigfaltigkeit führt ins Unendliche.[3]

Trotzdem ergeben die rationalen Zahlen noch kein Kontinuum. Sie bilden nämlich kein zusammenhängendes Ganzes. Wie wir soeben gesehen haben, existieren Zahlen wie Pi, die nicht dazugehören. Und Pi ist keineswegs ein Sonderfall. Es gibt unendlich viele solcher Zahlen. Erst wenn Mathematiker diese Zahlen mit einbeziehen, erschließt sich ihnen ein Kontinuum, auf dem sie stetige Veränderungen beschreiben können.

Im Oktober 1674 präsentiert Leibniz die Kreisreihe seinem Mentor Christiaan Huygens.[4] Der Niederländer ist voll des Lobes. Es wäre nichts Geringes, bei einem Rätsel, das schon so viele Denker bewegt hat, einen neuen Weg gefunden zu haben.

Wieder einmal darf sich Leibniz Hoffnung machen, Neuland betreten zu haben. Er informiert auch den Sekretär der Royal

Society über seine mathematische Entdeckung. Etwas mulmig ist ihm dabei schon. In London hat man ein ganzes Jahr lang nichts von ihm gehört, obschon er Henry Oldenburg versprochen hatte, ihm möglichst bald eine funktionsfähige Rechenmaschine zuzuschicken. Mehrfach hatte er der Royal Society versichert, der Automat stünde kurz vor der Vollendung. Doch der Schritt vom Entwurf zum fertigen Rechenautomaten war größer als erwartet. Monate verstrichen. Schließlich gingen die unerfreulichen Aufschübe und Ausflüchte in beiderseitiges Schweigen über.

Dass zu technischen Innovationen mehr gehört als ein Geistesblitz, erschließt sich dem vor Ideen übersprühenden Leibniz mitunter erst im Nachhinein. Man mag sich seine Schwierigkeiten kaum ausmalen, das Ineinandergreifen der Walzen und Zahnräder einem Uhrmacher zu erläutern, der die Ideen daraufhin ohne technische Zeichnungen, aber mit millimetergenauen Winkelmaßen verwirklichen soll.

Im Januar 1675 ist eine lange Phase des Tüftelns, der gedanklichen Überarbeitung und des Justierens vorbei. Der Rechenautomat aus Messing multipliziert über eine Kurbel im Handumdrehen. Ludwig XIV., sein Finanzminister und die Pariser Sternwarte, als potenzielle Auftraggeber, sollen jeweils ein Exemplar bekommen.[5] Und gemäß seiner Devise »Theoria cum praxi« schmiedet der Erfinder sofort Pläne für ein Nachfolgemodell, das »bis auff zahlen von 12 ziphern sich erstrecken soll, welches sonderlich zu mathematischen brauch von nöthen«.[6] Die Maschine, mit der sich Millionenbeträge multiplizieren lassen sollen, könnte künftig im Banken- und Finanzwesen zum Zuge kommen. Wieder sind die technischen Herausforderungen enorm. Leibniz berichtet zwar verschiedentlich von Bestellungen, aber anscheinend überwiegen bei den möglichen Interessenten die Zweifel. Das technische Design des leibnizschen Rechenautomaten wird erst im 18. Jahrhundert Schule machen.

Leibniz auf Stellensuche

Auch in London reagiert man verhalten auf die Nachrichten aus Paris. Henry Oldenburg geht nicht näher auf das multiplizierende »Instrumentchen« ein, die »machinula arithmetica«. Stattdessen gibt er Leibniz zu verstehen, seine unendliche Reihe für Pi sei nicht die erste ihrer Art. Isaac Newton und James Gregory hätten ebenfalls Methoden entdeckt, den Kreisbogen und andere Kurven zu quadrieren.[7] Von nun an geht ein Briefwechsel über den Kanal, in dem beide Seiten um die Preisgabe von Details feilschen. Leibniz muss ernsthaft befürchten, mit seiner vermeintlichen Entdeckung zu spät zu sein und anderen Mathematikern in der sich beschleunigenden Wissensproduktion einmal mehr hinterherzulaufen.

Nachdem seine politische Mission in der französischen Hauptstadt bereits im Februar 1673 mit dem Tod des Kurfürsten von Mainz zu Ende gegangen war, hatte Leibniz den Aufenthalt auf eigene Kosten verlängert. Eine Weile verdingte er sich als Erzieher eines jungen Adligen, dem Leibniz' lückenloser Stundenplan überhaupt nicht schmeckte. Seit auch diese Einnahmequelle versiegt ist, sucht er händeringend nach einer Anstellung, bietet seine juristischen Kenntnisse in Ehescheidungsprozessen an, spielt mit dem Gedanken, sich eine Beamtenstelle zu kaufen, und bittet seine Leipziger Verwandten um einen Kredit. Statt Geld zu schicken, beschimpft ihn der Halbbruder als vaterlandslosen Gesellen.

Leibniz hält sich eine Hintertür offen, nach Deutschland zurückzukehren. Ein potenzieller Arbeitgeber wäre Johann Friedrich von Braunschweig-Lüneburg. Der Herzog schätzt seine juristischen Kenntnisse, seine theologische Bildung und seine Vertrautheit mit modernen technischen Entwicklungen und würde den Gelehrten lieber heute als morgen an seinen Hof holen.

Leibniz schreibt höfliche Briefe nach Hannover und verhandelt monatelang über ein Gehalt. Den Herzog lässt er wissen, sein einziges Interesse wäre, »durch bedeutende Entdeckungen in den Künsten und Wissenschaften zu Ehren zu kommen und die Öffentlichkeit durch nützliche Arbeiten zu verpflichten«.[8] Die Rolle eines Fürstenberaters scheint ihm wie auf den Leib geschnitten. »So ist aller mein wunsch gewesen eine hohe Person zu finden … und durch dero protection, ansehen, hülff und vorschub allerhand nützlichen gedancken einen nachdruck geben köndte. Dagegen ich von anderen sorgen befreyet einzig und allein zu dero gloire und vergnügung arbeiten würde.«[9]

Allerdings kann er sich nicht dazu entschließen, das wissenschaftliche und kulturelle Umfeld in Paris aufzugeben. Noch einmal wirft er alles in die Waagschale, um in Frankreich bleiben zu können und in der Académie des sciences Karriere zu machen. Die Vielzahl seiner Forschungsprojekte ist beeindruckend. Neben der Rechenmaschine entwirft er, nach Huygens' Vorbild, eine Spiralfederuhr und diskutiert sämtliche Widrigkeiten beim Einsatz eines solchen Zeitmessers auf hoher See. Außerdem denkt er über ein Navigationsgerät nach, das die Bewegung eines Schiffs automatisch aufzeichnen und auf eine Karte übertragen soll, um den Kurs entsprechend korrigieren zu können.

Die Pariser Akademie ist technisch orientiert und staatlichen Interessen verpflichtet. Aber längst nicht alles, was die Gelehrten hier aushecken, lässt sich umsetzen. Huygens und sein Assistent Denis Papin suchen zum Beispiel nach Möglichkeiten, das Wasser der Seine 162 Meter anzuheben und über ein Aquädukt zum Schlosspark von Versailles zu befördern, da der König wünscht, in dem neu angelegten Park zahlreiche Fontänen sprudeln zu lassen. Beim Bau von Pumpen gelingt es den beiden Naturforschern, einen Kolben mithilfe von explodierendem Schießpulver zu bewegen. Papin ersetzt das Pulver später durch Dampf. Seine Dampfmaschine kommt allerdings über ein Versuchsstadium kaum hinaus. Der französische Wirtschaftsminister Colbert winkt bereits nach ersten Tests mit Schwarzpulver ab. »Es zeugt von seinem Realitätssinn, dass er sich statt an die Akademie jetzt lieber an die Öffentlichkeit wandte und im Namen des Königs in allen Städten Frankreichs durch Ausrufer verkünden ließ, jeder, der auf dem Gebiet der Wasserkünste eine Erfindung gemacht habe, solle sie Colbert mitteilen«, so der Wissenschaftshistoriker Andreas Kleinert.[10]

Mit dem Bau des gigantischen Pumpwerks von Marly beauftragt man schließlich einen Handwerker. Dank seiner Erfahrungen kann die imposante Anlage 1685 fertiggestellt werden. Sie besteht aus 14 Wasserrädern mit jeweils zwölf Metern Durchmesser und mehr als 200 lärmenden Pumpen. Die erste funktionierende Dampfmaschine wird knapp drei Jahrzehnte später in einem britischen Bergwerk installiert, um Grundwasser abzupumpen. Und erst von 1817 an befördern dampfgetriebene Pumpen auch das Seinewasser hinauf zum Park in Versailles.

Kurven und Koordinaten

Auch der Deutsche mischt sich in Paris in technische und mathematische Debatten ein. Unter anderem plant Leibniz eine Veröffentlichung zur unendlichen Reihe für Pi. Wiederholt wendet er sich an den Sekretär der Royal Society, denn auf diesem Gebiet haben Newton und Gregory offenbar geforscht.

Da er selbst mit unendlichen Reihen nicht vertraut ist, zieht Henry Oldenburg den Mathematiker John Collins zurate, einen langjährigen Briefpartner Newtons. Von ihm erhält Leibniz einige Ergebnisse. Über die mathematischen Methoden seiner britischen Kollegen erfährt er vorerst kaum etwas. So bleibt ihm verborgen, dass Newton bereits einen allgemeinen Infinitesimalkalkül gefunden hat, nach dem er selbst noch sucht. Die beiden Meister des unendlich Kleinen gehen getrennte, aber vorgezeichnete Wege. Binnen zwei, drei Jahren durchlaufen sie in atemberaubendem Tempo die mathematische Entwicklung eines ganzen Jahrhunderts.

Eine Fährte zum Calculus hat der Franzose René Descartes gelegt. Sein Forschungsprogramm: sämtliche Naturphänomene unter den Schutzschirm der Mathematik zu holen. Descartes unterschied nicht zwischen Materie und Raum, sondern betrachtete Materie schlicht als das räumlich Ausgedehnte, als res extensa. Auf diese Weise machte er die Physik zur Geometrie.[11]

Descartes' Universum ist ein lückenlos ausgefülltes Kontinuum, in dem alles Geschehen den einfachen Gesetzen von Druck und Stoß genügt. Einen leeren Raum kann es nicht geben, weder zwischen Himmelskörpern noch zwischen den verschiedenartigen Korpuskeln, den Teilchen, aus denen die Materie seiner Ansicht nach besteht. Wenn sich hier etwas bewegt, muss dort etwas zur Seite geschoben werden. Die Korpuskeln werden wie in einer Flüssigkeit durch direkten Kontakt hin und her geworfen, jede Bewegung setzt eine weitere in Gang, wobei zwangsläufig Wirbel entstehen. Das ganze Sonnensystem soll ein solcher Wirbel sein, der die Planeten mit sich fortreißt, eine These, die Leibniz und zunächst auch Newton beeindruckt.

Als Naturphilosoph ist Descartes eine Leitfigur des 17. Jahrhunderts. Nachdem er alle Phänomene auf die Bewegung von

Korpuskeln zurückgeführt hat, ist die Analyse der Bewegungsvorgänge zu einer vorrangigen Aufgabe der Forschung geworden. Newton und Leibniz folgen ihm darin, erkennen aber die Schwachstellen seiner Physik. Sie beruhen nicht allein auf Descartes' eingeschränktem Materiebegriff, sondern auch auf Unzulänglichkeiten der Mathematik. Dem Franzosen fehlte ein adäquates Rechenverfahren, um die Bewegungen von Körpern in ihrem zeitlichen Verlauf zu beschreiben.

Das soll seine Leistungen nicht schmälern. Im Gegenteil. Als Mathematiker war Descartes brillant. Zum Beispiel geht eine Methode auf ihn und andere Forscher zurück, die der Kartografie entlehnt ist: Er kennzeichnete die Lage von Punkten mit Koordinaten.

Ein Stadtplan mit den Skalen A, B, C … und 1, 2, 3 … spannt die Ebene durch zwei im rechten Winkel zueinander stehende Achsen auf. Koordinatenangaben wie A3 oder C2 erlauben es, einen Ort auf einem Stadtplan schnell zu finden. In der Mathematik heißen die Koordinatenachsen üblicherweise x- und y-Achse. Mit diesem äußeren Bezugsrahmen schlugen Descartes und seine Zeitgenossen eine Brücke von der Geometrie zu abstrakten Größenbeziehungen. Seither können geometrische Probleme in geschmeidige Gleichungen übersetzt werden und umgekehrt. Geometrie und Algebra beginnen, zu einer Einheit zu verschmelzen. Zu jeder Kurve gehört eine Formel, ob es sich dabei um die Flugbahn eines Balls oder um den Lauf des Mondes handelt.

Leibniz warf mit 20 einen ersten Blick in Descartes' *Geometrie*, hielt sie aber für zu kompliziert und legte sie erst einmal beiseite. Newton griff im selben Alter zu dem bedeutenden Werk, als in England die Verwendung von Koordinaten in der Mathematik bereits Schule machte. Kurz nachdem er mit der Lektüre begonnen hatte, stellte er gekrümmte Linien erstmals durch algebraische Terme dar. Von da an benutzte er regelmäßig Koordinaten, studierte Krümmungen und Tangenten und sprang zwischen Kurven und Gleichungen hin und her.[12]

Kurvendiskussionen

Wer heutzutage mit dem Auto ins Gebirge fährt, dem begegnen da und dort Verkehrsschilder, die die Steigung der Straße anzeigen. Je steiler die Bergstraße, umso mehr Höhenmeter muss man pro Streckenabschnitt auf der Landkarte zurücklegen. Da sich Mathematiker nicht im Gebirge bewegen, sondern innerhalb des kartesischen Koordinatensystems mit einer senkrechten y-Achse und einer horizontalen x-Achse, ermitteln sie keine Höhenmeter pro Streckenabschnitt, sondern nennen die Höhendifferenz dy und die Änderung in horizontaler Richtung dx. In dieser von Leibniz eingeführten Schreibweise ergibt sich die Steigung einer Kurve als Verhältnis von dy zu dx.

Der Unterschied zwischen einer Bergstraße und einer mathematischen Kurve besteht auch darin, dass Straßen in der Regel über längere Strecken hinweg ein und dieselbe Steigung aufweisen. Dagegen haben die meisten mathematischen Kurven – wie Ellipsen, Parabeln oder Sinuskurven – überhaupt keine geraden

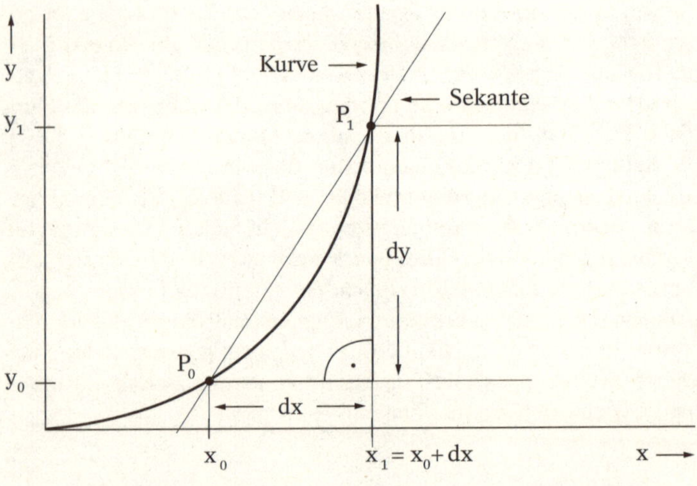

Leibniz und Newton verbinden zwei Kurvenpunkte miteinander durch eine Gerade …

Abschnitte. Ihre Steigung ändert sich unentwegt. Wer gedanklich auf derartigen Kurven unterwegs ist, muss ein Verkehrsschild nach dem anderen ablesen. Wie lässt sich dann aber die Steigung an einer bestimmten Stelle ermitteln?

Erinnern wir uns an Archimedes: Er versuchte, den Kreisumfang mithilfe von Zwölfecken, Vierundzwanzigecken und Sechsundneunzigecken abzuschätzen, die sich von innen und außen an den Kreis anschmiegen. Newton und Leibniz nähern sich auch anderen Kurven auf diese Weise. Sie sehen das Krumme als Grenzfall des Geradlinigen.

Um eine Tangente an eine beliebige Kurve zu legen und ihre Steigung zu berechnen, verbindet Newton zwei nahe beieinander liegende Kurvenpunkte miteinander zu einer geraden Linie. Dann lässt er die beiden Punkte immer näher zusammenrücken.[13] Etwa zehn Jahre nach ihm geht Leibniz genauso vor. Eine Tangente zu finden, die sich an die Kurve anschmiegt, bedeutet für ihn so viel wie »eine Gerade zeichnen, die zwei Kurvenpunkte mit unendlich kleiner Entfernung verbindet«.[14]

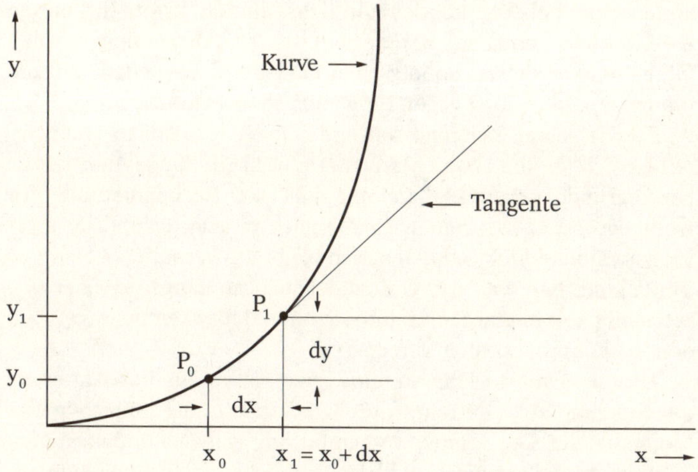

… und lassen die beiden Punkte anschließend immer näher zusammenrücken, um eine Tangente an die Kurve zu legen.

Die unendlich kleinen Distanzen bereiten ihnen einiges Kopfzerbrechen. Wie oben erwähnt, gehört zu jeder geometrischen Kurve eine Formel. Folglich operieren Newton und Leibniz auch in diesen Gleichungen mit unendlich kleinen Größen. Dort sind dx und dy allerdings ihrem geometrischen Kontext entrissen. Ihre Bedeutung als Tangentensteigung ist nicht mehr unmittelbar erkennbar.

Leibniz stellt ein Regelwerk für das Rechnen mit dx und dy zusammen. Es enthält zum Beispiel Angaben darüber, wann sie gegenüber anderen Termen in den Gleichungen vernachlässigt werden können, so etwa in der Summe $x + dx = x$. Diese Gleichsetzung von dx mit der Null ist weder Leibniz noch Newton geheuer.

So groß sind ihre begrifflichen Schwierigkeiten, dass Leibniz jahrelang um eine Definition des unendlich Kleinen ringt. Zunächst hatte er es als dasjenige bezeichnet, was kleiner ist als jede benennbare Größe. Dann bliebe tatsächlich nur die Null. Schließlich definiert er es im Sinne einer Abschätzung als dasjenige, was kleiner ist als jede gegebene Größe. Gibt man irgendeinen reellen Zahlenwert wie 0,0001 vor, so ist die Variable dx kleiner als dieser, »da es in unserer Macht ist, das Unvergleichbarkleine, das man immer von beliebig kleinen Größen nehmen kann, für diesen Zweck klein genug zu nehmen«.[15] Im 19. Jahrhundert werden Mathematiker diesen leibnizschen Gedanken aufgreifen, um die Infinitesimalrechnung gegen Einwände abzusichern.

Etliche seiner Zeitgenossen, unter ihnen Christiaan Huygens, reiben sich an der neuen Mathematik, weil sie die geometrischen Hintergründe verdunkle. Leibniz hält die Rechenmethode für wohlbegründet. Der reinen Größe nach mögen dx und dy zwar verschwindend klein sein, dennoch bleibt das Verhältnis von dy zu dx kalkulierbar, weil der Grenzübergang zur Tangente einer Gesetzmäßigkeit folgt. Man könnte sie ohne Bedenken benutzen, um den Rechenprozess abzukürzen.

Die umgekehrte Fragestellung, eine Kurve aus der Änderung der Steigung zu ermitteln, führt zur Summierung infinitesimaler Momente, der sogenannten Integralrechnung. Nach und nach fasst Leibniz die Differenzial- und Integralrechnung in eine Symbolsprache, die seiner Vorstellung von einer universellen Mathematik entspricht. Zwischen Ende Oktober und Mitte November 1675 führt er nacheinander das Integralzeichen ∫ für die Summe und die Differenziale mit den Bezeichnungen dx und dy in die Mathematik ein.[16] Sein Regelwerk ist, anders als das newtonsche Verfahren, nicht nur für den Hausgebrauch bestimmt, sondern als eine Art mathematisches Alphabetisierungsprogramm gedacht. Das Rechnen mit Infinitesimalen soll auch Laien zugänglich sein, quasi wie von selbst laufen und die gesuchten Eigenschaften mathematischer Kurven im Nu liefern: ihre Krümmung, ihre Bergkuppen (Maxima) oder Täler (Minima).

Um knifflige Fragen auf den Punkt zu bringen, bauen Leibniz und seine Schüler das abstrakte Verfahren aus und machen aus der Infinitesimalrechnung mit ihren flexiblen Symbolen ein vielseitig einsetzbares mathematisches Handwerkswerkzeug. Heutzutage sind Differenzial- und Integralrechnung Schulstoff und überall in der Welt des Rechnens und Planens unentbehrlich. Physiker formulieren ihre Gesetze in der Sprache der Infinitesimalrechnung, zum Beispiel um die Bahnen der Planeten oder die Wärmeleitung zu beschreiben, Mediziner gebrauchen sie, um die Ausbreitung von Seuchen zu kalkulieren, Ökonomen, um den Verlauf von Aktienkursen oder die wirtschaftliche Entwicklung eines Landes abzuschätzen. Keine andere mathematische Methode hat derart dazu beigetragen, dass Wissenschaftler zeitliche Abläufe von Systemen vorausberechnen können, ob es sich dabei um den punktgenauen Einsatz von Laserlicht in der Augenheilkunde handelt oder um die Landung einer Raumsonde auf einem kleinen Asteroiden.

Auf den Spuren der »absoluten Zeit«

Das neue mathematische Rüstzeug verändert die Wissenschaften grundlegend. Newtons *Principia,* die für die nächsten Jahrhunderte zum Maßstab sicherer Erkenntnis werden, sind ein durch und durch mathematisches Werk. Geometrie und Mechanik bilden darin untrennbar eine Einheit. Newton vertritt die Ansicht, die Geometrie arbeite mit Prinzipien, die der Erfahrung entstammten. Ihr Fundament sei die praktische Mechanik, durch die die Grundbegriffe der Geometrie bereits konstruktiv vorbestimmt seien.[17]

Newton zufolge kann ein sich bewegender mathematischer

Punkt jede beliebige geometrische Figur hervorbringen. So wie man mit der geführten Spitze eines Bleistifts Kreise, Ellipsen und Parabeln zeichnet, entstehen geometrische Kurven durch die stetige Bewegung von Punkten. Das Gleiche gelte für Flächen, die sich aus der Bewegung von Linien, und für Körper, die sich aus der Bewegung von Flächen ergeben. Man könne diese immerfort sich ereignenden Erzeugungen täglich in der Natur beobachten. Dabei mag er an die Fußstapfen eines Tieres gedacht haben, die sich zu einer Spur ergänzen, oder an die kontinuierliche Bewegung des Mondes, durch die sich die Mondbahn am Himmel abzeichnet.

Betrachten Sie stattdessen einmal das Buch, das Sie gerade in den Händen halten, als dreidimensionalen Körper. Es besteht Blatt für Blatt aus vielen einzelnen Schichten. Wenn Sie diese Seiten mit Ihrem Daumen rasch durchblättern, können Sie verfolgen, wie der Buchkörper durch die stetige Bewegung von Flächen erzeugt wird und sein Rauminhalt mit der Zeit zunimmt.

Obschon auch Leibniz jede Bahn als sukzessiven Ort eines fließenden Punktes betrachtet, ist diese Kontinuation für ihn nur eine gedankliche. Die Spuren, die bewegte Körper manchmal im Schnee oder in anderen unbewegten Körpern hinterlassen, wären für die menschliche Einbildungskraft ein Anstoß, die Vorstellung zu entwickeln, dass auch dann noch eine Spur zurückbleiben würde, wenn es nichts Unbewegtes gäbe. »Gerade diese Analogie führt dazu, sich Orte, Bahnen und Räume zu denken, obwohl diese Dinge in Wahrheit nur aus Beziehungen bestehen und keineswegs aus einer absoluten Realität.«[18] Für Newton dagegen haben mathematische Objekte einen ähnlichen Status wie die theoretischen Entitäten der Mechanik: Genauso wie er die unsichtbaren Atome nicht als fiktive Konstruktionen betrachtet, sondern, im Gegensatz zu Leibniz, von ihrer wirklichen Existenz ausgeht, ist er auch hinsichtlich der mathematischen Objekte Realist.

Aus Sicht beider Mathematiker ermöglicht der fließende Punkt die unaufhörliche Erzeugung von Linien. Indem Newton den fortschreitenden Kurvenpunkt jedoch unmittelbar mit der Mechanik verknüpft, führt er kinematische Begriffe wie »Bewegung«, »Geschwindigkeit« und »Zeit« in die Mathematik ein. Im Zusammenhang mit fließenden Bewegungen spricht er ganz selbstverständlich von »Momentangeschwindigkeiten«. Diese Betrachtungsweise ist ihm eigentümlich.[19] Sein Rechnen mit fließenden Größen, mit Geschwindigkeiten und Beschleunigungen, setzt eine gleichmäßige, kontinuierliche, lineare Zeit bereits voraus. Sie ist fester Bestandteil seiner Mathematik.[20]

Schon sein Mathematikprofessor Isaac Barrow verglich die Zeit mit einer Geraden, die man sich aus aufeinanderfolgenden Zeitpunkten zusammengesetzt denken könne. Die Zeit verfolge gleichmäßig ihren Weg, egal ob sich die Dinge bewegen oder ruhen, ob wir schlafen oder wach sind.[21] Es die Vorstellung einer Zeit an sich, die völlig unabhängig von uns und allen körperlichen Dingen verstreicht.

In seinem Infinitesimalkalkül verwendet Newton die Zeit zunächst nur in abstrakter Weise. Dagegen wird er in den *Principia* von einer »absoluten, wahren und mathematischen Zeit« sprechen, die stark an Barrows Vorstellung erinnert. Er versteht sie vom geometrischen Raum her als etwas, das alles Geschehen in sich aufnimmt. So wie er sich den absoluten Raum, in dem alle Partikel ihren Platz haben, als gegeben vorstellt und ihm anders als Leibniz eine dingliche Realität zuschreibt, spulen sich alle Veränderungen in einer absoluten Zeit ab.

HASE UND IGEL

Wie der erste Briefwechsel zwischen Leibniz und Newton zu einem Versteckspiel wird

Isaac Newton veröffentlicht seinen Calculus nicht. Der Sekretär der Royal Society redet ihm zwar ins Gewissen, mit der Bekanntgabe seiner Erkenntnisse nicht so lange zu warten, bis andere ihm zuvorkommen.[22] Newton aber behält sein Wissen lieber für sich. Im Verlauf der 1670er- und 1680er-Jahre distanziert er sich sogar von seiner früheren Fluxionsrechnung und überträgt sie in die Sprache der Geometrie, womit er die weitere Entwicklung der Mathematik im Inselreich blockieren wird, da ihm seine Kollegen starrsinnig folgen.

Ausdrücklich spricht er sich nun gegen eine Vermischung von Algebra und Geometrie aus, die »im Gegensatz zu den ursprünglichen Absichten dieser Wissenschaften« stünde. Gleichungen gehörten zu arithmetischen Rechnungen. In der Geometrie hätten sie keinen Platz. Die Alten hätten diese beiden Wissenschaften getrennt, während die Modernen durch ihre Vermengung jene Einfachheit verloren hätten, die die ganze Eleganz der Geometrie ausmache.[23]

Während Newton auf der Suche nach dem geheimen Wissen der Alten antike Quellen durchforstet, lassen Henry Oldenburg und John Collins nicht locker. Sie möchten die Leistungen englischer Mathematiker auch auf dem Kontinent bekannt machen, schicken einige Auszüge aus Leibniz' Briefen nach Cambridge und bitten Newton darum, auf die Anfragen des Deutschen zu unendlichen Reihen einzugehen.

Newton greift widerwillig zur Feder. Aber innerhalb weniger Monate schreibt er zweimal an den ihm unbekannten Mathematiker. Schon der erste Brief umfasst elf Seiten. Es sind elf gepfefferte Seiten Mathematik, die, so Leibniz, »mehr und Bemerkenswerteres zur Analysis enthalten als viele dicke Bücher über diese Materie«.[24]

Auch Newton ist voll des Lobes. Nach allem, was er von ihm gelesen habe, zweifle er nicht daran, dass Leibniz allgemeine und schnelle Rechenverfahren besitze, mit denen er sämtliche Größen auf mathematische Reihen zurückführen könne, »vielleicht ähnliche Methoden wie unsere, wenn nicht noch bessere«, schreibt er im Juni 1676 an den Mittelsmann Oldenburg. »Da er aber gerne wissen möchte, was man auf diesem Gebiet in England herausgefunden hat, und da ich vor einigen Jahren zu solchen Verfahren vorgedrungen bin, habe ich einige Dinge zusammengestellt, um seine Wünsche wenigstens teilweise zu erfüllen.«[25]

Nach der kurzen Vorrede kommt Newton zur Sache. Der Brief ist trotz seiner Länge ungemein dicht. Wer mit den mathematischen Begriffen der Epoche nicht vertraut ist, kann den Ausführungen kaum mehr als ein Staunen über den Grad der Formalisierung abgewinnen, den die Mathematik seinerzeit erreicht hat. Newton wartet mit einer ganzen Liste von Ergebnissen aus früheren Arbeiten auf. Er beginnt mit dem binomischen Lehrsatz, der in dieser Korrespondenz erstmals erscheint. Zwar macht sich der Entdecker nicht die Mühe, den Weg zur binomischen Formel zu beschreiben, zeigt ihre Tragweite aber anhand von neun Beispielen auf.

Hier und da streut er vieldeutige Bemerkungen über geheime Wissensschätze ein. Er sei im Besitz weiterer Analysetechniken, über die er auch dann zu Lösungen gelangen könne, wenn die bis dato vorgestellten Verfahren versagen würden. Doch wie man in solchen Fällen vorgehen müsse, könne er in der gegebenen Zeit nicht erläutern.

Abschied von Paris

Oldenburg leitet den Brief, später »Epistola prior« genannt, nach Frankreich weiter. Statt ihn mit der Post zu schicken, gibt er ihn einem Reisenden mit auf den Weg, der dann, in Paris angekommen, vergeblich nach Leibniz' Wohnung sucht und den Umschlag bei einem deutschen Apotheker hinterlegt. In dessen Geschäft schaut Leibniz erst Wochen später, am 24. August, zufällig vorbei.[26]

Solche Details sind insofern von Bedeutung, als aus der harmlosen Korrespondenz Jahrzehnte später ein Rechtsstreit wird. Newton wird behaupten, Leibniz hätte sich mit seinen Antworten ungebührlich viel Zeit gelassen. Genügend Zeit jedenfalls, um den mathematischen Inhalt der ihm zugestellten Briefe in Ruhe aufzuarbeiten und dann zu behaupten, ihm wäre alles schon bekannt gewesen.

Leibniz bleibt allerdings kein Spielraum für wochenlange Überprüfungen newtonscher Geniestreiche. Seine Tage in Paris sind gezählt. In den zurückliegenden Monaten hat er sich vergeblich um einen frei gewordenen Posten an der Pariser Akademie beworben, um eine Mathematikprofessur am Collège Royal und um eine Stiftungsprofessur. Auch seinen letzten Trumpf hat er bereits gezogen und den erkrankten Huygens gebeten, sich für ihn zu verwenden.

Viereinhalb Jahre zuvor ist Leibniz als Hofjurist und inoffizieller politischer Abgesandter nach Frankreich gekommen. In Paris hat er sich zu einem der führenden Mathematiker und Maschinendenker der Epoche gemausert. Dennoch ist er im Begriff, wieder jenes deutsche Hofleben aufzunehmen, in dem man mit Kratzfüßen und Intrigen um Ansehen und Einfluss ringt statt mit vernünftigen Schlüssen und neuen Erkenntnissen.

In Hannover erwartet man ihn seit einem halben Jahr. Im Juli hat Johann Friedrich von Braunschweig-Lüneburg eine endgültige Entscheidung von ihm verlangt, ob er nun kommen wolle oder nicht. Andernfalls werde man einem anderen Bewerber den Vorzug geben. Auch der französische Botschafter des Herzogs hat sich inzwischen eingeschaltet und einen Reisekostenzuschuss ausgezahlt. Trotzdem zögert Leibniz die Abreise nach Deutschland Woche für Woche hinaus. Sein Herz hängt an Paris, wo man »die klügsten Männer der Zeit in allen Bereichen der Wissenschaft findet«.[27]

Inmitten seiner widerwilligen Reisevorbereitungen fällt ihm ein Umschlag in die Hände, der wochenlang bei einem Apotheker gelegen hat: ein Schreiben Newtons, voller faszinierender mathematischer Gedanken. Der Brief liest sich wie ein Buchkapitel. Leibniz ist tief beeindruckt von Newtons Geschick, Längen, Flächen und Volumina mithilfe unendlicher Reihen zu ermitteln. In der Reihenlehre hat er in dem Engländer seinen Meister gefunden, antwortet postwendend und spart nicht an Beifall. »Newtons Entdeckungen sind jenes Genies würdig, das bereits durch seine optischen Experimente und das Spiegelteleskop offenkundig geworden ist.«[28]

Die bedeutendste Neuerung ist der binomische Lehrsatz mit seinen vielfältigen Anwendungen. Leibniz wünscht sich nähere Erläuterungen zur Herkunft des Satzes und wirft eigene Gedanken in den Ring. Seine Rechenmethoden würden sich von Newtons Herangehensweise deutlich unterscheiden. Unter anderem erläutert er seine unendliche Reihe für die Zahl Pi, die er seit Längerem zu veröffentlichen gedenkt. Doch fehle ihm die Muße, den angeschwollenen Stoff »für eine Herausgabe zu glätten«.[29]

Mitte September stellt ihn der Herzog vor die Wahl, entweder sofort nach Hannover aufzubrechen oder es ganz bleiben zu lassen. So lässt Leibniz die nunmehr abschließende Fassung bei einem Freund zurück, der das Manuskript zur Kreisquadratur in Druck geben soll. Das zögert sich so lange hinaus, bis der Freund 1678 stirbt. Im Jahr darauf nimmt ein Geschäftsreisender die noch immer unveröffentlichte Abhandlung an sich, um sie Leibniz nach Hannover mitzunehmen, aber auf der Fahrt geht sein Gepäck verloren. Auf verschlungenen Pfaden wird das Manuskript schließlich wieder in Leibniz' Hände gelangen.[30]

Newton gegenüber äußert er in seiner Antwort, er glaube nicht, dass man eine einfachere Darstellung für die Kreiszahl Pi finden könne als seine eigene:[31]

Pi/4 = 1/1 – 1/3 + 1/5 – 1/7 + 1/9 – 1/11 ± …

Der Engländer ist anderer Meinung. Er beurteilt die Reihe nach ihrem praktischen Wert, und da schneidet sie nicht sonderlich gut ab. In seinem zweiten Brief konfrontiert Newton ihn mit einer Überschlagsrechnung: Um die Zahl Pi mithilfe dieser Formel auch nur auf 20 Stellen genau zu ermitteln, müsste man circa fünf Milliarden Terme zusammenzählen. »Eine Rechnung, für die man tausend Jahre brauchen würde.«[32] Dagegen könnte man mit anderen Reihendarstellungen jede gewünschte Genauigkeit viel schneller erzielen. Newton hat auch sofort mehrere Vorschläge parat. Seine maßgeschneiderten Reihen haben nur einen Nachteil: Sie sind längst nicht so schön wie die Leibniz-Reihe.

Wem sich die Schönheit mathematischer Reihen nicht erschließt, der sei an dieser Stelle auf den Park von Versailles verwiesen. Die logische Struktur der unendlichen Reihe, das Gesetz der Serie, findet sich auch in der barocken Anlage wieder. Die Blickachsen im viel bestaunten Garten von Versailles sind endlose Spaliere aus zurechtgestutzten Büschen und Bäumen. »Das Defilée der Baumkolonnaden und Hecken, die steinernen Blumentöpfe und hintereinander gestaffelten Skulpturen – all das folgt einem Ziel, einem Kalkül, das in der Tiefe des Raumes, im Fluchtpunkt des Bildes seine Einlösung findet«, so der Kulturtheoretiker Martin Burckhardt. In der französischen Parklandschaft folgt der Blick jener neuen Logik, die alles zerlegt und ins Unendliche hochrechnet. Das Auge wird dirigiert »von einem zum anderen, von hier nach dort, Schritt für Schritt und immer weiter so fort«.[33]

Ähnlich streng wie die Ordnung des Raumes sind die Stundenpläne in der prunkvollen Residenz. Das höfische Leben läuft reibungslos wie ein Uhrwerk. Vom morgendlichen »Lever«, dem öffentlichen Aufstehen Ludwigs XIV., bis zum abendlichen Tanz ist es ein Kreisen von Körpern, das bis in Fußstellungen, Fingerzeige und Kopfhaltungen hinein festgelegt ist. Alle Bewegungen am Hof folgen einem Programm.

In Versailles beginnt jeder Tag mit dem gleichen Ritual: »Sire, es ist Zeit!« Um Punkt acht Uhr lüften Kammerdiener die Vorhänge und wecken Ihre Majestät, den König von Frankreich. Kaum hat Ludwig XIV. sein Haupt gehoben, werden Familie und Leibarzt zu seinem Schlafgemach vorgelassen. Die Audienz setzt sich mit dem »Grande entrée« des Hochadels fort. Zu dieser frühen Stunde Zugang zu den Gemächern des Königs zu erhalten gilt als große Ehre.

Wer wann und wo die Nähe des seinerzeit mächtigsten Herrschers in Europa genießen darf, ist streng nach der Uhr geregelt. Als Inbegriff einer rationalen, bis in alle Teile hinein funktionierenden Ordnung ist die Uhr des Sonnenkönigs Herrschaftsinstrument schlechthin. Er setzt sie von früh bis spät ein, um die volle Kontrolle über seinen Hofstaat auszuüben. Ludwig XIV. und seine Höflinge sind die Ersten, die die Uhrzeit derart internalisieren, dass sie gewissermaßen selbst wie Maschinen ticken. An anderen Adelshöfen kopiert man das französische Modell. Prinzen und junge Adlige werden vielerorts strikt nach Stundentafeln erzogen.

Während in Versailles in den 1680er-Jahren etwa 4000 Dienstboten und 1000 Höflinge nach dem Taktstock des Sonnenkönigs tanzen, gelingt es dem englischen König Charles II. und seinem Nachfolger James II. nie, eine absolutistische Herrschaft nach französischem Vorbild zu etablieren. Statt Menuette einzustudieren, suchen die Engländer ihr Vergnügen bei freieren Country-Tänzen. Auch ihre Gärten gestalten sie wesentlich freier als ihre französischen Nachbarn. Und die englische Wirtschaft treibt nicht staatlicher Dirigismus an, sondern privates Unternehmertum. In London hängen die Aufstiegschancen weniger von der Gunst eines absoluten Herrschers ab als vom geschickten Wirtschaften mit mobilem Kapital: Zeit und Geld.

In den Archiven der Royal Society

Leibniz ist ein Gelehrter französischer Prägung. Noch kurz vor seiner Abreise träumt er davon, eines Tages Zugang zum französischen Hof zu bekommen und als »amphibisches Wesen« mal hüben, mal drüben zu leben. Die Reise nach Hannover hat er als Grand Tour geplant. Er schlägt nicht etwa den direkten Weg ein. Die Einsamkeit vor Augen, die ihn in der herzoglichen Residenzstadt erwartet, möchte er zuvor noch einmal Verbindungen zu einigen europäischen Geistesgrößen knüpfen, sich dem Philosophen Baruch de Spinoza in Den Haag vorstellen, in Delft einen Blick durch die unvergleichlichen Mikroskope des Naturforschers Antonie van Leeuwenhoek werfen, zuallererst aber sich nach England einschiffen, um der Royal Society seine Aufwartung zu machen.

Über die zehn Tage, die Leibniz im Oktober 1676 in London verbringt, ist kaum etwas bekannt. Henry Oldenburg kommt der Besuch diesmal ungelegen. Der Sekretär der Royal Society befindet sich in einer prekären Lage. Um seine Stellung und seinen Ruf fürchtend, hat er alle Hände voll damit zu tun, den Präsidenten und das Kollegium der Akademie hinter sich zu bringen. Denn Robert Hooke klagt ihn öffentlich an, geheime Geschäfte mit dem Verkauf von Ideen englischer Forscher zu machen.

Im Zusammenhang mit der Erfindung der Unruh-Spiralfeder erhebt Hooke in einem Anhang zu einem frisch gedruckten Buch schwere Vorwürfe gegen Oldenburg. Statt Patentansprüche englischer Gelehrter zu verteidigen, würde er ihnen in den Rücken fallen. Hookes Tagebuch gibt einen Eindruck davon, wie vergiftet die Atmosphäre ist und wie tief der Riss, der durch die Royal Society geht. Der vermeintliche Strippenzieher und Wissenschaftsspion Oldenburg tritt im Tagebuch unter jenem Decknamen »Grubendol« auf, unter dem er seine Auslandspost empfängt.

Leibniz' Londonaufenthalt wäre ohne jegliche Resonanz geblieben, hätte er nicht den Mathematiker John Collins kennengelernt, Newtons langjährigen Briefpartner. Collins ist derzeit Bibliothekar der Royal Society, im Herbst 1676 allerdings wiederholt krank. Auch er kann dem deutschen Gast nicht so viel Zeit widmen, wie ihm lieb wäre. Aber er öffnet ihm die Schatzkammern der Akademie und gewährt ihm Einblick in einige Schriften, die Newton hier hinterlegt hat.

Unter anderem bekommt Leibniz dessen Manuskript *De Analysi* zu sehen, das bisher nur wenige Eingeweihte kennen und das erst 35 Jahre später den Weg zum Drucker finden wird. Leibniz macht sich eifrig Notizen. Er kopiert, was ihm wichtig erscheint, schreibt ganze Passagen aus Newtons Werk ab. Den Notizen zufolge interessiert er sich nur für unendliche Reihen. Das ihm vorliegende Manuskript gibt aber auch Auskunft über Methoden zur Tangentenbestimmung und den Umgang mit infinitesimalen Größen. Sollte er gerade darüber hinweggeblättert haben, was Gegenstand seiner eigenen Forschung ist? Hat ihm Collins vielleicht nur Teile der newtonschen Arbeit vorgelegt? Wir wissen es nicht.

Dem Bibliothekar ist die Angelegenheit ein paar Monate später anscheinend nicht mehr ganz geheuer. Im März 1677 teilt er Newton mit, Leibniz sei im Oktober zu Besuch in London gewesen. Doch dann heißt es lediglich, er habe mit dem deutschen Mathematiker über Gregorys Werk gesprochen. Über Leibniz' umfangreiche Abschriften aus Newtons Manuskript verliert er kein Wort.[34] Im Streit um die Erfindung des Calculus wird die Untersuchungskommission später festhalten, Collins habe Mathematikern ohne zu zögern mitgeteilt, was er von Newton erhalten habe.

»Ich hoffe, dies wird M. Leibnitz nun zufriedenstellen«

Während Leibniz in den Archiven der Royal Society stöbert, setzt Newton ein zweites Schreiben an ihn auf, das seinen deutschen Kollegen aber nicht mehr in London erreicht. Die »Epistola posterior«, ebenfalls in lateinischer Sprache, ist mit insgesamt 19 Seiten der längste mathematische Brief, den Newton je geschrieben hat.[35] Der Professor aus Cambridge macht sich die Mühe, auf alle Rückfragen seines Kollegen einzugehen. Gewissenhaft, wie er ist, überarbeitet er den Brief mehrfach.

In dem Begleitschreiben vom 24. Oktober 1676 an Henry Oldenburg entschuldigt er sich für seine Weitschweifigkeit. Aber statt den Brief noch einmal umzuändern, würde er ihn lieber in voller Länge abschicken. »Ich hoffe, dies wird M. Leibnitz nun zufriedenstellen und es wird nicht nötig sein, ihm noch irgendetwas über diese Thematik zu schreiben. Denn da ich andere Dinge im Kopf habe, bedeutet es gegenwärtig eine unliebsame Unterbrechung für mich, über diese Sachen nachdenken zu müssen.«[36]

Newtons Unmut über die zeitraubende Darstellung seiner mathematischen Forschungen ist zwei Tage später offenbar wieder verflogen. Jedenfalls klingt sein Brief an den Sekretär der Royal Society vom 26. Oktober bei Weitem nicht mehr so gereizt: »Vor zwei Tagen habe ich Ihnen eine Antwort auf M. Leibnitz' exzellenten Brief geschickt.« Gerne würde er einige Stellen nachbessern, denn er fürchtet, mit seiner Kritik zu weit gegangen zu sein. »Wenn Sie denken, dass ich irgendetwas zu scharf ausgedrückt habe, teilen Sie mir dies bitte mit, und ich werde versuchen, es zu mildern, wenn Sie es nicht mit ein, zwei Worten selbst tun möchten.« Irgendwann, wenn er ein bisschen mehr Muße habe, werde er Leibniz vielleicht genauere Erläuterungen zur Quadratur von Kurven geben. Es folgt der obligatorische Nachsatz: »Lassen Sie bitte keine meiner mathematischen Schriften ohne meine ausdrückliche Erlaubnis drucken!«[37]

Den Brief selbst beginnt Newton mit den üblichen Schmeicheleien. Leibniz' Reihenmethode sei »sehr elegant und hätte das Genie des Autors hinlänglich sichtbar gemacht, selbst wenn er darüber hinaus nichts geschrieben hätte«. Ihm selbst seien bis dahin drei verschiedene Wege bekannt gewesen, um zu mathematischen

Reihen zu gelangen. Daher hätte er es kaum erwarten können, von Leibniz über einen weiteren informiert zu werden.

Anschließend gibt Newton die Entdeckungsgeschichte des binomischen Lehrsatzes preis und schildert die Umwege, die ihn dorthin geführt haben. »Ich schäme mich zu gestehen, bis zu wie vielen Stellen ich die Berechnungen seinerzeit vorantrieb, als ich keinen anderen Geschäften nachgehen musste.« Damals hätten ihm mathematische Entdeckungen zu viel Vergnügen bereitet.

Ganz offen schildert er den Ärger über seine bisherigen Publikationen. Nachdem er seine Studien zu Licht und Farben bekannt gemacht habe, hätte er sich seiner eigenen Dummheit wegen Vorwürfe gemacht. Denn von da an hätten ihm die häufigen Störungen, die aus den Briefen verschiedener Leute resultierten, keine Ruhe mehr gelassen. »Indem ich einem Schatten nachjagte, opferte ich meinen Frieden.«

Wenige Absätze später folgt jener Passus, der mitten in Leibniz' neuestes Forschungsgebiet hineinführt, die Infinitesimalrechnung, in der er inzwischen ungefähr da angelangt ist, wo Newton schon zehn Jahre zuvor stand. Der Engländer weist auf ein Verfahren hin, Tangenten an Kurven zu legen, ihre Maxima und Minima zu bestimmen. Die Zeilen beziehen sich unmittelbar auf ein bereits vor fünf Jahren verfasstes Manuskript zur Fluxionsrechnung, das Newton nach wie vor zurückhält.[38] Aber statt nun offenzulegen, worauf die Methode beruht, macht er einen Rückzieher und verschleiert den Calculus nach allen Regeln der Chiffrierkunst, um seine Erfindung zu verbergen, sich aber zugleich die Priorität an der Entdeckung zu sichern.

»Weil ich aber an dieser Stelle nicht mit einer Erklärung dieser Operationen fortfahren kann, habe ich es vorgezogen, sie auf folgende Weise zu verschlüsseln:

6accdæ13eff7i3l9n4o4qrr4s8t12vx

Auf dieser Basis habe ich dann versucht, Theorien zu vereinfachen, die die Quadratur von Kurven betreffen, und bin zu gewissen allgemeinen Lehrsätzen gelangt.«

Der Brief enthält noch andere Anagramme dieser Art, die Leibniz unmöglich entziffern kann. Newton ist nicht dazu bereit, sein Wissen zu offenbaren. Im Rückblick fehlt der Leistungsschau ihr mathematisches Glanzstück. Hätte er sich hier oder an anderer

Stelle als Entdecker des Calculus zu erkennen gegeben, hätte der unselige Prioritätsstreit mit Leibniz vermieden werden können. Stattdessen werden Newtons Anhänger die beiden 1676 verfassten Briefe Jahrzehnte später drehen und wenden, um Leibniz als Plagiator an den Pranger zu stellen. Doch der Inhalt der vermeintlichen Beweisstücke geht über die Reihenlehre kaum hinaus.

Hofbibliothekar in Hannover

Leibniz erhält den zweiten Brief erst lange nach seiner Ankunft in Hannover. Sein Versuch, die Korrespondenz von dort aus fortzusetzen, scheitert. Dem deutschen Gelehrten wird die fast mönchische Abgeschiedenheit Newtons immer schleierhaft bleiben.

Als Höfling hat er jetzt allerdings andere Sorgen. Seine neue Stellung entspricht in keiner Weise dem, was er sich ausgemalt hatte. Leibniz hatte gehofft, als Geheimer Rat und persönlicher Berater des frankophilen Herzogs Johann Friedrich angestellt zu werden. Stattdessen muss er sich mit dem Rang eines Hofrats und dem wenig angesehenen Posten eines Bibliothekars begnügen.

Mit der höfischen Ordnung ist er aus seiner Zeit in Mainz vertraut. Wie jeder der rund 300 Bediensteten lernt er rasch, vor wem er sich zu verbeugen, wem er den Vortritt zu lassen und wen er wie anzusprechen hat, vom Oberkämmerer und Oberhofmeister über Leibmedici, Garten- und Stallmeister bis zum Silberputzer und Rattenfänger. Seine Redegewandtheit und sein immenses Wissen öffnen ihm die Türen zum übergewichtigen Herzog, der oft bis mittags im Bett liegt und die leidigen Amtsgeschäfte von dort erledigt.

Mit einem Gehalt von 400 Talern wird Leibniz nicht besser bezahlt als Tanzmeister und Kammerjunker.[39] Über Jahre hinweg feilscht er um eine höhere Besoldung und den Aufstieg in die Kanzlei. Andererseits schreckt ihn die Sisyphusarbeit der höfischen Bürokratie so sehr, dass er sich ihr niemals mit ganzer Kraft widmen würde, selbst wenn ihm dadurch höchste Ehre zuteilwürde. Als Bibliothekar bleibt ihm immerhin viel gedanklicher Freiraum – und den weiß Leibniz zu nutzen. Er trägt dem Herzog seine Ideen für eine Neuordnung der Landesarchive vor und arbeitet Reformvorschläge für eine Annäherung aller christlichen Kirchen aus.

Der zum Katholizismus übergetretene Johann Friedrich hat ein offenes Ohr für den Gelehrten und gestattet ihm zahlreiche Neuanschaffungen für die Bibliothek. Im Sommer 1678 fährt Leibniz nach Hamburg, wo er die 3600 Bände umfassende Privatsammlung eines verstorbenen Gelehrten kauft, wodurch sich der Bestand der Hofbibliothek auf einen Schlag verdoppelt.[40] Ab und an darf er sein publizistisches Talent sogar auf großer Bühne erproben. In einer Schrift, die 1678 auf dem Friedenskongress in Nimwegen verteilt wird, verteidigt Leibniz die Souveränität der Fürsten im Reich und die Privilegien, die sie für sich in Anspruch nehmen.

Im selben Jahr macht er eine Entdeckung, deren Tragweite uns erst heute bewusst ist: Er erkennt die Vorzüge des binären Zahlensystems, in dem alle Zahlen durch die Ziffern Null und Eins repräsentiert werden. Mit dem in China lange bekannten zweiwertigen System möchte Leibniz die Zahlenlehre vervollkommnen, geht aber sofort auch einen entscheidenden Schritt auf die moderne Computertechnik zu, indem er, zumindest auf dem Papier, den ersten Rechner entwirft, der auf Dualzahlen basiert.

Dem Herzog hatte er schon 1673 von Frankreich aus von seiner »lebendigen Rechenbank« berichtet, die in Paris und London für »eine der considerabelsten Inventionen dieser Zeit« gehalten würde. Jede beliebige Rechnung wäre damit leicht, geschwind und gewiss. »Geschwind, dieweil man zum exempel eine zahl von einer ganzen Reihe Ziphern, sie sey so lang sie wolle (nach proportion der größe der Machine), in einem umbgang eines Rades auff einmahl durch eine gegebene Zipher multiplicirt … Gewiß, dieweil so lange an der Machine nichts versehret wird, ohnmüglich zu fehlen, und daher keine probe erfordert wird.«[41]

Besagte Rechenmaschine basiert auf dem Dezimalsystem und den zehn Ziffern von Null bis Neun. In diesem Buch haben wir mit dem Zwanzigersystem der Schafhirten in Lincolnshire bereits ein weiteres nützliches Zahlensystem kennengelernt. Auch der Franzose Blaise Pascal setzte das Zwanzigersystem ein, um einige seiner Rechenmaschinen an die französische Währung anzupassen. Ein Livre entsprach seinerzeit nämlich 20 Sous.

Leibniz kommt darauf, sämtliche Zahlen mit Eins und Null darzustellen, den Zeichen der Einheit und des Nichts. In einer Übersichtstafel listet er die fortschreitenden Zahlen 1, 2, 3, 4, 5 … in der neuen Darstellung als 1, 10, 11, 100, 101 usw. auf. Unter anderem möchte er auf diesem Weg das Geheimnis der Primzahlen aufdecken.

Primzahlen spielen in der Mathematik und in der Kryptografie eine wichtige Rolle, da sich jede natürliche Zahl in Primzahlen zerlegen lässt und diese Zerlegung eindeutig ist, etwa: $42 = 2 \times 3 \times 7$. Leibniz stellt sich vor, auch alle Begriffe, die wir verwenden, könnten in einfache Begriffe zerlegt werden. Dann ließe sich unser ganzes Denken und Sprechen nach dem Vorbild der Mathematik rationalisieren, indem man die einfachen Begriffe mithilfe der Primzahlen durchnummeriert und über logische Verknüpfungen miteinander kombiniert. Würde man in einem letzten Schritt alle Primzahlen als Dualzahlen darstellen, wäre eine Repräsentation unserer Begriffs- und Ideenwelt nur mit den Ziffern Null und Eins möglich.

Bei diesen Gedanken bleibt Leibniz nicht stehen. Außerordentlich nützlich ist das Rechnen mit Null und Eins nämlich in automatisierten Prozessen. Leibniz hat jahrelang über dem Bau einer dezimalen Rechenmaschine gebrütet und trotz herausragender Erfindungen immer noch keinen zufriedenstellenden Automaten konstruieren können. Während er sich in Hannover weiter darum bemüht, seine »lebendige Rechenbank« zu vollenden, springen ihm die Vorzüge des Binärsystems sofort ins Auge.

Zehn verschiedene Ziffern mechanisch zu repräsentieren und mit ihnen zu rechnen führt unweigerlich zu Problemen der Feinmechanik, die nur ein äußerst geschickter Uhrmacher zu bewältigen vermag. Einige dieser Schwierigkeiten verschwinden beinahe von selbst, wenn man es nur mit zwei Zuständen zu tun hat: Null oder Eins, leer oder voll, geschlossen oder offen, Hebel rauf, Hebel runter.

Für das maschinelle Rechnen im Binärsystem ersinnt Leibniz einen Automaten mit rollenden Kugeln. Das klingt abenteuerlich. Das Rechnen mit fallenden Kugeln ist aber seit der Antike geläufig. Römische Messwagen zum Beispiel registrierten eine zurückgelegte Entfernung, indem kleine Kugeln nach einer bestimmten Umdrehungszahl der Wagenräder durch ein Loch in ein Behältnis fielen. Zur Berechnung der zurückgelegten Wegstrecke mussten die Kugeln am Ende nur zusammengezählt werden.

Ein Blick ins Innere der leibnizschen Rechenmaschine auf die von ihm entwickelten Staffelwalzen, deren unterschiedlich lange Rippen die Zahlen repräsentieren.

Im März 1679 beschreibt Leibniz den potentiellen Binärrechner folgendermaßen: »Eine Büchse soll so mit Löchern versehen sein, dass diese geöffnet und geschlossen werden können. Sie sei offen an den Stellen, die jeweils 1 entsprechen, und bleibe geschlossen an denen, die 0 entsprechen.« Durch die offenen Stellen fallen kleine Kugeln in Rinnen. »Die Rinnen sollen die Spalten darstellen, und kein Kügelchen soll aus einer Rinne in eine andere gelangen können, es sei denn, nachdem die Maschine in Bewegung gesetzt ist. Dann fließen alle Kügelchen in die nächste Rinne, wobei immer eines weggenommen wird, welches in ein leeres Loch fällt.«[42]

Soweit bekannt ist, setzte der Erfinder diese Skizze nie in eine rechnende Maschine um. Erst nach ihrer Wiederentdeckung im 20. Jahrhundert wurde dem Kugelrechner Leben eingehaucht. In der Dauerausstellung im Welfenschloss in Hannover ist ein funktionstüchtiges Modell dieses leibnizschen Automaten zu bestaunen, bei dem Zahlenwerte durch rollende Kugeln auf schrägen Laufschienen transportiert werden.

Wenn eine Kugel auf der Einser-Stelle liegt und eine zweite

hinzukommt, also eins addiert wird, rollt die zweite Kugel über eine kleine Wippe eine Stelle weiter. Die Wippe als mechanischer Schalter bewirkt, dass die erste Kugel, wie von Leibniz beschrieben, durch ein Loch fällt und weggenommen wird: 1 + 1 = 10. »Beim Bau einer solchen Maschine muss man die Neigung optimieren und darauf achten, dass einige Kugeln Vorfahrt haben«, erläutert Erwin Stein, der den leibnizschen Entwurf zusammen mit Franz Otto Kopp umgesetzt hat. »Sonst kommt es zu Kollisionen.« Der von ihnen gebaute Kugelrechner kann addieren und multiplizieren, ermittelt 15 + 1 genauso mühelos wie 13 × 5. Ein faszinierendes Gerät!

Wie sehr Leibniz dem Gedanken eines binären Rechners schon im 17. Jahrhundert nachhing, belegt ein weiteres außergewöhnliches Manuskript: ein Konzept für eine Maschine, welche alle Dezimalzahlen in Binärzahlen umwandeln kann, also die Zahl 87 automatisch in 1010111 und die 88 in 1011000. Der Aufriss dieses mechanischen Zahlenwandlers ist ebenfalls in seinem Nachlass gefunden worden.[43]

Zwischen zwei stabilen Zuständen, null und eins, hin und her zu schalten ermöglicht heute eine zuverlässige Datenverarbeitung bei hoher Geschwindigkeit. Erst die mühsame Aufarbeitung seiner Handschriften gibt Leibniz als Vordenker der modernen Rechnerarchitektur und Computerlogik zu erkennen. Der barocke Universalgelehrte hatte bereits Maschinen im Kopf, die sich selbsttätig im Raum orientieren, wahrnehmen und fühlen können:

»Und denkt man sich aus, dass es eine Maschine gäbe, deren Bauart es bewirke, zu denken, zu fühlen und Perzeptionen zu haben, so wird man sie sich unter Beibehaltung der gleichen Maßstabsverhältnisse derart vergrößert vorstellen können, dass man in sie wie in eine Mühle einzutreten vermöchte.« Doch würde man in ihr, sobald man sie beträte, nur Teile vorfinden, die aneinanderstoßen, aber nichts, was ihr Vermögen wahrzunehmen erklären könnte.[44]

Wer still steht, fällt zurück

In Hannover hat es Leibniz noch schwerer als in Paris, Fachleute zu finden, die seine Gedanken zur Automatisierung des Rechnens technisch umsetzen können. Die deutschen Handwerker wären träge und wenig neugierig, schreibt er nach Paris. Andernfalls wäre seine arithmetische Maschine längst fertiggestellt. Er beabsichtige, einen Experten kommen zu lassen, um seine lebendige Rechenbank und eine von ihm konzipierte Uhr zu vollenden.[45]

Im künftigen Land der Dichter und Denker ticken auch die Uhren anders als in Paris oder London. Zwar exportieren deutsche Uhrmacher weiterhin die allseits beliebten Türmchenuhren, deren Design sich an den historischen Glockentürmen orientiert. Aber die ehemals so erfolgreichen Uhrmacherfamilien in Augsburg oder Nürnberg haben Entwicklungen verpasst, die anderswo sofort aufgegriffen wurden.

Einer von Leibniz' sächsischen Landsleuten klagt darüber, dass es in Deutschland zwar noch gute Schlosser gäbe. »Zu wünschen aber wäre, daß dieses löbliche Handwerck sich mit ihren zum theil künstlichen Bratenwendern nicht allein so sehr beschäftigte, sondern jedes Orts, sonderlich in großen Städten auch ein paar Uhrmacher unter sich hätten, welche so wohl Kirchen- als auch Hauß-Uhren verfertigten.« Manche Dörfer und Städte besäßen nicht einmal öffentliche Uhren. Dort müsse nach wie vor »der Hauß-Hahn die beste Schlag-Uhr … seyn«.[46]

Abgesehen von Leibniz und Otto von Guericke ist der deutsche Beitrag zum wissenschaftlich-technischen Aufschwung der Epoche vergleichsweise gering. Seit dem Dreißigjährigen Krieg befinden sich Wissenschaft und Handwerk im Niedergang. »Hier fehlten äußere Herausforderungen wie die Überseeschifffahrt oder der Impulse durch den transozeanischen Handel«, urteilt der Historiker Heinz Duchhardt. »Es fehlten auch manche sozialen Voraussetzungen für Innovationsfreudigkeit, sodass sich Wissenschaft im Deutschen Reich lange noch in späthumanistischer Gelehrsamkeit erschöpfte.«[47]

Dennoch wird auch hier zu Beginn der 1680er-Jahre erstmals eine wissenschaftliche Zeitschrift mit dem Titel *Acta Eruditorum* herausgebracht, in der vor allem Bücher besprochen werden, die in jüngster Zeit erschienen sind. Ihr Mitbegründer, der Leipziger Rechtsprofessor Otto Mencke, kennt Leibniz seit seinem Philosophiestudium. Nun wendet er sich an den ehemaligen Studienkollegen, der zu einer tragenden Säule der Monatsschrift wird. Schon in der zweiten Ausgabe veröffentlicht Leibniz eine Abhandlung über die unendliche Reihe für Pi.

Mencke teilt seinem Autor im Juli 1684 mit, in England wäre man im Begriff, »ich weiß nicht welche quadraturum circuli, die in unsern *Actis* inseriret ist, ihrem professori Newton zu Cambridge« zuzuschreiben.[48] Durch diese Ankündigung aufgeschreckt, greift Leibniz erneut zur Feder und stellt seine *Neue Methode der Maxima und Minima sowie der Tangenten* in einem Zeitschriftenartikel dar.[49] Von nun an veröffentlicht er die Infinitesimalrechnung Häppchen für Häppchen in den *Acta*.

Newtons Name fällt dabei nicht. Leibniz betrachtet den Calculus als seine Entdeckung. Mencke gegenüber stellt er klar: Sowohl Newton als auch der Sekretär der Royal Society hätten ihm diese Resultate seinerzeit in ihren Briefen zugestanden. Der Professor aus Cambridge hätte zwar auch die Grundlagen, aus denen er auf den Calculus »schließen hätte können schohn gehabt, allein man fallet nicht gleich auf alle consequenzen, einer macht diese der andre eine andere combination«.[50]

Da Newton seine mathematischen Schriften in all den Jahren nicht hat drucken lassen, ziehen nun einige Forscher an ihm vorbei. Der schottische Mathematikprofessor David Gregory zum Beispiel schickt eine fünfzigseitige Abhandlung zur Reihenlehre nach Cambridge. Deren Inhalt, meint er, sei den meisten Mathematikern sicherlich neu. Doch habe er den Briefen seines Onkels entnommen, dass Newton schon lange zuvor ähnliche Entdeckungen gemacht hätte.[51]

Als Newton einigen Kollegen von dem Brief erzählt, raten sie ihm, sein lange geheim gehaltenes Wissen öffentlich zu machen und nicht auf einen späteren, ungünstigeren Zeitpunkt zu warten. Newton aber zieht es vor, auf eine eigene Darstellung seiner Reihenlehre zu verzichten. Allenfalls kann er sich vorstellen, jene Briefe, die er und Leibniz acht Jahre zuvor ausgetauscht haben, zu kommentieren und herauszugeben. »Vor allem, weil darin auch Leibniz' sehr elegante Methode enthalten ist, zu Reihen zu gelangen, die sich von meiner klar unterscheidet.«[52] Doch selbst zu dieser Zusammenstellung der Briefe kommt es nicht.

Als Leibniz dem Fachpublikum seine Infinitesimalrechnung

1684 erstmals vorstellt, bleibt Newton wieder untätig. Von dem Zeitschriftenbeitrag erfährt er inmitten seiner Arbeit an den *Principia*. Darin macht er von der Fluxionsrechnung überraschenderweise keinen direkten Gebrauch. Newton stützt sich ganz auf die Sprache der Geometrie, die seinen Zeitgenossen eher vertraut ist.

Trotzdem taucht in den *Principia* ganz unvermittelt Leibniz' Name auf: »In Briefen, die ich vor zehn Jahren mit dem außerordentlich gebildeten Geometer G. W. Leibniz wechselte, gab ich zu erkennen, dass ich eine Methode besäße, um Maxima und Minima zu bestimmen, Tangenten zu ziehen und ähnliche Operationen zu bewältigen, die sowohl bei irrationalen als auch rationalen Ausdrücken anwendbar sind. Ich verschlüsselte diese Methode in Lettern, die den folgenden Satz ergeben: ›Bei gegebener Gleichung, die eine beliebige Zahl fluenter Größen enthält, finde man die Fluxionen und umgekehrt.‹ Der berühmte Mann antwortete mir darauf, dass auch er auf eine derartige Methode gekommen wäre, und teilte mir selbige mit, die sich von meiner kaum unterschied, abgesehen von seinen Worten und der Notation.«

Zehn Jahre nach seinem letzten Brief an Leibniz löst Newton endlich jenes Anagramm auf, mit dem er den Adressaten seinerzeit heiß gemacht hatte: 6accdæ13eff7i3l9n4o4qrr4s8t12vx. Plötzlich reicht er nach, was er so lange verborgen gehalten hat. Aber nicht in einem privaten Brief, sondern mitten in seinem epochalen Werk. Was bezweckt er mit diesen Zeilen?

Wie schon gegenüber Gregory hat Newton nicht die Absicht, Leibniz mit einer ausführlichen Darlegung seiner Fluxionsrechnung hinterherzudackeln, sondern möchte nur klarstellen, dass ihm Leibniz in nichts voraus ist. Er tut dies ohne erkennbare Feindseligkeit, zumal der Professor aus Cambridge den deutschen Höfling, »inzwischen beim Herzog von Hannover für öffentliche Angelegenheiten zuständig«, genauso wenig wie Gregory als ernsthaften Konkurrenten betrachtet. Von einem drohenden Prioritätsstreit zwischen den beiden Mathematikern ist noch lange nichts zu spüren.

EIN NEUES WELTSYSTEM

Von dem Uhrenexperten Robert Hooke erhält Newton den entscheidenden gedanklichen Anstoß für eine neue Theorie der Schwerkraft

Wenn von einer »wissenschaftlichen Revolution« im ausgehenden 17. Jahrhundert die Rede ist, dann immer mit Bezug auf Newtons *Principia* und die ihnen zugrunde liegenden Konzepte von Raum und Zeit, Kraft und Bewegung. Newtons Theorie der Gravitation unterscheidet nicht mehr zwischen kosmischen und irdischen Vorgängen, sondern schlägt eine Brücke zwischen Himmel und Erde. Planeten und Kometen fallen aus demselben Grund auf die Sonne zu wie der Apfel zu Boden. Die Wanderbewegungen der Gestirne und die Flugbahn eines Balls folgen universellen mathematischen Gesetzen. Vorhergehenden Forschergenerationen lag der Gedanke fern, der Lauf der Himmelskörper könnte auf einem komplexen Zusammenspiel von Kräften beruhen. Die Himmelskunde war eine messende Wissenschaft. Nach Ursachen zu fragen gehörte zu den Aufgaben der Philosophen und nicht zu denen der Astronomen.

Die Naturphilosophen ihrerseits knüpften vor allem an Alltagserfahrungen an. Selten fußten ihre physikalischen Vorstellungen auf Experimenten, denn ohne adäquate technische Hilfsmittel waren selbst einfache Prozesse wie der Fall einer Kugel einem Messprozess gar nicht zugänglich. Noch zu Beginn des 17. Jahrhunderts fehlten Galilei geeignete Uhren, um die extrem kurzen Zeiträume zu bestimmen und zu unterteilen, in denen ein fallender Gegenstand den Boden erreicht. Notgedrungen griff er auf Wasseruhren zurück. Wenn es um kleinste Zeitintervalle ging, vertraute er auch auf sein musikalisches Gehör. Außerdem fahndete er nach Auswegen aus dem Dilemma. Statt Kugeln aus der Höhe herabfallen zu lassen, studierte er langsame, verzögerte Bewegungen wie das Rollen einer Kugel auf einer schiefen Ebene oder die Schwingungen eines Pendelgewichts.

Wenige Jahrzehnte nach seinem Tod ist die Pendelschwingung zur Basis der Präzisionszeitmessung geworden. Neue mathematische Konzepte ermöglichen nun eine umfassende Analyse von Bewegungsvorgängen. Mit Newtons *Principia* erreicht diese Entwicklung 1687 ihren vorläufigen Höhepunkt.

Die Grundzüge der neuen Theorie zeichnen sich aber schon lange vor dem Erscheinen der *Principia* ab. 1674 wird in London eine Abhandlung über die Bewegung der Erde gedruckt. Eines Tages, so der Autor, werde er ein Weltsystem entwerfen, das sich in vielen Einzelheiten von allen bisher bekannten unterscheide. Es beruhe auf drei Annahmen:

»Erstens, dass sämtliche Himmelskörper eine anziehende oder Gravitationskraft besitzen, die in Richtung auf ihr Zentrum wirkt. Auf diese Weise ziehen sie nicht nur ihre eigenen Teile an und hindern sie daran davonzufliegen, wie wir es auf der Erde sehen können, sondern sie ziehen auch andere Himmelskörper an, die sich in ihrem Wirkungskreis befinden.« Daher hätten nicht nur Sonne und Mond einen Einfluss auf die Erde und ihre Bahn, sondern auch Merkur, Venus, Mars und die anderen Planeten.

Seine zweite Annahme: dass alle Körper, einmal in Bewegung gesetzt, sich so lange geradlinig weiterbewegen, bis sie durch eine neue Kraftwirkung auf eine Kreis- oder Ellipsenbahn oder eine andere Flugkurve abgelenkt werden.

»Die dritte Annahme lautet, dass die anziehenden Kräfte umso stärker sind, je näher der Körper, auf den sie wirken, den Zentren der Kraft ist.«[53]

Es ist nicht Isaac Newton, der diese Erkenntnisse darlegt, sondern Robert Hooke. Wissenschaftshistoriker hatten den streitbaren Chefexperimentator der Royal Society zeitweise fast vergessen. Im Lauf des zurückliegenden Jahrhunderts sind jedoch zahlreiche Dokumente aufgetaucht, die sein Leben und Werk in anderem Licht erscheinen lassen.

Als Ideengeber Newtons wird Hooke selten gebührend gewürdigt. Er fügt sich schlecht in jene Reihe bedeutender Naturforscher, die von Galilei und Kepler über Descartes und Huygens bis hin zu Newton und Leibniz reicht. Das Buch der Natur sei in der

Sprache der Mathematik geschrieben, so Galileis berühmter Leitspruch für die Epoche. In dieser Sprache verfasste Galilei seine *Discorsi* und Kepler seine *Neue Astronomie.* Aber es ist nicht die Sprache Hookes.

Hooke hat seine Karriere als Gehilfe Robert Boyles begonnen und sich als Experimentator der Royal Society durch sein technisches Können und seinen Erfindungsgeist einen Namen gemacht. Im Vergleich mit allen oben genannten Naturforschern sind seine mathematischen Kenntnisse bescheiden. Hooke ist ein anderer, nicht weniger moderner Forschertyp: der vielleicht erste professionelle Experimentator der Epoche.[54]

Beschleunigung ist alles

Auch in dieser Hinsicht ist Galilei ein Vorbild. Hooke schaut gebannt auf dessen Experimente zurück. Zusammen mit Robert Boyle bestätigt er zum Beispiel Galileis Hypothese, dass alle Körper, ob Vogelfeder oder Bleikugel, im luftleeren Raum gleich schnell fallen. Im Vakuumbehälter nimmt ihre Geschwindigkeit während des freien Falls stetig zu, und sie bewegen sich mit derselben konstanten Beschleunigung zu Boden.

Der Unterschied zwischen einer beschleunigten und einer unbeschleunigten Bewegung wird grundlegend für die neue Physik. Man spürt ihn am eigenen Leib, wenn eine Kutsche plötzlich anfährt oder unsanft abbremst. Wo Körper beschleunigt werden, wirkt eine Kraft, lässt sich aus Newtons berühmten Gesetzen folgern, von denen noch die Rede sein wird.

Galileis Physik handelte zu Beginn des 17. Jahrhunderts noch nicht von Kräften, sondern von »natürlichen Bewegungen« und einem »natürlichen Streben« der Körper. Den Unterschied zwischen beschleunigten und unbeschleunigten Bewegungen stellte allerdings auch der Florentiner deutlich heraus. Berühmt ist sein Beispiel einer Schiffsgesellschaft, die sich unter Deck in einem Raum einschließt:

»Verschafft Euch dort Mücken, Schmetterlinge und ähnliches fliegendes Getier; sorgt auch für ein Gefäß mit Wasser und kleinen Fischen darin; hängt ferner oben einen kleinen Eimer auf, welcher tropfenweise Wasser in ein zweites enghalsiges, darunter gestelltes

Gefäß träufeln lässt. Beobachtet nun sorgfältig, solange das Schiff stille steht, wie die fliegenden Tierchen mit der nämlichen Geschwindigkeit nach allen Seiten des Zimmers fliegen. Man wird sehen, wie die Fische ohne irgendwelchen Unterschied nach allen Richtungen schwimmen; die fallenden Tropfen werden alle in das untergestellte Gefäß fließen …«

Was aber, wenn das Schiff seine Fahrt aufgenommen hat? Für die Beobachter unter Deck ändere sich dadurch nichts, so Galilei. »Ihr werdet – wenn nur die Bewegung gleichförmig ist und nicht hier- und dorthin schwankend – bei allen genannten Erscheinungen nicht die geringste Veränderung eintreten sehen. Aus keiner derselben werdet ihr entnehmen können, ob das Schiff fährt oder stille steht.«[55]

Galilei hatte erkannt, dass wir Geschwindigkeiten keine objektive Bedeutung beimessen können. Ein Beobachter, der sich im Bauch des Schiffs mit gleichbleibender Geschwindigkeit bewegt, merkt nichts davon. Nur wenn das Schiff plötzlich abbremst, Fahrt aufnimmt oder seine Richtung ändert, nimmt man dies wahr, denn Körper sind träge. Sie widersetzen sich solchen Bewegungsänderungen.

Ein Körper, der einmal in Bewegung gesetzt wurde, bewegt sich so lange geradlinig und gleichförmig weiter, bis er eine neue Kraftwirkung erfährt. Dieses Trägheitsgesetz haben erst Galileis Nachfolger formuliert. Es geht weit über unsere alltäglichen Erfahrungen hinaus, denn nichts bewegt sich auf ewig geradlinig fort. Zieht ein Schiff seine Segel ein, fährt es zwar noch eine Weile in derselben Richtung weiter, kommt aber irgendwann zum Stillstand oder wird von der Strömung weggetragen. Jeder Wagen bleibt stehen, wenn das Pferd ermüdet. Daher entspricht die klassische, aristotelische Physik viel eher dem, was wir mit unseren Sinnen wahrnehmen. Ihr zufolge bedarf es zur Aufrechterhaltung jeder Bewegung einer ständig fortwirkenden Kraft.

Die experimentelle und mathematische Analyse eröffnet eine neue Sichtweise. Naturforscher schließen sich in Gedanken auf dem Schiff oder in einer Raumkapsel ein, schirmen die sich bewegenden Körper in ihren Laboratorien möglichst gut von äußeren Einflüssen ab und machen Reibungskräfte, die Luft, Wasser oder eine Unterlage der Bewegung entgegensetzen, ebenfalls zum

Gegenstand von Versuchen. Wie würde sich der Körper verhalten, wenn es keinerlei Luftwiderstand, keine Reibung und keine Schwere gäbe? Dem Trägheitsgesetz zufolge würde er seine einmal erlangte Geschwindigkeit und Richtung beibehalten.

Ein kreisendes Pendel als Weltmodell

Das Trägheitsgesetz zählt zu jenen drei Annahmen, auf denen Hooke sein »Weltsystem« aufbaut. Bereits im Mai 1666 erläutert er den Mitgliedern der Royal Society, er habe oft darüber nachgedacht, warum die Planeten um die Sonne kreisen, obschon sie weder in feste Kristallsphären eingebunden wären, wie die Alten dachten, noch über irgendwelche Fäden mit ihr verbunden. Jeder feste Körper, der einen einzigen Impuls bekomme, behalte die einmal eingeschlagene Richtung bei. Himmelskörper seien feste Körper. Aber sie flögen nicht geradeaus. Warum bewegten sich Erde, Mars und Jupiter auf geordneten Bahnen um ein gemeinsames Zentrum?[56]

Hooke sieht letztlich nur eine Möglichkeit, die an sich geradlinige Bewegung der Himmelskörper »zu einer Kurve umzubiegen«. Die Ursache dafür müsse in den attraktiven Eigenschaften jenes Körpers liegen, der sich im Zentrum befindet.[57] Und nachdem er seine Gravitationshypothese vorgebracht hat, möchte er sie, ganz der experimentellen Wissenschaft verpflichtet, veranschaulichen: durch einen Pendelversuch.

Zu diesem Zweck hängt er eine hölzerne Kugel an einem Faden so an der Decke auf, dass keine Schwingungsrichtung bevorzugt wird. Anders als bei Galileis Pendelexperimenten soll die Kugel nämlich nicht einfach hin- und herpendeln, sondern kreisen. Wie das Planetenkarussell.

Das konische Pendel verhält sich anders als das galileische. Zwar ist auch beim konischen Pendel eine Kraft wirksam, die die Holzkugel in ihre Ruhelage zurücktreibt. Aber sie dreht sich immerfort um diese Ruhelage herum. Je nach Auslenkung der Kugel beobachtet man sowohl kreisförmige als auch ellipsenähnliche Bahnen.

In Kenntnis des Trägheitsgesetzes zerlegt Hooke den Umlauf der Kugel in zwei voneinander unabhängige Bewegungskompo-

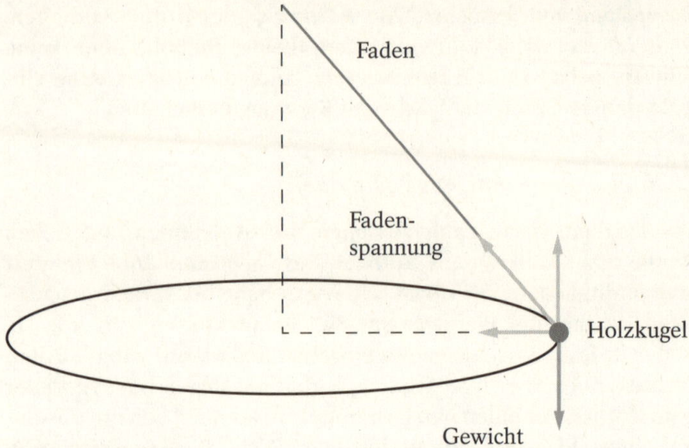

Eine Holzkugel wird an einem Faden aufgehängt. Lenkt man sie zur Seite aus, bewegt sie sich zur Mitte zurück, schwingt darüber hinaus und wird dann durch die rücktreibende Kraft wieder zum Zentrum gezogen. So viel zum einfachen Pendel. Im Unterschied dazu dreht sich beim Kreispendel die seitlich ausgelenkte und tangential angestoßene Kugel immerzu um die Mittellage herum.

nenten: »Ihre Kreisbewegung setzt sich zusammen aus dem Bestreben einer geradlinigen Bewegung entlang der Tangente und einem anderen, zur Mitte gerichteten Bestreben.«[58] In dieser zur Mitte gerichteten Kraft sieht Hooke die Analogie zu jener Kraft, die die Erde und die Planeten an die Sonne bindet.

Auf frappierende Weise fließen hier die Vorstellungen des Uhrenkenners und Himmelsbeobachters ineinander. In Hookes Demonstration verschmelzen Mechanik und Astronomie zur Himmelsmechanik. Er findet eine wegweisende, wenn auch nur qualitative Erklärung für die Planetenbewegung: Die Wirkung einer einzigen, zur Mitte gerichteten Kraft genügt, um eine geradlinige Bewegung in eine kreis- oder ellipsenförmige zu verwandeln. Das experimentelle Setting fasziniert ihn so sehr, dass er es um ein zweites Pendel zu erweitern versucht, um auch den Lauf des Mondes um die Erde zu simulieren.

Die Mathematik der Kreise hatte die Astronomie über Jahrtausende hinweg beherrscht. Ohne sie kam auch die kopernikanische Theorie zunächst nicht aus. Noch für Galilei war die Kreisbewegung eine »natürliche Bewegung«. Da sich alle Himmelskörper in Kreisen zu bewegen schienen, bedurfte sie keiner weiteren physikalischen Begründung. Der Hofphilosoph der Medici blieb diesbezüglich ganz der Tradition verhaftet, dabei hatte sein Zeitgenosse Johannes Kepler diesen allzu engen Radius des Denkens bereits gesprengt. Als einer der herausragenden Mathematiker seiner Zeit hatte er die besten verfügbaren astronomischen Beobachtungsdaten über Jahre hinweg gewissenhaft ausgewertet und den Planeten erstmals keine Kreise oder Kugelschalen mehr zugewiesen, sondern Ellipsen.

Galilei glaubte weder an ellipsenförmige Himmelsbahnen noch an Keplers These, dass der Mond Ebbe und Flut auf der Erde beeinflusse. Er bezeichnete die Ansichten seines deutschen Kollegen als »Kindereien«.[59] Zumal Kepler anstelle einer überzeugenden physikalischen Erklärung für die elliptische Form der Umlaufbahnen nur vieldeutige Spekulationen über eine lebendige Anziehungskraft der Sonne und der Planeten vorgebracht hatte.

35 Jahre nach Keplers Tod nimmt Hooke den Faden wieder auf. Auch er hat Abstand von einer »natürlichen« Kreisbewegung genommen. An die knifflige Frage, was das Planetenkarussell am Laufen hält, geht Hooke jedoch als Mechaniker heran. Welche Kraft ist nötig, um ein Schwungrad im Kreis zu drehen? Hooke weiß, dass man das Rad mit einem Gewicht antreiben kann, welches geradlinig nach unten sinkt. Folglich kann auch die Kraft, die eine Rotation bewirkt, auf eine geradlinig wirkende Kraft zurückgeführt werden.[60]

Das Besondere an den Himmelsbewegungen ist, dass sie seit Menschengedenken in ein und derselben Weise fortlaufen. Einige barocke Automaten kommen diesem Ideal schon recht nahe. Bei einer Pendeluhr zum Beispiel lässt sich die Energieeinspeisung von außen auf ein Minimum reduzieren. Was liegt also näher, als die Himmelsuhr mit einer Pendeluhr zu vergleichen!

Das kreisende Pendel bietet eine Möglichkeit, zu veranschaulichen, wie aus einer geradlinigen Bewegung durch ständige Einwirkung einer anziehenden Zentralkraft eine Kreisbewegung wird.

Dabei ist sich Hooke der Grenzen seiner Analogie bewusst. Beim konischen Pendel gibt es eine zur Mitte gerichtete Kraft, die aus der Fadenkraft und der Gewichtskraft der Kugel resultiert. Die Spannung des Fadens nimmt jedoch zu, je weiter sich die rotierende Holzkugel vom Zentrum entfernt. Insofern ist die nach innen gerichtete Kraft beim Pendel nicht ohne Weiteres mit der Anziehungskraft der Sonne vergleichbar, die mit zunehmendem Abstand schwächer wird.[61] Im historischen Rückblick werden jedoch die Vorzüge des Modells deutlich.

Planeten in der Zentrifuge

Die neuzeitliche Wissenschaft begann mit der kopernikanischen Wende und einer Relativierung des eigenen Standorts: Von der Erde aus betrachtet ziehen die Sterne in immer gleicher Ordnung am Nachthimmel entlang, während die Bahnen der Planeten ziemlich verworren erscheinen. Zum Beispiel läuft ein Planet wie Mars in schwer verständlichen Schleifen mal vorwärts, dann kurzzeitig rückwärts am Nachthimmel entlang. Warum?

Nikolaus Kopernikus und nach ihm Johannes Kepler und Galileo Galilei abstrahierten mithilfe der Mathematik vom eigenen Standort. Sie leiteten einen Perspektivwechsel ein, der zu den größten Kulturleistungen der Menschheitsgeschichte zählt. Mit ihrem mathematischen Blick von außen auf das Sonnensystem lösten sich nahezu sämtliche Verwicklungen auf: Alle Planeten fahren im selben Umlaufsinn auf Kreis- beziehungsweise Ellipsenbahnen um die Sonne.

Wie grundlegend die Einbeziehung des Beobachters für die Entwicklung der modernen Naturwissenschaften ist, zeigt sich erneut bei der Analyse jener Kräfte, die die Bewegungen der Planeten verursachen. Hooke hat als Experimentator ein mechanisches Modell vor Augen, das nicht mehr zwischen irdischen und himmlischen Bewegungen unterscheidet. Sein Pendelversuch deckt sich mit der kopernikanischen Perspektive eines Beobachters, der die Planetenbewegungen von außen und daher besonders einfach wahrnimmt. Für ihn gibt es nur eine einzige anziehende Kraft, die einen Planeten daran hindert, geradewegs weiterzufliegen.

Zur selben Zeit sind Forscher wie Christiaan Huygens oder

Isaac Newton um eine Analyse der Kreisbewegung bemüht. Als Mathematiker hat Newton schon in den 1660er-Jahren jene Kraft berechnet, die bei Bewegungen in einer Zentrifuge auftritt. Diese Zentrifugalkraft taucht zum Beispiel in Zusammenhang mit der Mondbewegung auf. Newton spricht von der Tendenz des Mondes, sich von der Erde zu entfernen.[62] Warum entschwindet der Mond dann nicht in die Weite des Alls?

Genau wie Huygens, Leibniz und die meisten anderen Naturforscher seiner Zeit setzt Newton ein Kräftegleichgewicht voraus: Die nach außen gerichtete Zentrifugalkraft muss durch eine entsprechende Haltekraft kompensiert werden. Statt einer einzigen Kraft sind in seinem Modell zwei Kräfte wirksam.

Diese Vorstellung, der man auch in Hookes Schriften begegnet, hat ihre Tücken. Mit der Zentrifugalkraft nimmt Newton einen besonderen Blickwinkel ein: Er befindet sich in einem rotierenden System, ähnlich einem Hammerwerfer, der eine Kugel im Kreis schleudert. Lässt der Hammerwerfer die Kugel los, fliegt sie aus seiner Perspektive von ihm weg. Schaut man dem Hammerwerfer von außen zu, kann man keine nach außen gerichtete Zentrifugalkraft feststellen, sondern lediglich die nach innen gerichtete Haltekraft der Schnur, die die Kugel davon abbringt, sich geradlinig weiterzubewegen. Sobald der Werfer loslässt, fliegt sie, von außen gesehen, tangential davon.

Kreisbewegungen verdrehen den Menschen auch im Alltag die Köpfe. Aufgrund der Trägheit der Körper treten in rotierenden, allgemeiner gesprochen: in beschleunigten Systemen zusätzliche Kräfte auf. Schon beim Anfahren einer Kutsche zum Beispiel spüren die Insassen einen Ruck. Wenn der Wagenlenker dann scharf links abbiegt, bleibt ein Apfel auf dem Sitz neben ihm nicht liegen, sondern rollt, vom Kutscher aus betrachtet, nach rechts. Von außen gesehen, verhält sich die Sache anders: Die Kutsche ändert ihre Fahrtrichtung, während sich der Apfel geradeaus weiterbewegt.

Beide Blickwinkel sind möglich. Die im rotierenden System beobachteten Fliehkräfte verkomplizieren die mathematische Beschreibung jedoch ungemein. Insofern ebnet erst Hookes einfache Deutung der Kreisbewegung den Weg zur Gravitationstheorie.

Es gelingt dem Experimentator allerdings nicht, aus seiner qualitativen Betrachtung eine quantitative zu machen. 1674 gesteht er ein, er habe noch nicht nachweisen können, was die verschiedenen Grade der Anziehungskraft seien. Seine Gedanken könnten den Astronomen aber außerordentlich hilfreich sein, um alle Bewegungen der Himmelskörper auf ein bestimmtes Prinzip zurückzuführen. »Derjenige, der die Natur des schwingenden Pendels und der Kreisbewegung versteht, der wird mit Leichtigkeit die ganze Grundlage dieses Prinzips verstehen.« Er selbst sei mit zu vielen anderen Dingen beschäftigt, um sich dieser Fragen ernsthaft anzunehmen. »Wer sich aber damit beschäftigt, dem kann ich versichern, dass er sämtliche Bewegungen der Welt begreifen wird, die unter dem Einfluss dieses Prinzips stehen. Und dass das wahre Verständnis daher die wahre Vollendung der Astronomie sein wird.«[63]

Die Vollendung der Astronomie

Dass er nicht in der Lage ist, aus dem Verlauf der Planetenbahnen die Anziehungskraft zu berechnen und umgekehrt, ist für ihn kein Grund zur Resignation. Hooke, nach Oldenburgs Tod zu dessen Nachfolger als Sekretär der Royal Society bestimmt, wendet sich in seiner neuen Funktion an denjenigen, der seiner Meinung nach am ehesten zur Vollendung der Astronomie imstande sein könnte. Im November 1679 konfrontiert er Newton mit seiner Gravitationshypothese.

Zunächst bittet er den Mathematikprofessor aus Cambridge, von früheren Meinungsverschiedenheiten abzusehen. Sie seien kein Grund für feindseliges Verhalten unter Naturforschern. »Ich für meinen Teil würde es als großen Gunstbeweis erachten, wenn Sie so freundlich wären, mir Ihre Einwände gegen meine Hypothesen oder Ansichten per Brief mitzuteilen. Und ganz speziell, wenn Sie mich wissen lassen würden, was Sie über die Zusammensetzung der Himmelsbewegungen der Planeten aus einer geradlinigen Bewegung entlang der Tangente und einer Attraktion in Richtung Zentralkörper denken.«[64]

Newton antwortet überraschend schnell. Im Frühjahr 1679 ist seine Mutter Hannah nach heftigen Fieberattacken gestorben. Seither hat der 36-jährige Mathematiker die Erbschaftsangelegenheiten in Woolsthorpe geregelt. Nach einem halben Jahr in Lincolnshire sei er erst seit einem Tag wieder am Trinity College, schreibt er Hooke. Mit den Fragen, die die Londoner Gelehrten bewegten, sei er gegenwärtig nicht vertraut. Er könne sich auch nicht daran erinnern, je von Hookes Hypothese gehört zu haben.[65] Newton stellt lediglich ein paar mathematische Betrachtungen darüber vor, wie sich ein Körper unter dem Einfluss der Schwere auf den Erdmittelpunkt zubewegen sollte.

Mit diesen Berechnungen ist Hooke nicht einverstanden. Er lässt nicht locker und kommt mehrfach zu seiner Ausgangsfrage zurück, die er nun noch konkreter fasst. Demnach soll die Anziehungskraft mit dem Quadrat der Entfernung abnehmen, also bei dreifachem Abstand vom Zentralkörper neunmal schwächer werden.

In einem Brief vom 17. Januar 1680 schreibt Hooke, es bleibe nun einzig und allein, die Eigenschaften der Kurve herauszufinden, die durch eine anziehende Zentralkraft hervorgebracht werde, welche mit dem Quadrat der Abstände vom Zentralkörper abnehme. Newtons Überlegenheit in mathematischen Fragen, die sich als Schlüssel zum Gravitationsgesetz und zu universellen Bewegungsgleichungen herausstellen wird, erkennt er unumwunden an: »Ich habe keine Zweifel daran, dass Sie mit Ihrer exzellenten Methode herausfinden werden, welche Kurve das sein muss.«[66]

Nachdem Hooke die Himmelsphysik auf diese Kernfrage reduziert hat, wendet sich Newton ihrer Lösung zu.[67] Sein Calculus ist auf die Problemstellung regelrecht zugeschnitten. Laut Trägheitsgesetz ist jeder Körper bestrebt, sich mit gleichbleibender Geschwindigkeit geradlinig weiterzubewegen. In jedem gegebenen Augenblick entspricht daher die Bewegungsrichtung eines Planeten der an seine Flugkurve gelegten Tangente. Und Tangentenberechnungen stehen, wie wir gesehen haben, im Zentrum der neuen Rechenmethode.

In einem ersten Schritt versucht Newton, bei vorgegebener Ellipsenbahn die Kraft zu ermitteln, die die Sonne auf den Planeten ausübt und die ihn unentwegt von seiner Flugrichtung wegzieht.[68] Dazu ersetzt er die elliptische Bahnkurve durch ein Polygon, also durch eine Abfolge gerader Abschnitte. So verwandelt sich die Ellipse in ein Vieleck. Jeden Eckpunkt dieses Vielecks verbindet Newton mit der Sonne, die im Brennpunkt der Ellipse liegt.

Auf diese Weise zerteilt er die Ellipsenfläche in ein Puzzle aus Dreiecken.

Newton folgt hier der Vorgehensweise des deutschen Astronomen Johannes Kepler, der die Flächen solcher Dreiecke zu Beginn des Jahrhunderts auf erstaunliche Weise berechnete. Eines der keplerschen Planetengesetze besagt, dass der von der Sonne zum Planeten gezogene Strahl in gleichen Zeiten jeweils gleiche Flächen überstreicht. Die entsprechenden Dreiecksflächen sind also gleich groß.

Newton lässt die Zahl der Dreiecksflächen gedanklich bis ins Unendliche anwachsen und konzentriert sich auf die Frage, wie stark die Flugbahn des Planeten in einem unendlich kurzen Zeitabschnitt von der geradlinigen Trägheitsbahn abweicht. In dieser winzigen Zeitspanne fliegt der Planet nicht nur geradeaus. Der Himmelskörper fällt auch auf die Sonne zu, und zwar, so Newton, entsprechend jenem Fallgesetz, das Galilei aufstellte.

Die kühne Verbindung von Keplers Flächensatz und Galileis Fallgesetz, von neuzeitlicher Astronomie und Mechanik führt Newton nach einigen weiteren Rechenschritten zu seinem berühmten Gravitationsgesetz: Die Anziehungskraft verringert sich mit dem Quadrat der Entfernung des Planeten von der Sonne. Es ist dasselbe Gesetz, mit dem Robert Hooke ihn zuvor konfrontiert hatte.

Auch andere Naturforscher hatten eine solche Beziehung aufgrund der Formel für die Zentrifugalkraft bereits erahnt. Doch erst Newton weist nach, dass die mathematische Beschreibung der Ellipsenbahn ein solches Gesetz zwingend erfordert. Ihm gelingt es schließlich auch andersherum, die ellipsenförmige Umlaufbahn des Himmelskörpers zu bestimmen, wenn das Kraftgesetz vorgegeben ist.

Ein unergründlicher Äther

Hooke wartet vergeblich auf diese Auflösung. Er erhält sie erst sieben Jahre später in Form eines 510 Seiten dicken, für Nichtmathematiker schwer zugänglichen Buchs mit dem Titel *Philosophiae Naturalis Principia Mathematica* oder *Mathematische Prinzipien der Naturphilosophie*. Warum dauert es so lange, bis

Newton eine allgemeine Bewegungslehre und Theorie der Gravitation formuliert?

Newtons *Principia*, die als Jahrhundertwerk in die Geschichte der Naturwissenschaften eingehen werden, lassen sich nicht auf ein paar eindrucksvolle mathematische Formeln reduzieren. Sie sind das Ergebnis einer intellektuellen Anstrengung, zu der Newton 1679 längst noch nicht bereit ist. Obschon seine mathematischen Berechnungen so zielstrebig sind, kann er sie zunächst nicht mit seinen naturphilosophischen Überzeugungen zusammenbringen.

Unterdessen lässt Hooke die Gravitationshypothese keine Ruhe mehr. Im Kaffeehaus diskutiert er darüber mit seinen Kollegen Christopher Wren und Edmond Halley, woraufhin Wren, um die wissenschaftliche Debatte zu beleben, einen symbolischen Preis auf die mathematische Auflösung aussetzt: ein Buch im Wert von 40 Schilling.

Auch Edmond Halley versucht nun sein Glück. Der Weltreisende und Astronom, der zwei Jahre zuvor den nach ihm benannten Halleyschen Kometen entdeckte, wendet sich nach einiger Zeit ebenfalls an den führenden zeitgenössischen Mathematiker. Da er einige familiäre Angelegenheiten in der Nähe von Cambridge zu regeln hat, nutzt er im Sommer 1684 die Gelegenheit, Newton am Trinity College aufzusuchen.

Eine überaus glückliche Entscheidung! Mit seiner jugendlichen Begeisterung steckt Halley den Meister an, wofür dieser ihm im Vorwort seiner *Principia* danken wird. Halley habe nicht nur die Korrektur seiner Schriften und die Holzschnitte besorgt. »Er war überhaupt auch derjenige, welcher mich zur Abfassung dieses Werks veranlasst hat, da er nämlich von mir einen Beweis der Gestalt, welche die Bahnen der Himmelskörper haben, verlangt hatte.«[69]

Zwar unterscheidet sich Halleys Anfrage nicht von der Hookes, aber sie kommt zur rechten Zeit. Seit dem längst abgebrochenen Briefwechsel mit Hooke haben sich Newtons naturphilosophische Ansichten in vieler Hinsicht geändert. Damals ging Newton zum Beispiel noch davon aus, dass der Weltraum von einem Äther erfüllt sei, einem Stoff ähnlich der Luft, aber viel dünner und elastischer, und dass dieser subtile Äther feste Körper in unterschiedlichem Maße durchdringen würde.

Newton stellte sich vor, der Äther wäre kondensierbar wie die Dämpfe der Luft, die sich auf kalten Oberflächen niederschlagen und Tropfen darauf bilden. Dann müsste unsere Erde ständig ungeheure Mengen ätherischer Flüssigkeit kondensieren und aufnehmen. Von allen Seiten des umgebenden Weltraums würde unentwegt neuer Äther zur Erde nachfließen. Diese Ätherströme hätten unmittelbaren Einfluss auf die Bewegung der herkömmlichen Materie, denn alle festen Körper würden dadurch zur Erde hin gedrückt, weil der Äther nicht ganz ohne Widerstand durch sie hindurchgehen könnte.

Newton führte das Phänomen der Schwere zunächst auf hypothetische Ätherteilchen zurück und meinte, auch einen Beweis für die Existenz des Äthers erbringen zu können.[70] Schwingt ein Pendel nämlich in einem luftleeren Glasbehälter, erschöpft sich dessen Bewegung fast genauso schnell wie an der Luft.[71] Selbst im evakuierten Raum wird das Hin und Her durch irgendetwas abgebremst. Wodurch, wenn nicht durch einen unsichtbaren Stoff wie den Äther? Noch im Februar 1679 bekräftigte Newton seine Ätherhypothese in einem Brief an den Naturforscher Robert Boyle. Mit Pendeluhren noch nicht sehr vertraut, kam es ihm nicht in den Sinn, dass auch durch die Aufhängung des Pendels merkliche Reibungskräfte entstehen.

Doch konnten die Ätherteilchen wirklich der Schlüssel zum Verständnis sämtlicher Naturphänomene sein? Newton war Alchemist und als solcher keineswegs der Überzeugung, dass sich die Wunder der lebendigen Natur allein auf die Bewegung von Teilchen zurückführen lassen. Um beispielsweise die Vegetation von Metallen oder das Wachsen einer Pflanze aus einem Samenkorn zu erklären, reichten Kollisionen und wechselnde Anordnungen von Partikeln seiner Ansicht nach nicht aus. Newton glaubte an ein lebendiges Agens. Seine unermüdlichen Experimente etwa zur Transmutation von Metallen sollten ihn auf die Spur dieses im All verstreuten »vegetativen Geistes« führen.

Als er Ende 1679 Hookes Briefe erhielt, standen seine Äthervorstellungen einer allgemeinen Gravitationstheorie noch im Wege. Bald darauf stellte er den Äther erneut auf den Prüfstand, und zwar wiederum mit einem Pendelversuch, allerdings einem viel raffinierteren. Diesmal versuchte Newton, den Widerstand jenes unsichtbaren ätherischen Stoffes zu ermitteln, der in die Poren aller festen Körper eindringt.

Als Pendelgewicht befestigte er eine leere Kiste an einem dünnen Seil, maß die Schwingungsweite nach der ersten, zweiten und dritten Schwingung. Anschließend wiederholte er das gleiche Experiment, indem er die Kiste nacheinander mit Blei und anderen Metallen füllte. Der Widerstand der vollen Kiste war allerdings stets genauso groß wie der des leeren Behälters. Der durch den Äther hervorgerufene Widerstand im Innern der Box konnte also gegenüber dem Widerstand der äußeren Oberfläche nur verschwindend klein sein. Newton, für sorgfältige Messungen bekannt, schätzte das Verhältnis auf etwa 1 zu 6000.

Den hypothetischen Äther gab es also möglicherweise doch nicht.[72] Jedenfalls geriet die Ätherhypothese gehörig ins Wanken, sodass ihm zahlreiche Phänomene, die er bei seinen alchemistischen Experimenten beobachtet hatte, rätselhafter erschienen als je zuvor. Sollten sie statt auf den Äther auf verborgene Kräfte zurückzuführen sein? Böten solche Kräfte, wenn sie über größere Distanzen wirken, auch eine Möglichkeit, die Schwere zu erklären? Newton freundete sich mit dem Gedanken an, dass sich die Planeten in einem ansonsten leeren Weltraum bewegen.

Zeichen des Himmels

Unterdessen tauchte Anfang Dezember 1680 ein riesiger Komet am Himmel über Cambridge auf. Newton skizzierte den langen Schweif, der über dem Giebel des College-Gebäudes leuchtete, und verfolgte Nacht für Nacht den Lauf des Himmelskörpers. Der Leiter der Königlichen Sternwarte in Greenwich hatte bessere astronomische Instrumente zur Hand als er. John Flamsteed hielt Newton über seine Messungen auf dem Laufenden. Am 15. Dezember ließ er ihm ausrichten, der Komet sei schon im Monat November vor Sonnenaufgang sichtbar gewesen. Aus allem, was er über Kometen gelernt habe, habe er seinerzeit geschlossen, er müsse um die Sonne herumlaufen und im Dezember erneut erscheinen. Das sei nun eingetreten.[73]

Flamsteed vermutete, dass sich Kometen ähnlich verhalten wie Planeten, dass es sich also auch bei diesen exotischen Schweifsternen um Himmelskörper handelt, die um die Sonne ziehen Ähnlich wie vor ihm Johannes Kepler spekulierte er darüber, ob Kometen aus einem Brennstoff bestehen, der sich mit der Zeit verbraucht. Er fragte sich auch, ob sie möglicherweise durch eine magnetische Kraft der Sonne von dieser angezogen werden und so in den Sonnenwirbel hineingeraten.[74]

Erst Ende Februar 1681 erläuterte ihm Newton in zwei weiteren Briefen seine Sicht der Dinge. Und wieder sehen wir, wie weit der Mathematiker aus Cambridge noch von einer universellen Gravitationstheorie entfernt war. Newton bezweifelte, dass es sich bei den beiden Kometen um ein und dasselbe Objekt handelte, und riet Flamsteed von einer Veröffentlichung der Ergebnisse ab.[75]

Wie sich im Lauf des kurzen Briefwechsels herausstellte, waren Newtons eigene Beobachtungsdaten fehlerhaft. Auf Flamsteeds Korrekturhinweise reagierte er zwar nicht mehr, versuchte aber nun selbst, eine Umlaufbahn des Kometen um die Sonne zu errechnen. Von da an sammelte er Daten über historische Kometenereignisse und bereitete sich auf die nächste Gelegenheit vor, die Bahn eines solchen Schweifsterns möglichst präzise zu ermitteln.

Während der Ausarbeitung seiner *Principia*, im September 1685, teilt Newton dem erstaunten Flamsteed schließlich mit, er halte es für »sehr wahrscheinlich«, dass Flamsteed mit seiner Kometentheorie richtig liege. Eben dies wolle er nun prüfen, ihm fehlten aber präzise Beobachtungsdaten zu dem fünf Jahre zuvor gesichteten Kometen. Wie schon zuvor versorgt ihn Flamsteed umgehend mit exakten Angaben.[76]

Die Kometen runden das neue Weltbild ab. Galten sie bisher als Nomaden, die sich quer zu allen Himmelskörpern auf geraden Bahnen bewegen, fallen sie jetzt unter dieselben Gesetze wie die Planeten – eine spektakuläre Bestätigung für Newtons Himmelsmechanik. Flamsteed erhält immerhin einen Dankesbrief. Aber er und Hooke, die beiden Forscher, denen Newton im Hinblick auf seine Gravitationstheorie am meisten schuldet, werden schließlich zu seinen erbitterten Widersachern. Vor allem Hooke fühlt sich von Newton völlig übergangen.

»DIE ABSOLUTE, WAHRE UND MATHEMATISCHE ZEIT«

Newtons Jahrhundertwerk macht die Zeit zum Gegenstand physikalischer Gesetze. Sie bildet zusammen mit dem Raum eine Art Behältnis, in dem sich alles Geschehen abspielt

Bewegung wird durch Zeit gemessen. Aristoteles nannte die Zeit das Maß der Bewegung. Umgekehrt wird auch Zeit durch Bewegungen gemessen, nämlich durch periodische Bewegungen wie die eines Pendelgewichts, das immer wieder zum gleichen Zustand zurückkehrt. Bei klassischen Methoden der Zeitbestimmung zählt man diese Perioden.

Die tägliche Umdrehung der Fixsterne ist ein ziemlich verlässliches Zeitmaß. Nacht für Nacht kehren die Sterne zurück und behalten ihre relativen Positionen zueinander bei. Im Lauf eines Menschenlebens verändern sich die Sternbilder nicht, wohingegen sich die Positionen der Planeten und der Sonne zueinander immer wieder verschieben. Von der Erde aus betrachtet scheinen sämtliche Sterne an einer rotierenden Kugel festgeheftet zu sein.

Aristoteles galt die Umdrehung dieser Fixsternkugel als absolut stetige Bewegung, die durch keine andere Uhr geeicht werden kann. Aber sind ihre Perioden exakt gleich lang? Wie Leibniz betont, lässt sich dies schon deshalb nicht nachweisen, weil zwei Perioden nie zugleich existieren.

Im Rahmen seines kosmologischen Weltbildes hatte Aristoteles allen Anlass zu glauben, dass sich die äußerste Sphäre der Fixsterne vollkommen gleichmäßig um die Erde dreht. Um jegliche Zweifel daran auszuräumen und die Gleichförmigkeit der Zeit sicherzustellen, schrieb er den Antrieb der Himmelskugel einem Gott zu, einem unbewegten Beweger. »Der unbewegte Beweger war ein zweckgebundener Gott«, so der Philosoph Hans Blumenberg. Er hatte die Welt weder geschaffen noch griff er anderweitig in sie ein. »Die Bestimmung seiner Eigenschaften war ausschließlich an der Funktion orientiert, die Möglichkeit der Zeit absolut zu begründen.«[77]

Kopernikanische Zeitenwende

Für dieses aristotelische Zeitverständnis bedeutete die kopernikanische Wende einen tiefen Einschnitt. Im kopernikanischen Weltbild kreisen die Sterne nur scheinbar um die Erde, weil sich der Globus in entgegengesetzter Richtung um seine eigene Achse dreht. Kopernikus sah sich daher genötigt, nun, umgekehrt, die Drehung der Erde als vollkommen gleichmäßige Bewegung einzustufen, und führte die regelmäßige Erdrotation auf die nahezu perfekte Kugelgestalt der Erde zurück[78], denn gemessen am Umfang der Erde sind alle Berge und Täler winzig.

150 Jahre später stellt Newton eben diese Kugelgestalt infrage. Seiner Theorie zufolge kann die Erde auch im kosmischen Maßstab keiner vollkommenen Kugel entsprechen. Gerade weil sich der Globus um seine Achse drehe, müssten Fliehkräfte auftreten, die zu einer Abweichung von der Kugelform führten.

Kurz zuvor haben astronomische Beobachtungen mit dem Fernrohr ans Licht gebracht, dass Himmelskörper wie Jupiter nicht ganz rund sind. Der Planet ist am Äquator etwas dicker und hat leicht abgeflachte Pole.[79] Newton nimmt die gleiche Form für die sich drehende Erde an. Dafür gibt es auch Indizien: die schon erwähnten Pendelexperimente in der Äquatorregion. Alle von Newton zusammengestellten Präzisionsmessungen lassen vermuten, dass die Schwere von Breitengrad zu Breitengrad variiert und dass die Erde am Äquator etwa 17 Meilen höher ist als an den Polen.[80] Aber was würde eine solche Ausbuchtung für die Achsendrehung der Erde bedeuten? Könnte sie den Gang der Erduhr beeinflussen?

Seit der Erfindung der Pendeluhr sehen sich Astronomen imstande, die Gleichmäßigkeit der Erdumdrehung direkt zu überprüfen. Die Königliche Sternwarte in Greenwich ist mit zwei einzigartigen Pendeluhren ausgestattet, die nur einmal im Jahr aufgezogen werden müssen. In den Anfangsjahren des Observatoriums hat der Leiter, John Flamsteed, häufig Probleme mit den Chronometern. Ihre vier Meter langen Pendel schwingen ungeschützt vor

Staub und Feuchtigkeit, bisweilen eilt die eine Uhr der anderen um mehrere Minuten am Tag voraus. Ein ums andere Mal bestellt Flamsteed den Uhrmacher Thomas Tompion zu sich, der die Räderwerke reinigt oder die Pendellängen minimal verändert, bis beide Uhren wieder im Gleichtakt laufen. Schließlich kann Flamsteed mit seinen Messungen beginnen.

Wann eine volle Erdumdrehung erfolgt ist, lässt sich nur mit Bezug auf den umgebenden Weltraum messen. Im kopernikanischen Weltbild ist eine Periode dann verstrichen, wenn ein in der Nacht zuvor ins Auge gefasster Fixstern erneut seinen Höchststand erreicht hat. Die Dauer einer solchen Periode wird als Sterntag bezeichnet.

Der Sterntag weicht ein wenig vom Sonnentag ab. Denn während die Erde um ihre eigene Achse rotiert, wandert sie auch auf ihrer Bahn um die Sonne weiter. Am folgenden Mittag sieht ein irdischer Beobachter die Sonne daher unter einem geringfügig anderen Winkel. Es dauert ein wenig länger, ehe sie aus seiner Perspektive erneut im Zenit steht. Mit insgesamt 24 Stunden ist die Periode zwischen zwei Sonnenhöchstständen deshalb knapp vier Minuten länger als die Zeitspanne, die die Sterne für einen vollständigen Tagesumlauf benötigen.

Die Sache ist leider noch verwickelter, unter anderem weil die Bahn der Erde um die Sonne keine exakte Kreisbahn ist. Wie bereits erörtert, sind die Sonnentage gemessen am Sterntag nicht immer gleich lang. Die Dauer der Sonnentage variiert im Jahreslauf. Lässt sich dann wenigstens der Sterntag als Zeitstandard verwenden?

Flamsteed wählt Sirius für seine Beobachtungsreihe, den hellsten Fixstern am Firmament. Er richtet sein Teleskop in regelmäßigen Abständen auf ihn und misst die Zeitspanne zwischen dessen Höchstständen. Nach monatelangen Observationen deutet im März 1678 alles auf eine Bestätigung der kopernikanischen Vermutung hin: Im Rahmen der Messgenauigkeit der Pendeluhren dreht sich die Erde gleichmäßig um ihre Achse.[81]

Für Newton reichen diese Daten nicht aus, um an eine völlig gleichmäßige Erdrotation zu glauben. Auch Leibniz hält eine ungleichmäßige Erdrotation immerhin für denkbar. Zwar sei die Drehung der Erde um ihre Achse bis jetzt das beste Zeitmaß, und die verschiedenartigen Uhren dienten dazu, dieses Maß in Teile zu zerlegen. »Indessen kann selbst diese tägliche Umwälzung der Erde im Laufe der Zeit eine Veränderung erfahren, und man könnte dies bemerken, wenn eine Pyramide lange genug dauern könnte oder wenn man deren wieder neue baute, indem man auf dieser Pyramide die Länge der Pendel aufzeichnete, die jetzt während der Umdrehung eine bekannte Zahl von Schwingungen ausführen.«[82]

Mit heutigen Atomuhren lässt sich tatsächlich feststellen, dass sich die Erde nicht gleichmäßig, sondern mit den Jahren langsamer dreht. Unter anderem ist dies auf die Schwerkraftwirkung des Mondes zurückzuführen, die Ebbe und Flut hervorruft. Die Gezeitenberge liegen wie Bremsbacken auf der sich drehenden Erdkugel. So werden die Tage länger und länger.

Im Fluss der Zeit

Als Newton in den 1680er-Jahren seine *Principia* schreibt, fehlt ihm ein absolut verlässliches Zeitmaß für eine gleichmäßige Bewegung. Anders als Aristoteles steht er nicht vor dem Problem, mittels der absoluten Zeit eine vollkommene Ordnung in einem hierarchisch gegliederten Kosmos begründen zu wollen. Inzwischen hat sich die Vorstellung eines geschlossenen Kosmos der Antike aufgelöst und in ein offenes, möglicherweise unendliches Universum verwandelt. Dennoch ist Newtons Mechanik auf ein absolut verlässliches Zeitmaß angewiesen.

Bisher wurde Zeit in diesem Buch vor allem vor dem Hintergrund der Zeitmessung betrachtet. Wir können uns im Wandel des Geschehens orientieren, weil es mehr oder weniger geordnete, natürliche und künstlich erzeugte periodische Abläufe gibt. Diese Einheiten sind die Basis für die Zeitbestimmung mithilfe von Kalendern und Uhren.

Newton hinterfragt den Wandel selbst. Wie kommt es zu den ständigen Veränderungen in der Natur? Seine Antwort: Ursächlich für alle Bewegungen sind Kräfte, die zwischen den Körpern wirken. Als Wissenschaftler kann er sich deshalb in der Welt der physikalischen Erscheinungen orientieren, weil er weiß, wie sich ein Körper verhalten würde, der frei von äußeren Kräften wäre.

»Jeder Körper verharrt in seinem Zustand der Ruhe oder der gleichförmigen, geradlinigen Bewegung, wenn er nicht durch einwirkende Kräfte gezwungen wird, seinen Zustand zu ändern.«[83] Das Fundament des neuen, physikalischen Zeitbegriffs ist das Trägheitsgesetz.

Man erkennt hier sogleich die Beweggründe für Newtons reduktionistisches Forschungsprogramm: Frei von äußeren Kräften kann nämlich, streng genommen, nur die Bewegung eines einzelnen Körpers sein. Sobald zwei Körper im Spiel sind, beeinflussen sie sich wechselseitig. Daher zerlegt Newton die Welt bis in ihre kleinsten Elemente hinein. Seine *Principia* beginnen mit einer Tabula rasa, einer typisch neuzeitlichen Weltvernichtung, wie sie auch in den philosophischen Werken von Descartes, Hobbes und anderen barocken Gelehrten zu finden ist. Um die Natur zu durchschauen und sämtliche Sinnestäuschungen loszuwerden, zergliedert er die Phänomene ad infinitum, bis nichts übrig bleibt als ein einzelner Körper im leeren Raum, in dem er sich ohne Widerstand bewegen kann.

Beim Aufstieg ins Gebirge nehmen Luftdruck und Widerstand stetig ab. Newton rechnet vor, dass die Luft in einer Höhe von 200 Meilen 75 Billionen Mal dünner sein müsste als in Meereshöhe. Ein Planet wie Jupiter würde in diesem Medium selbst in einem Zeitraum von einer Million Jahren nicht einmal ein Millionstel seiner Bewegung verlieren.[84] Im Weltall sollten Planeten und Kometen daher keinen nennenswerten Widerstand mehr erfahren.

In diesen leeren Raum setzt Newton zunächst winzige Materiepartikel hinein, die alle die gleiche Masse und das gleiche Volumen haben, und schreibt ihnen allgemeine Eigenschaften zu. Die elementaren Partikel wären ausgedehnt, hart, undurchdringlich, beweglich und mit Trägheitskräften versehen. »Hierin besteht die Grundlage der gesamten Naturlehre.«[85] Den Wandel in der Natur führt Newton auf die Trennungen, Bewegungen und neuen Zusammenfügungen solcher Teilchen zurück.

Ohne die Einwirkung irgendwelcher äußerer Kräfte ist die Bewegung eines einzelnen Partikels durch das Trägheitsgesetz gegeben. Wie aber kann man von der gleichförmigen Bewegung eines Teilchens sprechen, wenn nichts mehr da ist, gegenüber dem es sich bewegt? Newton zufolge bewegt es sich im absoluten Raum und in einer absoluten Zeit. Diese absolute Zeit entspricht jenem Ideal, das Aristoteles 2000 Jahre zuvor auf das Kreisen des Fixsternhimmels übertrug. Der Mathematiker Newton wird seine Zeitvorstellung später genauso metaphysisch abstützen wie sein Vordenker, indem er die Zeit als »Sensorium Gottes« bezeichnet, eine Vorstellung, die Leibniz scharf kritisieren wird.

Während sich Aristoteles mit der Rotation der Fixsterne an einer periodischen Bewegung orientierte, die für alle Menschen sichtbar ist, hat Newtons absolute Zeit keinen zyklischen Charakter mehr. Sie verläuft linear und entzieht sich unserer Erfahrung völlig. »Die absolute, wahre und mathematische Zeit verfließt an sich und vermöge ihrer Natur gleichförmig und ohne Beziehung auf irgendeinen äußeren Gegenstand.«[86]

Was Newton mit einer »Zeit an sich« meint, erschließt sich vor dem Hintergrund der technischen und mathematischen Entwicklung im 17. Jahrhundert. Die neue Uhrentechnik hat die Unterteilung des Tages in immer kleinere Einheiten ermöglicht. In dem immer feineren Raster aus 1440 Minuten oder 86400 Sekunden reihen sich die Zeitpunkte wie auf einer Zeitachse aneinander. In Newtons Physik wird daraus ein Zahlenkontinuum. Newton unterscheidet zwischen der »absoluten, wahren und mathematischen Zeit« und einer »relativen, scheinbaren und gewöhnlichen Zeit«. Die relative, scheinbare und gewöhnliche Zeit sei ein wahrnehmbares und äußerliches Maß der Dauer, dessen man sich gewöhnlich anstelle der wahren Zeit bediene, etwa der Stunde, des Tages, des Monats oder des Jahres. Mit unseren Uhren und Kalendern messen wir demnach eine profane Zeit. Diese deckt sich jedoch nicht mit jener Zeit, die für die mathematisch-wissenschaftliche Beschreibung erforderlich ist.

Astronomen gelangten zwar zu einer »wahreren« Zeit, nämlich der mittleren Sonnenzeit. Ihr Korrekturverfahren kann aber nicht als abgeschlossen gelten. Insofern schimmert die absolute Zeit als eine Art Grenzwert des Wissbaren am fernen Horizont unserer Erkenntnisbemühungen auf. Newton räumt ein, dass es möglicherweise überhaupt keine gleichförmige Bewegung gibt, durch welche die Zeit genau gemessen werden könnte. Alle Bewegungen könnten beschleunigt oder verzögert sein. Der Strom der absoluten Zeit jedoch könne nicht geändert werden.[87]

Raum und Zeit werden damit gleichermaßen zu Behältnissen, in denen sich jegliches Geschehen abspielt. Im Hinblick auf die Lage befindet sich alles im Raum und im Hinblick auf die Aufeinanderfolge in der Zeit. Der absolute Raum und die absolute Zeit existieren unabhängig von allen Körpern.

Newton behandelt Raum und Zeit nicht völlig gleich. In seinen Gedankenexperimenten setzt er immer wieder einzelne Körper in einen leeren Raum, nie aber in eine zeitlose Welt. Außerdem definiert er den absoluten Raum schon mit Bezug auf die Zeit: Nur solche Orte seien unbewegt, die »von Ewigkeit zu Ewigkeit dieselbe gegenseitige Lage beibehalten«.[88]

Auf die Fixsterne scheint dies zuzutreffen. Nach Newtons Wissensstand haben sich die Sternbilder seit der Antike nicht verändert. Dennoch wählt er sie nicht als Bezugssystem. Seine Vorsicht an dieser Stelle ist wiederum bezeichnend. Noch zu seinen Lebzeiten wird der Astronom Edmond Halley anhand alter Aufzeichnungen feststellen, dass sich die Fixsterne gegeneinander bewegen. Der Stern Arktur zum Beispiel steht zu Beginn des 18. Jahrhunderts nicht mehr an jener Stelle, an der ihn der griechische Astronom Hipparch einst beobachtet hatte. Seine Position zu den anderen Sternen hat sich im Lauf von knapp 2000 Jahren um anderthalb Grad verschoben, also um etwa drei Vollmonddurchmesser.

Was aber sind dann die Anhaltspunkte für den absoluten Raum? Newton scheint sich dessen bewusst, dass ein System, in dem das Trägheitsgesetz gilt, nicht eindeutig bestimmt ist. Schon Galilei hatte dargelegt, dass eine in einem Raum unter Deck eines Schiffs eingeschlossene Gesellschaft mit keinem Experiment herausfinden kann, ob das Schiff ruht oder ob es sich gleichförmig und geradlinig bewegt. Aber entgegen seinem berühmten Spruch »Hypothesen erdichte ich nicht« taucht in den *Principia* eine sogenannte Hypothesis I auf: »Der Mittelpunkt der Welt befindet sich in Ruhe.«[89] Das Gravitationszentrum des Universums ist seiner Meinung nach jener Ort, der von Ewigkeit zu Ewigkeit unbewegt bleibt.

Zusammen mit dem »absoluten Raum« bildet die »absolute Zeit« einen festen Bezugsrahmen für die Beschreibung physikalischer Prozesse. Diese mathematische Zeit »fließt« gleichmäßig und linear, Zeitpunkt für Zeitpunkt, von der Vergangenheit in die Zukunft hinein, gerade so, wie es für die Anwendung des Infinitesimalkalküls und anderer Rechenmethoden erforderlich ist. Die Metapher vom unablässigen »Fließen« der Zeit ist zwar tautologisch, denn das Wort »Fließen« beschreibt ja bereits eine zeitliche Veränderung. Sie entspricht aber durchaus unserem modernen Zeitempfinden.

Newton definiert die Gleichheit aufeinanderfolgender Zeitabschnitte physikalisch über eine geradlinige, gleichförmige, kräftefreie Bewegung. Als späte Konsequenz aus der kopernikanischen Wende wird die Zeit in der Wissenschaft zum Parameter universeller Gesetze. Der Blick von außen auf das Sonnensystem relativiert auch den für das Leben auf der Erde so bedeutenden Tag-Nacht-Rhythmus. Im Kräftespiel der Himmelskörper zeichnet sich die Erddrehung durch nichts mehr von anderen Bewegungen aus.

Eine universelle Gravitation

In den *Principia* begegnet uns eine neue, »mathematische« Zeit, die Newton auch als »wahre« Zeit bezeichnet. Der Weg zur »wahren« Erkenntnis kann aus seiner Sicht nur über die mathematische Beschreibung der Phänomene führen. Erst die Mathematik mache es möglich, sich ein verlässliches Bild von den Bewegungen der Planeten zu machen und eine Fülle von Erfahrungstatsachen aus wenigen Grundannahmen und einer Handvoll ineinandergreifender Gesetze abzuleiten. Welche Gesetze sind das?

Jeder Körper ändert seine Bewegungsrichtung und Geschwindigkeit unter dem Einfluss von Kräften. Dabei denkt Newton nicht nur an einzelne Kraftstöße wie die zwischen zwei Kugeln beim Billardspiel. Sein neuer Kraftbegriff schließt auch Wechselwirkungen ein, bei denen sich die beteiligten Körper überhaupt nicht unmittelbar berühren, etwa die Anziehungskraft zwischen Sonne, Erde und Mond. Die »Änderung der Bewegung« sei der Einwirkung der bewegenden Kraft proportional, heißt es in Newtons zweitem Bewegungsgesetz, aus dem seine Nachfolger die griffige, aber weniger allgemeine Formel »Kraft gleich Masse mal Beschleunigung« machen werden.[90]

Kräfte treten zudem immer paarweise auf. Wie Newton mithilfe zweier aufeinanderprallender Pendelkugeln demonstriert, gibt es zu einer Einwirkung immer eine gleich große Rückwirkung in entgegengesetzter Richtung. Zieht ein Pferd eine Kutsche, zieht die Kutsche auch am Pferd. Drückt man beim Rudern das Wasser mit dem Paddel nach hinten, wirkt das Wasser auf die Paddel zurück, wodurch sich das Boot nach vorne schiebt. Auch die Gravitationskraft ist eine solche Kraft, die zwischen den Körpern wirkt und dem Prinzip »Actio gleich Reactio« genügt. Wenn die Erde den Mond anzieht, zieht der Mond auch die Erde an.

Bevor er das Gravitationsgesetz vorstellt, setzt sich Newton in größtmöglicher Allgemeinheit mit Zentralkräften und ihren Wirkungen auf Körper auseinander. Die Erde besteht offensichtlich aus zahllosen Materieteilchen, die erst in ihrer Summe die Schwerkraftwirkung ausmachen. Zum fernen Mond haben alle Erdpartikel ungefähr denselben Abstand, unterscheiden sich also in ihrer Wirkung auf ihn nicht wesentlich voneinander. Anders ist es bei der Gravitationswirkung der Erde auf einen Apfel an einem Baum. Denn der Apfel befindet sich ganz nah an den Materieteilchen unterhalb des Baums, ist aber von den meisten anderen Massen der Erde weit entfernt. Wie kann man die Anziehungskraft eines ausgedehnten Körpers wie der Erde auf den Apfel dennoch berechnen?

Newton packt auch dieses knifflige Problem geometrisch an. Er teilt die Erdkugel in unendlich viele Zwiebelschalen, diese Kugelschalen wiederum in Ringe und die Ringe in noch kleinere Segmente. Anschließend addiert er die Anziehungskräfte all dieser Ausschnitte auf ein Objekt und kommt zu einem verblüffend einfachen Ergebnis: Die Anziehung, die eine kugelförmige Erde von überall gleicher Dichte auf einen anderen Körper ausübt, ist gerade so groß, als wäre die gesamte Erdmasse im Erdmittelpunkt konzentriert.[91] Bei seinen Berechnungen kann Newton die Erde und andere Planeten daher näherungsweise als Massenpunkte betrachten. Ein derartiges Resultat hatte er wohl selbst kaum erwartet.

Dass sich die irdische Schwerkraftwirkung über den Apfelbaum hinaus bis zum Mond und zur Sonne erstreckt, versucht Newton sogleich mit Messdaten zu belegen: Der Mond kreist in 27 Tagen, sieben Stunden und 43 Minuten einmal um die Erde. Für den Erdumfang zieht Newton die neuesten Messungen aus Frankreich heran, also 123 249 600 Pariser Fuß, und setzt für den Abstand Erde–Mond den sechzigfachen Erdradius an. Auf dieser Basis ermittelt er, wie schnell ein Apfel oder ein anderer fallender Körper beschleunigt werden müsste, wenn er von derselben Kraft angezogen würde, die den Mond an die Erde bindet. Das Ergebnis stimmt mit jenem Wert überein, den Huygens in Paris bei seinen Pendelexperimenten herausbekommen hat.

Was Newton hier verschweigt: Er hat den Abstand Erde–Mond gerade so gewählt, dass die Rechnung aufgeht. Die allzu schöne Übereinstimmung zwischen Mathematik und Experiment ist vorgetäuscht. Richard S. Westfall hat in Newtons Werk einige solche »Mogelfaktoren« gefunden.[92] Da Ähnliches auch auf Galilei zutrifft, muss man davon ausgehen, dass Fälschungen kein Auswuchs des modernen Forschungsbetriebs sind. Schon im 17. Jahrhundert können Gelehrte der Versuchung nicht widerstehen, ihre Theorien mithilfe gelegentlicher Datenmanipulation glaubhaft zu machen.

Was die Vorhersagbarkeit der Naturerscheinungen betrifft, wird Newtons Physik für die nächsten Jahrhunderte allerdings unübertroffen bleiben. Seine mathematische Abhandlung mündet in ein Weltsystem, das er schon im Vorwort der *Principia* angekündigt hat: Er werde aus der Bewegung der Planeten die Kraft der Schwere ableiten und umgekehrt aus derselben Kraft die Bewegungen der Planeten, der Monde und Kometen sowie Ebbe und Flut.

Newton löst jene Aufgabe, die ihm Hooke aufgegeben hatte, und beweist zunächst die keplerschen Planetengesetze. Anschließend geht er einen Schritt weiter und verlässt jene geordneten Bahnen, auf denen sich die Planeten periodisch bewegen. Die schwierigste Frage seines Werkes lautet: Wenn die Planeten nicht nur unter dem Einfluss der Sonne stehen, sondern sich auch gegenseitig anziehen, wie ändern sich dadurch ihre Bewegungen?

Schon für ein System aus nur drei Himmelskörpern lassen sich nur Näherungslösungen finden. Die Planetenbahn bleibt zwar annähernd kreis- oder ellipsenförmig, ist aber in diesem Fall nicht mehr in sich geschlossen, sondern offen. Daher kehrt der Planet nicht mehr nach jedem Umlauf an ein und denselben Ort zurück. An die Stelle einer stabilen Ordnung tritt ein schwer berechenbares dynamisches System. Bei seinen Versuchen, dieses Netz der Wechselwirkungen zu entwirren, hat Newton stets das Chaos vor Augen. Dass das Weltgefüge dennoch beständig ist, schreibt er der ordnenden Hand des Schöpfers zu, der das Planetensystem eingerichtet hat.

Ein weiteres Beispiel für die Erklärungskraft seiner neuen Himmelsmechanik ist der als »Platonisches Jahr« bekannte kosmische Zyklus von 26 000 Jahren. Newton führt diesen Zyklus auf die nicht ganz ausgewogene Verteilung der Erdmasse zurück. Demnach haben die Abplattung der Pole und die Ausbuchtung am Äquator zur Folge, dass sich die Erde unter den Anziehungskräften von Mond und Sonne wie ein Kreisel verhält. Ihre Drehachse zeigt nicht immer auf denselben Punkt am Himmel, sondern beschreibt selbst einen kleinen Kreis.

Wo heute der Polarstern am Himmelsnordpol zu sehen ist, wird daher in einigen Tausend Jahren der Stern Wega als Nordlicht stehen. Erst nach einer Periode von 26 000 Jahren wird die Erdachse in ihre Ausgangslage zurückkehren. Newton kann nachweisen, dass es ein solches Phänomen bei einer exakt kugelförmigen Erde nicht gäbe.

Erstaunlich gut fügen sich auch die Kometen in seine Gravitationstheorie ein. Obschon sie sich quer zu den übrigen Himmelskörpern bewegen, beschreiben die newtonschen Gesetze auch ihre Bahnen. Der Mathematiker aus Cambridge hat ermittelt, wie nah der Komet des Jahres 1680 der Sonne gekommen ist und welch enormer Hitze er damals ausgesetzt gewesen sein muss. Wenn es sich um einen erdähnlichen Himmelskörper handelte, wäre seine Atmosphäre aufgrund der Hitze völlig verdampft. Der prächtige Schweif könnte also dadurch entstanden sein. Newton zufolge reicht schon eine kleine Dunstmenge aus, um eine so großräumige Himmelserscheinung wie einen Kometenschweif hervorzubringen.[93]

Ein »göttliches Werk«

Noch nie hätte ein einzelner Gelehrter so viele und so bedeutende physikalische Einsichten gewonnen, triumphiert der Astronom Edmond Halley 1687 in den *Philosophical Transactions* der Royal

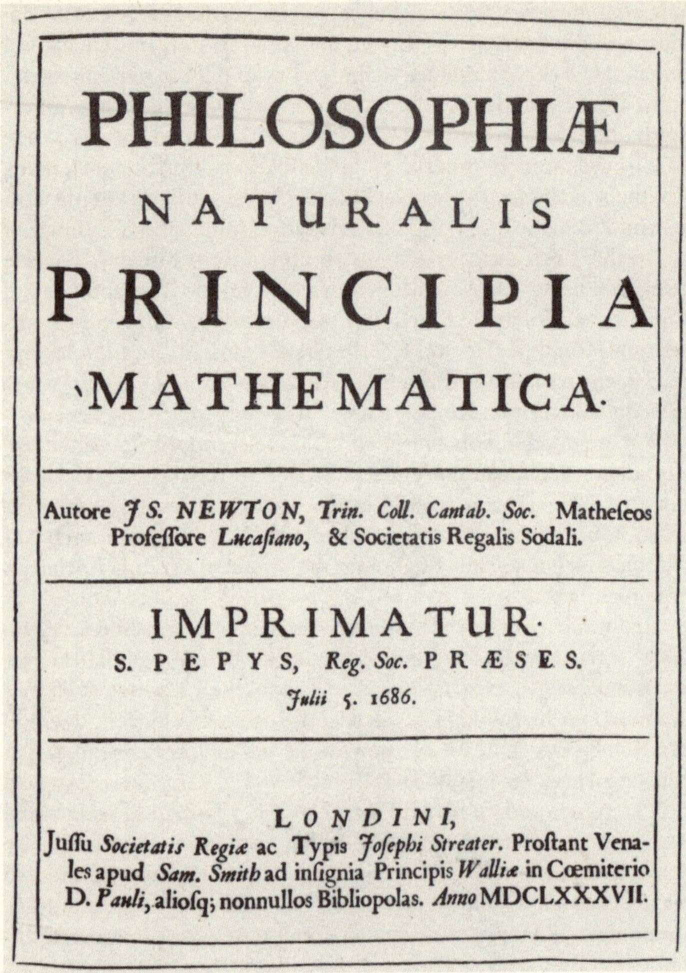

PHILOSOPHIÆ
NATURALIS
PRINCIPIA
MATHEMATICA.

Autore *J S. NEWTON*, *Trin. Coll. Cantab. Soc.* Matheseos Professore *Lucasiano*, & Societatis Regalis Sodali.

IMPRIMATUR.
S. PEPYS, *Reg. Soc.* PRÆSES.
Julii 5. 1686.

LONDINI,
Jussu *Societatis Regiæ* ac Typis *Josephi Streater*. Prostant Venales apud *Sam. Smith* ad insignia Principis *Walliæ* in Cœmiterio D. *Pauli*, aliosq; nonnullos Bibliopolas. *Anno* MDCLXXXVII.

Die Titelseite der Erstausgabe von Newtons Principia, *die 1687 gedruckt wurde.*

Society. Die *Principia* wären die Schrift eines unvergleichlichen Autors. Halley selbst hat den Druck des »göttlichen Werkes« beaufsichtigt.[94] Keine Zeile ist dem prüfenden Blick des enthusiastischen Naturforschers entgangen. Vor allem darf er sich hoch anrechnen, den reservierten Mathematiker dazu gebracht zu haben, seine Erkenntnisse über drei Jahre hinweg in einem beispiellosen geistigen Kraftakt auszuarbeiten und damit an die Öffentlichkeit zu treten.

In der Royal Society hat sich Halley damit nicht nur Freunde gemacht. Robert Hooke ist verärgert darüber, dass Newton sich die Entdeckung des Gravitationsgesetzes allein auf seine Fahne schreibt. Hat er ihn nicht auf die Fährte gesetzt?

Wenn er weiter gesehen habe als andere, dann nur, weil er auf den Schultern von Riesen stand, heißt es in einem berühmten Brief Newtons an Hooke.[95] Diese Zeilen waren durchaus anerkennend gemeint. Das Schreiben bezieht sich freilich nicht auf das Gravitationsgesetz, sondern auf die Optik und datiert vom Februar 1676.

Zehn Jahre später mag Newton von irgendwelchen Ansprüchen Hookes nichts mehr wissen. In seinen Briefen an Halley lässt er seiner Wut freien Lauf: Die Philosophie wäre eine so zänkische Lady, dass man sich, anstatt sich mit ihr abzugeben, ebenso gut auf einen Rechtsstreit einlassen könnte.[96] Nichts hätte Hooke erreicht, sondern sich damit entschuldigt, anderen Geschäften nachgehen zu müssen, obschon er sich für seine mangelnden Fähigkeiten hätte entschuldigen müssen. Nach einem Lösungsweg hätte Hooke vergeblich gesucht. »Und nun, ist das nicht wunderbar? Die Mathematiker, die alles ausfindig machen, klarstellen und sämtliche Arbeit leisten, müssen sich damit begnügen, nichts weiter zu sein als trockene Rechner und niedere Arbeiter, und ein anderer, der nichts weiter tut, als alles für sich in Anspruch zu nehmen und danach zu greifen, soll sich mit der ganzen Erfindung schmücken dürfen.«[97]

Hatte er Hooke in seinen Manuskripten noch lobend erwähnt, tilgt er für die Druckausgabe jeden Hinweis auf ihn. Halley kann ihn gerade noch dazu überreden, Hookes Namen wenigstens an einer Stelle im Zusammenhang mit dem Gravitationsgesetz zu erwähnen. Dort wird Hooke zusammen mit Wren und Halley als einer derjenigen genannt, die das Gesetz vom umgekehrten Quadrat aus dem Werk Keplers gefolgert hätten.[98]

Heute verbinden wir das neue Weltsystem allein mit Isaac Newton, der es wie vor ihm Galilei verstand, seine Entdeckungsgeschichte umzuschreiben und sein eigenes Image zu schaffen. Auf welchen Wegen sie jeweils zu ihren Einsichten gelangten, an welchen Gabelungen sie traditionelle Vorgehensweisen verwarfen und warum sie so dickfellig gegenüber Kritikern blieben, haben Wissenschaftshistoriker erst in jüngerer Vergangenheit offenlegen können. Was Newton vor Galilei und vielen anderen auszeichnete, war eine außergewöhnliche mathematische Begabung. Gerade seine tiefgründigen mathematischen Ideen haben der Physik eine neue Richtung gegeben.

Die »Glorreiche Revolution«

Nach Erscheinen der *Principia* nimmt Newtons berufliche Karriere eine überraschende Wende: Nach mehr als 25 Jahren verlässt er seine Studierstube in Cambridge und wird im Zuge der »Glorreichen Revolution« Abgeordneter im Parlament.

Eigentlich schien die revolutionäre Phase in England vorüber zu sein. Nach den Schrecken des Bürgerkriegs in den 1640er-Jahren und der anschließenden Militärdiktatur war die Monarchie 1660 zurückgekehrt. Von da an regierte König Charles II. mit Unterstützung des Parlaments, das ihn aus dem Exil ins Land zurückgeholt hatte. Die Parlamentarier setzten allerdings immer wieder ihr Kapital als Druckmittel gegen die Krone ein, wenn der Monarch die Steuern oder Kriegsausgaben erhöhen wollte.

Vorübergehend fand Charles II. einen potenten Geldgeber im Ausland: Ludwig XIV. ließ sich eine englisch-französische Allianz gegen die Niederlande einiges kosten. Diese Nähe zu Frankreich und zum Katholizismus beunruhigte die englische Bevölkerung zusehends. Viele Menschen auf der Insel glaubten, ihr Land sei auserwählt, den Protestantismus zu verteidigen, dem in Europa inzwischen nur noch etwa ein Viertel der Bevölkerung angehörte. Die Angst vor einer Rekatholisierung nahm weiter zu, als die Thronfolge zur Debatte stand und die Königswürde an Charles' jüngeren Bruder James zu fallen drohte, den Herzog von

York, der bereits mit Mitte 30 zum Katholizismus übergetreten war.

Die Frage der künftigen Thronfolge spaltete das Parlament in zwei Fraktionen: Die Whigs wollten den katholischen Herzog per Gesetz von der Thronfolge ausschließen und schlugen einen illegitimen Sohn des Königs als Gegenkandidaten vor. Dagegen hielten die Tories an der Erbmonarchie und den Adelsprivilegien fest. Ihrer Ansicht nach beruhte die absolute Macht des Königs auf göttlichem Recht, weshalb die Menschen nicht die Freiheit hatten, ihn zu wählen oder abzuwählen – auch nicht, wenn er Katholik war.

Charles II., in Bedrängnis geraten, löste das Parlament schließlich auf. Noch auf dem Sterbebett trat er selbst zum Katholizismus über. Als sein Bruder James daraufhin zum König gekrönt wurde, und zwar im selben Jahr, als Ludwig XIV. den Protestantismus in Frankreich verbieten ließ, verschärften sich die Spannungen zwischen den Konfessionen. Wie befürchtet, entließ der neue König James II. zahlreiche Anglikaner aus ihren Ämtern. Noch ehe Isaac Newton seine *Principia* vollendet hatte, wurden wichtige Positionen in der Armee und an den Universitäten mit Katholiken besetzt.

In Cambridge zum Beispiel sollte ein Benediktinermönch im Februar 1687 auf Anordnung Seiner Majestät zum Magister Artium berufen werden, ohne die sonst üblichen Prüfungen und Eide auf die anglikanische Kirche. Newton war aufgebracht: Zwar seien alle ehrlichen Menschen dazu verpflichtet, den Befehlen des Königs Folge zu leisten. Wenn der Monarch jedoch Dinge verlange, die den Gesetzen zuwiderliefen, dürfe niemand wegen der Verweigerung des Gehorsams bestraft werden.[99] Während man in London auf die letzten Korrekturen zu seinen *Principia* wartete, wälzte der Mathematikprofessor Universitätsstatuten und Gesetzestexte. Im April 1687 war er Mitglied einer Delegation, die die Autonomie der Universität in der englischen Hauptstadt verteidigte.

Als James II. die Staatskirche immer offener angriff und die Geburt eines Sohnes und potenziellen Thronfolgers verkündete, sodass eine katholische Dynastie unabwendbar schien, schlossen sich Whigs und Tories zusammen und riefen Wilhelm von Oranien, den Statthalter der Niederlande, zu Hilfe, der mit der ältesten Tochter des englischen Königs verheiratet war. Im Dezember 1688 erreichte die niederländische Flotte London. Nach nur kurzer Gegenwehr floh James II. nach Frankreich.

Der Senat der Universität Cambridge wählt Newton im Januar 1689 zum Vertreter für das neue Parlament.[100] Zwei Tage später sitzen er und andere Abgeordnete in London mit dem künftigen Regenten beim Dinner, ehe Wilhelm von Oranien und seine Frau Maria der *Declaration of Rights* zustimmen, einer Gründungsurkunde des modernen Parlamentarismus. Die *Declaration of Rights* sichert allen Abgeordneten Immunität und Redefreiheit zu. Sämtliche Gesetze bedürfen von nun an der Zustimmung des Parlaments.

Newton mietet sich ein Zimmer im Westen Londons und informiert die Universität regelmäßig über parlamentarische Beschlüsse und sein Verständnis derselben. So schreibt er im Februar 1689, die dem König geschworene Treue richte sich allein nach den Gesetzen des Landes. »Denn gingen Treue und Ergebenheit über das hinaus, was das Gesetz verlangt, würden wir uns selbst zu Sklaven erklären und den König zum absoluten Herrscher. Dagegen sind wir vor dem Gesetz freie Menschen, ungeachtet dieses Schwurs.«[101]

Von seinem Rederecht im Unterhaus macht er keinen Gebrauch. Nicht ein Parlamentsprotokoll listet Englands berühmtesten Wissenschaftler unter den Rednern auf. Einer Anekdote nach soll er sich nur ein einziges Mal im Unterhaus zu Wort gemeldet haben: Aus Angst, sich zu erkälten, hätte er darum gebeten, der Saaldiener möge das Fenster schließen.

Newtons wache Intelligenz paart sich mit einer Verschwiegenheit und einem Trübsinn, die ihn überallhin verfolgen. Dennoch geht eine ungeheure Faszination von ihm aus. Zu seinen Bekannten und Bewunderern zählen Konservative wie Samuel Pepys, dessen Karriere im Marineamt mit der Revolution ziemlich abrupt endet, der Philosoph und Staatstheoretiker John Locke, einer der Väter des modernen Liberalismus, oder der Whig-Abgeordnete Charles Montague, Mitbegründer der Bank of England. Er wird Newton einen Posten bei der Königlichen Münzanstalt beschaffen und ein langjähriges Verhältnis mit dessen Nichte

Catherine Barton eingehen, die den Haushalt des Mathematikers führt.

Im gesellschaftlichen Leben in London fällt ihm eine Rolle zu, die ihm fremd ist. Ihr entspricht es auch, dass er sich 1689 vom seinerzeit berühmten Londoner Hofmaler Godfrey Kneller porträtieren lässt, einem Schüler Rembrandts. Das älteste erhaltene Bildnis Newtons zeigt ihn in einem spannungsreichen Helldunkelkontrast, mit schulterlangem grauem Haar, schlicht gekleidet. Der Forscher, auf der Höhe seines wissenschaftlichen Schaffens, macht die Verbiegungen der Perückenära nicht mit. Am Betrachter vorbei schaut er in die Ferne, erleuchtet und in tiefer Verlorenheit.

Teil IV

ZEIT DER UNRUHE

WIE LANG IST »JETZT«?

Die Erinnerung belebt die Gegenwart, die, so Leibniz, mit der Zukunft schwanger geht. Der Gelehrte führt die zeitliche Ordnung auf kausale Zusammenhänge zurück

Newtons einfache Kleidung und sein unfrisiertes, natürliches Haar bilden den größtmöglichen Kontrast zu dem Pomp, in dem uns der 50-jährige Gottfried Wilhelm Leibniz auf einem zeitgenössischen Porträt gegenübertritt. Als Höfling trägt er kostbaren Samt und eine prächtige Perücke. Das Bild, gemalt von dem Wolfenbütteler Hofmaler Bernhard Christoph Francke, zeigt einen vornehmen, weltmännischen Gelehrten mit weichen Gesichtszügen und kleinen, wachen Augen, die den Betrachter unverwandt anschauen. Einen Mann, der die Nähe der Mächtigen von sich aus sucht.

40 Jahre lang bleibt Leibniz dem Hof in Hannover verbunden, von Ende 1676 bis zu seinem Tod. In dieser Zeit dient er nacheinander drei Landesherren, die im internationalen Mächtespiel geschickt die Fronten wechseln. Das kleine Herzogtum steigt zum Kurfürstentum auf und wächst zu einem bedeutenden Staat im Reich heran. Parallel dazu vergrößert sich Leibniz' Wirkungskreis, obschon seine Stellung als Hofbibliothekar keine guten Voraussetzungen dafür bietet. Schließlich wird der Kurfürst von Hannover gar den englischen Königsthron besteigen. So werden Leibniz und Newton, zu diesem Zeitpunkt bereits völlig zerstritten, plötzlich Diener desselben Herrn.

Herzog Johann Friedrich, Leibniz' erster Arbeitgeber, ist mit der 27 Jahre jüngeren Benedicta Henriette von der Pfalz verheiratet. Sie ist in Paris aufgewachsen und hat mehrere französische Höflinge mit nach Hannover gebracht. Im Schloss an der Leine, einem umgebauten Kloster, spricht man französisch. Der Herzog und seine Gemahlin sammeln Kunstwerke und Bücher, lassen Opern aufführen und eine Sommerresidenz mit großem Park und

Wasserspielen in Herrenhausen anlegen, ihr kleines Versailles. Auch das Geld für die herrschaftliche Repräsentation im französischen Stil kommt zwischenzeitlich zu einem Gutteil vom reichen »Cousin«, dem König von Frankreich.

Leibniz passt auf den ersten Blick gut an den Hof. Das kann aber nicht darüber hinwegtäuschen, dass er in Hannover, einer Stadt mit gerade einmal 10 000 Einwohnern, verkümmert wäre, hätte er nicht aus der Not eine Tugend gemacht und seine Gedanken vorwiegend im Briefwechsel mit anderen Gelehrten entfaltet. Seine Korrespondenz zieht immer weitere Kreise. Sie reicht schließlich bis nach Russland und China. Der kurzsichtige Universalgelehrte, der am liebsten das gesamte Weltwissen sammeln und neu ordnen würde, schreibt platzsparend in kleinen Lettern und korrespondiert mit mehr als 1000 Briefpartnern.

Sein Nachlass umfasst mehr als 15 000 Briefe, die heute Teil des Weltkulturerbes sind, und 50 000 Schriften und Abhandlungen in verschiedenen Sprachen. Die Edition seines Werks ist ein Mammutprojekt. Etwa die Hälfte der eines fernen Tages wohl mehr als 100 Bände umfassenden Leibniz-Gesamtausgabe ist bisher in mühevoller Arbeit herausgegeben worden, ohne die auch das Schreiben dieses Buch nicht möglich gewesen wäre. Es konzentriert sich nicht allein aus inhaltlichen Gründen auf den jüngeren Leibniz. Aus seiner Pariser Zeit und den frühen Jahren in Hannover, die im Wesentlichen seinen mathematischen und technischen Arbeiten gewidmet sind, sind in jüngster Zeit mehr Details bekannt geworden als aus den späten Jahren, in denen seine philosophischen, theologischen und historischen Werke entstehen.

Neben seinem Mitteilungsbedürfnis ist auch sein Ideenfluss in der neuen Umgebung ungebremst. Leibniz hat Pläne für Kirchen- und Reichsreformen, Leibrenten und Feuerversicherungen. Er liest unentwegt, macht sich zu jedem Buch Notizen, legt sie dann aber beiseite, weil er sich an alles gut erinnert, was er einmal aufgeschrieben hat.[1]

Kaum hat er sich am Hof eingelebt, steuert er zielsicher auf das anspruchsvollste Ingenieursprojekt in der Region zu. Er unterbreitet dem Herzog den Vorschlag, das Bergbaugebiet im Harz auf wissenschaftlicher Basis besser zu erschließen, getreu der Losung: »Das Land die Früchte bringt, im Harz der Thaler klingt.«[2]

Der Abbau der Silbervorkommen im Harz hat sich zu einem technischen Großunternehmen entwickelt. Um das in Stollen und Schächte eindringende Grubenwasser aus der Tiefe nach oben zu holen, reichten Wasserknechte einst Kübel von Hand zu Hand. Da die Schächte in Clausthal oder Zellerfeld tiefer und tiefer geworden sind, können die Bergleute den Kampf gegen das Grubenwasser inzwischen jedoch nur noch mithilfe von Maschinen gewinnen.[3]

Dazu wird auf der niederschlagsreichen Clausthaler Hochebene Regenwasser in Gräben und Teichen gesammelt, um Wasserräder anzutreiben. Diese Wasserräder sind über teils mehrere Hundert Meter lange Gestänge mit Kolbenpumpen verbunden, welche das Grubenwasser nach oben befördern. Leibniz schlägt nun vor, das Grubenwasser nicht nur durch Wasserkraft zu heben, sondern parallel dazu Windmühlen einzusetzen. Mit »Wasser und Wind in Conjunction« könnte die Entwässerung der Stollen auch in trockenen Jahreszeiten sichergestellt werden. Es fällt ihm nicht schwer, dem Herzog sein Windmühlenprojekt schmackhaft zu machen, zumal er sich bereit erklärt, private Geldmittel einzusetzen. Im Gegenzug stellt ihm Johann Friedrich eine lebenslange Rente in Aussicht.

Voller Tatendrang begibt er sich in den Harz, wo ihm die Grube »Dorothea Landeskron« als Standort für den Bau einer Windmühle zugewiesen wurde. Unterdessen nimmt Johann Friedrich Abschied von Hannover. Den Kunstsammler und Musikliebhaber zieht es nach Venedig, wo er für sich, seine Gemahlin und ihr neunzigköpfiges Gefolge einen Palazzo gemietet hat. Ein ganzes Jahr lang möchte er dort bleiben.

Die illustre Reisegesellschaft bricht Ende 1679 auf, kommt allerdings nur bis Augsburg, wo der Herzog überraschend stirbt. Ihn beerbt sein Bruder Ernst August, Bischof von Osnabrück, kein Konvertit, sondern Lutheraner, kein Schöngeist, sondern ein gerissener Machtpolitiker. Gegen den heftigen Widerstand der Familie wird er zunächst das Erstgeburtsrecht im Hause Hannover durchsetzen und danach gegen die nicht minder heftige Opposition der deutschen Kurfürsten die Kurwürde für sein Land erkaufen und erkämpfen.

Kampf mit den Windmühlen

Ernst Augusts Amtsantritt beginnt mit einem langwierigen Umbau des Stadtschlosses. Die Bibliothek wird kurzerhand geschlossen. Leibniz, um seine Stellung besorgt, legt dem neuen Herzog noch im Frühjahr 1680 seine Windmühlenpläne vor und erläutert ihm, »daß wir zwar zwey große Bewegungskräfte … haben, nehmlich Wind und Waßer, bisher aber auf den Bergwercken Uns des Waßerfalls alleine zu treibung der Pumpen, Kunstwercke und dergleichen, des Windes aber nicht bedienet«.[4]

Auch Ernst August billigt das ehrgeizige Projekt. Mit der Grube »St. Catharina« bekommt Leibniz jedoch einen neuen Standort zugewiesen, der nicht auf einer Anhöhe, sondern, ungünstig für eine Windmühle, im Tal liegt. Von nun an hält er sich weniger in Hannover auf als im Harz. In dem sich anbahnenden Kampf mit den Windmühlen gibt es für den Hofrat, dessen Großvater bei den sächsischen Bergwerken angestellt war, allerdings nichts zu gewinnen. Ihm fehlen praktische Erfahrungen im Mühlenbau sowie die Unterstützung des Bergamts.

Die höheren Bergbeamten sind als Inhaber von Kuxen, einer Art Bergbauaktien, selbst an den Investitionen in die Windmühle beteiligt. Schon deswegen sind sie von Anfang an gegen sein Vorhaben eingenommen. Während die Bergbehörde angesichts der leibnizschen Pläne Verluste von 128 100 Talern einkalkuliert, rechnet der optimistische Hofrat mit einem Gewinn von 115 509 Talern und 12 Groschen für die nächsten zwölf Jahre.[5]

Die Windmühle kommt viel langsamer in Gang, als er geplant hatte, die Kosten für das Projekt sprengen alle Kalkulationen. Als sie sich endlich dreht, muss Leibniz mit ansehen, dass ihre Flügel dem Wind nicht standhalten und brechen. Mal rotieren sie zu schnell, dann wiederum bleibt die Mühle stehen, weil er die Reibung in den Gestängen, Wellen und Zapfen unterschätzt hat.

Nun stellt er das Projekt als Ganzes noch einmal auf den Prüfstand. Wäre es nicht besser, die Pumpen wie bisher mit Wasserrädern anzutreiben und die Windmühle nur einzusetzen, um das unten aufgefangene Wasser wieder nach oben zu befördern? Auf diese Weise könnte das Wasser in einem Kreislauf immer wieder benutzt werden. Außerdem bevorzugt er mittlerweile eine horizontale Windmühle. »Diese Windkunst an sich selbst kostet nicht über 200 Thaler und brauchet nicht mehr wartung als ein waßerrad, und ist bereit tag und nacht mit allen winden, ohne richtung und stellung zu gehen. Ist sehr sicher gegen Sturm.«[6]

Während er in der Abgeschiedenheit des Harzes auf Bauteile für eine neue Windmühle wartet, vergeht kaum ein Tag, an dem er nicht ein politisches Traktat aufsetzt, seine Metaphysik ausarbeitet, Berechnungen zu Rentenzahlungen anstellt oder Gleichungssysteme löst. Außerdem beschäftigen ihn die Kräfte, die man sich im Bergbau zunutze macht, in erster Linie die Wasserkraft. Die Mühlenbauer bezeichnen das Potenzial, das in den »toten Gewässern« liegt, als »tote Kraft«.[7] Wenn das in den künstlichen Teichen gesammelte Wasser freigegeben werde und falle, wird aus dieser »toten Kraft«, Leibniz zufolge, eine »lebendige Kraft«. Sie könne ein Wasserrad zum Laufen bringen. Zwei Jahrhunderte später würde man von der Umwandlung potenzieller Energie in kinetische Energie sprechen.

Das Pendel veranschaulicht diese Umwandlung besonders schön: Lenkt man es aus und lässt es dann los, verliert das Pendel an Höhe und wird schneller. Bei Vernachlässigung der Reibung ist die Geschwindigkeit an der tiefsten Stelle am größten. Danach nimmt die »lebendige Kraft« wieder ab, bis sie am Umkehrpunkt verschwindet und vollständig in »tote Kraft« übergegangen ist, die das pendelnde Gewicht aufgrund seiner Höhe hat. Es würde immer wieder auf dieselbe Höhe zurücksteigen, von der es herabgefallen ist, »wenn der Luftwiderstand und andere kleine Hindernisse nicht seine erworbene Kraft ein wenig vermindern würden«, schreibt Leibniz.[8]

Dem Herzog erläutert er, dass der Wind das gleiche Potenzial in sich trage wie das Wasser. »Man kan die Krafft des Windes spahren und gleichsam in vorrath legen. Solches ist zu verstehen, wenn man damit waßer in die teiche bringet, welches darinne in vorrath behalten, und hernach zu gemeinen Nuzen des Bergwercks auf Künste und Puchwercke, etc. despensiret werden kan.«[9] Alles Wasser in Teichen wäre daher so gut wie bares Geld – eine kühne Aussage, haben doch die Windkünste dem Herzog bisher noch keinen Taler eingebracht und mehrere Jahresgehälter seines Hofrats aufgezehrt. Nach einer Serie von Fehlschlägen zieht sich Ernst

August Mitte der 1680er-Jahre aus dem Windmühlenprojekt zurück.

Leibniz steht am vermeintlichen Tiefpunkt seiner Karriere. Seit 1679 hat er 31 Reisen in den Harz unternommen, 165 Arbeitswochen dort verbracht und sich mit großem Engagement in den Mühlenbau eingearbeitet. Nun muss er, begleitet von der Schadenfreude der Bergmänner, seine sieben Sachen packen. Statt aus der Wissenschaft Nutzen für den Bergbau zu ziehen und mithilfe der Mathematik zu optimalen technischen Lösungen zu kommen, hat er, eher umgekehrt, durch die Beschäftigung mit Wasser- und Windmühlen sein technisch-physikalisches Verständnis erweitert.

Leibniz verirrt sich wie Huygens, Papin und viele andere Forscher der Epoche in Großprojekten, sammelt aber auf diese Weise einzigartige Erfahrungen. Kultur bestünde gerade in der »Aufwertung und Prämiierung« solcher Umwege, hebt der Philosoph Hans Blumenberg hervor. »Nicht jeder erlebt alles, wenn auf Umwegen gegangen wird; dafür aber auch nicht alle dasselbe, wie wenn auf dem kürzesten Weg gegangen würde.«[10]

Im selben Jahr, in dem Newton seine *Principia* nach vielen Umwegen vollendet, zettelt Leibniz eine Gelehrtendiskussion darüber an, was unter »Kraft« zu verstehen sein solle. Die internationale Debatte über das »wahre Kraftmaß« währt Jahrzehnte. Sie wird noch Voltaire und den jungen Kant beschäftigen. In der wissenschaftshistorischen Literatur gelegentlich als nutzlose Kontroverse betrachtet, trägt sie ihren Teil dazu bei, dass sich die bis dahin vieldeutige Bezeichnung »Kraft« nach und nach in jene Begriffe aufgliedert, die Wissenschaftler später als »Impuls« – Masse mal Geschwindigkeit –, »Kraft« – Masse mal Beschleunigung – und »Energie« – Masse mal Quadrat der Geschwindigkeit – bezeichnen werden.

Im Harz ist Leibniz zu der festen Überzeugung gelangt, dass die »lebendige Kraft« die maßgebende Bewegungsgröße ist und bei physikalischen Prozessen erhalten bleibt. Selbst bei unelastischen Zusammenstößen zweier Körper, also etwa solchen, bei denen sie sich verformen, gehe die »lebendige Kraft« nicht verloren. Sie sollte sich dann in den Bewegungen kleinster Teilchen im Innern der Körper wiederfinden.

Der Gedanke, dass die Energie erhalten bleibt, beruht auf seiner Auseinandersetzung mit Maschinen und der Einsicht, dass nichts ohne Ursache geschieht. Wann immer wir in der Natur Veränderungen beobachteten, erkläre sich der Wandel aus ursächlichen Zusammenhängen. »Die Wirkung muss ihrer Ursache entsprechen«, heißt es in einem 1686 geschriebenen Brief an einen französischen Gelehrten, der ersten systematischen Darstellung seiner Metaphysik.[11]

Dieses metaphysische Prinzip hat weitreichende Konsequenzen, zum Beispiel, dass ein Perpetuum mobile unmöglich ist. Wenn wir dagegen etwas registrieren, das der Entsprechung von Ursache und Wirkung zuwiderzulaufen scheint, können wir davon ausgehen, dass unserer Wahrnehmung etwas entgangen ist. In diesem Sinn hat sich der Energieerhaltungsgedanke bis heute bewährt. Als Kosmologen etwa an der Schwelle zum 21. Jahrhundert entdeckten, dass sich die Expansion des Universums beschleunigt, begannen sie sogleich, von einer »dunklen Energie« zu sprechen, die ursächlich dafür sein soll.

Eine Welt der Monaden

Leibniz' *Abhandlung zur Metaphysik* ist eine seiner typischen Gelegenheitsschriften, entstanden auf einer seiner vielen Reisen, »da ich an einem Ort war, wo ich einige Tage lang nichts zu tun hatte«, und in einer völlig anderen Sprache geschrieben als Newtons *Principia*.[12] Als Experimentator hat Newton zahllose Versuche mit Pendelgewichten gemacht, um die Zusammenstöße zweier Kugeln mathematisch zu beschreiben und einen neuen Kraftbegriff zu entwickeln. Leibniz ist diese Art der experimentellen Naturforschung fremd. Er bleibt quantitative Analysen schuldig.

Seine metaphysischen Schriften münden nicht in eine in sich geschlossene physikalische Theorie ein. Physikalische Theorien zeichnen sich gerade dadurch aus, dass sie quantitative Vorhersagen machen, dass andere Forscher sich ihrer bedienen, sie überprüfen und gegebenenfalls falsifizieren können. Während Newtons Schwerkrafttheorie diese Anforderungen im besten Sinne erfüllt und nach und nach von anderen Wissenschaftlern aufgegriffen wird, bleiben die leibnizschen Schriften zu Raum, Zeit und Materie Fragmente, die mit den Jahrzehnten in Vergessenheit geraten werden.

Der Philosoph Leibniz sucht primär nach möglichst präzise formulierten Begriffen, mit denen sich die Welt beschreiben lässt. Ansonsten ähnelt seine Zielsetzung der seines englischen Kollegen: aus möglichst wenigen unabhängigen Prinzipien alles andere abzuleiten. Denn wie auch immer Gott die Welt geschaffen hätte, er hätte die gewählt, »die die vollkommenste ist, das heißt diejenige, die zu gleicher Zeit die einfachste den Hypothesen nach, aber die reichste den Erscheinungen nach ist«.[13]

Was hält die Welt im Innersten zusammen? Newton geht von elementaren Bausteinen der Materie aus, die er für vollkommen hart und unnachgiebig hält. Das Pendant zu diesen Partikeln ist der leere Raum, durch den sie sich frei bewegen.

»Ich gebe zu, dass wenn die Materie aus solchen Teilen bestände, die Bewegung in vollem Raume unmöglich sein würde, wie wenn ein Zimmer mit einer Masse kleiner Kieselsteine erfüllt wäre, ohne dass der geringste leere Platz darin bliebe«, erwidert Leibniz.[14] Aber weder existierten Atome von unüberwindlicher Härte noch irgendeine gegen die Teilung vollkommen gleichgültige Masse.

In einer Epoche, in der Vakuumexperimente in Mode sind und der Atomismus viel Zuspruch genießt, entwirft Leibniz ein völlig anderes Bild vom Mikrokosmos: »Man muss sich den Raum vielmehr von einer Materie erfüllt denken, die ursprünglich flüssig, jeder Teilung fähig, ja tatsächlich bis ins Unendliche wieder und wieder geteilt ist.«[15] Obschon unsere Anschauung nach einem Ruhepunkt verlange und zu einem Ende der Untergliederung in immer kleinere Materiebausteine hindränge, löse sich das materielle Kontinuum auch bei fortschreitender Analyse nicht in Atome auf. Das Universum sei durchgehend erfüllt und die leeren Räume in das Reich der Träume zu verweisen.[16]

Dabei gilt es zu beachten, dass Leibniz von der Materie nicht als Kontinuum im mathematischen Sinn spricht. Die Objekte der Mathematik sind homogene Räume, Flächen und Linien. Dagegen sei die Welt der wirklichen Dinge immer schon auf bestimmte Weise geteilt, und zwar derart, dass diese Teile nie exakt gleich seien. In der Natur existierten keine zwei einander vollkommen gleichen Körper.

Sein beliebtestes Beispiel hierfür ist die vergebliche Suche nach zwei gleichen Blättern. Selbst in dem nach den Gesetzen der Geometrie gestalteten barocken Park von Herrenhausen, in dem der Philosoph an der Seite der Kurfürstin Sophie von Hannover spazieren geht, lassen sich keine zwei Blätter finden, die sich vollkommen gleichen. Auch zwei Wasser- oder Milchtropfen würden immer feinste Unterschiede aufweisen.

Außerdem seien die Teile der Materie stets in Bewegung. Eine absolute Ruhe hält Leibniz für undenkbar, weil der Übergang von der Ruhe zur Bewegung sonst eine völlig sprunghafte Veränderung darstellen würde. Deshalb hätten Körper auch keine feste Gestalt oder Oberfläche.

»Versucht man es, sich die Umrisse dieses Weltbildes anschaulich zu vergegenwärtigen, so gerät man allerdings sogleich in unlösbare Schwierigkeiten«, kommentiert der Philosoph Ernst Cassirer die leibnizsche Philosophie. »Der Gedanke der Teilung ins Unendliche hebt das Individuum im Sinne der Anschauung auf.«[17] Leibniz zufolge führt die unendliche Teilung zu individuellen Substanzen jenseits der gewöhnlichen Materie, für die er zehn Jahre später den Begriff »Monaden« prägen und die er auch als metaphysische, beseelte Punkte bezeichnen wird.

In der Natur gebe es nichts Leeres, nichts zu Einförmiges, nichts Unfruchtbares. Die sich bewegenden Teile jeder noch so kleinen Portion der Materie wären entweder als Aggregate oder als Maschinen aufzufassen, also als Teile ohne oder mit Bezug zum Ganzen. Leibniz umschreibt dies bildreich und nennt jeden Materieabschnitt »einen Garten voller Pflanzen« oder »einen Teich voller Fische«. Der organische Körper wäre eine Art »göttliche Maschine«, die alle künstlichen Automaten unendlich überträfe, »weil eine durch die Kunst des Menschen geschaffene Maschine nicht in jedem ihrer Teile Maschine ist«.[18]

Unter dem Mikroskop des Niederländers Antonie van Leeuwenhoek hat der deutsche Gelehrte eine Vielfalt des Lebendigen gesehen, die sich bis in feinste Strukturen hinein fortsetzt. Was für ein Farben- und Formenreichtum in einem einzigen Wassertropfen! Der Besuch in Delft hat seine Sicht auf die Vielgestaltigkeit der Welt nachhaltig beeinflusst. Alles wäre mannigfaltig, »eine Zusammendrängung des ganzen Universums in jedem seiner Teile«.[19]

Sollte diese Kette des Lebendigen abreißen, wenn Naturforscher eines Tages mit noch besseren Vergrößerungsinstrumenten in noch kleinere Dimensionen vordringen? Ist nicht viel eher anzunehmen, dass wir im Mikrokosmos einer Unendlichkeit begegnen, welche die Unendlichkeit des Universums widerspiegelt?

Im 21. Jahrhundert ist Wissenschaftlern eine solche Vorstellung nicht mehr ganz so fremd wie noch im 19. Jahrhundert. Die Hoffnung, die Zusammenhänge würden einfacher und überschaubarer, je weiter man ins Innere der Materie vorstößt, hat die Physik vorangebracht. Sie hat sich jedoch als trügerisch erwiesen. Selbst Räume, die frei von Atomen oder Atomkernen sind, sind nicht leer, selbst der energieärmste Zustand ist bewegt. Um ein Beispiel für die vielen Zutaten des vermeintlichen Vakuums zu geben: Auf der Erde strömen in jeder Sekunde Milliarden Neutrinos, die aus dem Innern der Sonne stammen, durch eine Fläche von der Größe Ihres Daumennagels, ohne irgendwelche erkennbaren Spuren in Ihrem Körper zu hinterlassen.

Mit der Quantenphysik hat sich auch das klassische Bild von elementaren Partikeln aufgelöst. Wer heute als Physiker das Innenleben winziger Materiebausteine studiert, schaut in einen komplexen und dynamischen Mikrokosmos hinein. Die Konfigurationen im Innern eines Protons ändern sich zum Beispiel aufgrund von kurzlebigen »virtuellen Teilchen« unentwegt. Nicht einmal jene Konstituenten des Protons, die noch am ehesten an Newtons harte elementare Partikel erinnern, nämlich die drei sogenannten Valenzquarks, lassen sich im herkömmlichen Sinn als Teile bezeichnen, da man sie in keiner Weise mehr isolieren kann. Sie treten immer nur in Systemen in Erscheinung.

»Die Natur macht keine Sprünge«

In den Wandlungsprozessen der Natur sieht Leibniz eine kausale Ordnung und die unendliche Folge des Werdens. »Die Natur macht keine Sprünge.« Wie bei mathematischen Reihen sei eine Untergliederung des Geschehens stets bis in feinste Zwischenglieder möglich. In jeder Stunde gebe es eine unendliche Zahl von Augenblicken, jeder Augenblick wiederum enthalte eine unendliche Zahl von Dingen, »deren jedes eine Unendlichkeit einschließt«.[20]

Da nichts ohne Grund geschieht, ist jeder neue Zustand mit dem vorhergehenden über ein mathematisches Gesetz verbunden. Durch jeden Augenblick einer Veränderung wirken die kausalen Verknüpfungen hindurch. »Nach meiner Ansicht ist kraft metaphysischer Gründe alles im Universum derart miteinander verbunden, dass die Gegenwart stets mit der Zukunft schwanger geht und dass jeder Zustand nur durch den unmittelbar vorausgehenden auf natürliche Weise erklärbar ist.« Leugne man dies, dann müsste es in der Welt Lücken geben, die das Prinzip des zureichenden Grundes umstießen und uns dazu zwängen, für die Erklärung der Phänomene zu Wundern und zum bloßen Zufall Zuflucht zu nehmen.[21]

Dass die Gegenwart »stets mit der Zukunft schwanger« geht, ist eine der faszinierenden Implikationen der leibnizschen Metaphysik. Sie ist Ausdruck seines strengen Rationalismus und seiner tiefgründigen Auseinandersetzung mit Grenzübergängen. Unvermittelte Zustandsänderungen könne es in der Natur nicht geben. Stattdessen gehe alles in gesetzmäßiger Folge aus einem Nacheinander hervor.

Da sich die unendliche Folge auch im Hier und Jetzt nicht ausblenden lässt, erscheint die erlebte Gegenwart als Teil jener feingliedrigen Ordnung, die das unmittelbar Vorhergegangene und das Nachfolgende einschließt.[22] Zeit ist flüchtig. Das Jetzt existiert nur innerhalb einer Zeitreihe, und im Hinblick auf das Zukünftige ist die Richtung der Veränderung immer schon vorgegeben. In dieser leibnizschen Betrachtungsweise schrumpft die Gegenwart auf eine infinitesimale Zeitspanne zusammen.

Am Getöse des Meers illustriert der Philosoph, dass nicht in jedem Augenblick alle Wahrnehmungen in unser Bewusstsein gelangen: Wenn wir die Brandung hören, dann nehmen wir ein einziges Meeresrauschen wahr, obschon unzählige Wellen, die sich brechen, dazu beitragen. Jedes Einzelgeräusch, so gering es auch sein mag, müsste von uns in irgendeiner Weise aufgefasst werden. »Sonst würde man auch von hunderttausend Wellen keinen Eindruck haben, da hunderttausend Nichtse zusammen nicht Etwas ausmachen.«[23] Leibniz spricht in diesem Zusammenhang von »petites perceptions«, von kleinen Wahrnehmungen oder Bewusstseinsdifferentialen, die erst durch ihr Zusammenwirken das

Bewusstsein konstituieren und zu einem Gesamteindruck integriert werden.

Unser Geist sei auch da tätig, wo wir uns der Gedanken nicht bewusst sind. Man könne ihn jedenfalls nicht mit einer leeren Tafel vergleichen. Diesen Vergleich hat der englische Philosoph John Locke herangezogen: »Nehmen wir also an, der Geist sei, wie man sagt, ein unbeschriebenes Blatt, ohne alle Schriftzeichen, frei von allen Ideen.« Woher hat der Geist dann all das Material für sein Denken und Erkennen? Wie wird er damit versehen? »Ich antworte darauf mit einem einzigen Worte: aus der Erfahrung. Auf sie gründet sich unsere gesamte Erkenntnis.«[24]

Lockes Prämisse lautet zugespitzt, dass nichts in unserem Verstand ist, was nicht von den Sinnen kommt. Mit einem Nachsatz schränkt Leibniz diese These entscheidend ein: »Nichts, ausgenommen der Verstand selbst.«[25] Sonst gäbe es für die Vernunftwahrheiten der Mathematik und vieles andere keine Erklärung, denn sie ruhten auf Grundsätzen, deren Beweis »nicht vom Zeugnis der Sinne abhängt, obgleich man ohne die Sinne niemals darauf gekommen sein würde, an diese Wahrheiten zu denken«.[26]

Auch unsere Wahrnehmungen entstünden aus einer Selbsttätigkeit des Geistes heraus. Zum Beispiel bedarf Wahrnehmung der Aufmerksamkeit. Unsere Aufmerksamkeit aber sei grundsätzlich auf das Neue ausgerichtet, auf die Veränderung oder Differenz. Die Bewegung einer Mühle oder eines Wasserfalls etwa nehmen wir nicht mehr wahr, wenn wir einige Zeit in ihrer Nähe gewohnt haben. Denn sobald sie den Reiz der Neuheit verloren hätten, wären die Eindrücke nicht mehr stark genug, um unsere Aufmerksamkeit auf sich zu ziehen.[27]

Und warum geschieht nicht ständig Neues um uns herum? Die Suche nach einer Antwort führt zurück zum leibnizschen Kontinuitätsprinzip: Die Natur macht keine Sprünge. Es gibt keine abrupten Zustandsänderungen. Um uns herum herrscht kein Chaos. Stattdessen werden alle Vorgänge durch Naturgesetze kanalisiert.

Wie lang ist »jetzt«?

Für Leibniz ist Zeit ein Bewusstseinsphänomen. Er versucht, das menschliche Bewusstsein mit den Instrumenten der Differenzial- und Integralrechnung zu sezieren. In gewissem Sinne sind die von ihm beschriebenen »petites perceptions« heute experimentellen Techniken zugänglich. Dabei zeigen sich den Forschern eine vielschichtige Logistik und eine Integrationsfähigkeit unseres Gehirns, mit denen kein Philosoph im 17. Jahrhundert rechnen konnte.

Modernen Experimenten zufolge fragt unser Gehirn etwa alle zwei bis drei Sekunden nach, was es Neues in der Welt gibt. Jedes dieser Zwei- oder Drei-Sekunden-Zeitfenster kennzeichne das Gefühl des Bewusstseins, erklärt der Psychologe und Physiologe Ernst Pöppel.[28] Die von uns als Tocktock oder Ticktack bezeichneten Schläge der Pendeluhr sind ein typisches Beispiel hierfür. Wir fassen das Ticken der Uhr genauso zu kleinen Einheiten von zwei Schlägen zusammen, wie wir längere gesprochene Sätze oder auch Musikstücke nicht als Ganze wahrnehmen, sondern in kleinere Zwei- oder Drei-Sekunden-Einheiten untergliedern.[29]

Wie lang also ist »jetzt«? Die bewusst erlebte Gegenwart ist jedenfalls kein Zeitpunkt, sondern eine kleine Spanne, womöglich kaum länger als eine Atemperiode. Was jeweils ins Bewusstsein gelangt, ist abhängig vom unmittelbar vorherigen Bewusstseinszustand. Erst die Vernetzung aufeinanderfolgender Inhalte und unsere Emotionen stellen ein Gefühl der zeitlichen Kontinuität her.

Unterhalb dieser Bewusstseinsebene vollbringt unser Gehirn allerdings weitere, vielfältige Analyse- und Syntheseleistungen. So zerlegt es den Fluss des Geschehens aus Gründen der Ökonomie in kurze, diskrete Abschnitte, wie Pöppel erläutert.[30] Die von zwei Meereswellen erzeugten Töne zum Beispiel nehmen wir nur dann als getrennte Signale wahr, wenn der zeitliche Abstand zwischen ihnen mindestens drei Millisekunden beträgt. Ist er kleiner, dann fusionieren die beiden Reize im Gehirn zu einem einzigen Ton.

Wir gewinnen jedoch nicht nur Eindrücke davon, was sich in der Welt abspielt, sondern auch, in welcher Reihenfolge dies geschieht. Obschon wir bereits nach drei Millisekunden zwischen einem Ton und zwei Tönen unterscheiden können, verstreichen wenigstens 30 Millisekunden, ehe wir feststellen können, welcher von ihnen zuerst und welcher zuletzt da war. Erst nach dieser Spanne sind wir in der Lage, die zeitliche Ordnung des »Früher« und »Später« zu erfassen. Mit den anderen Sinnesreizen verhält es sich ähnlich, wobei sich die jeweiligen Zeitfenster geringfügig unterscheiden.

Damit unser Gehirn die Informationen, die aus verschiedenen Sinneskanälen eintreffen, richtig zusammenführen kann, ist es auf bereits verarbeitete Erfahrungen angewiesen. Legen Sie das Buch, das Sie gerade in den Händen halten, kurz zur Seite und schnippen Sie mit den Fingern. Sie werden den Eindruck gewinnen, dass Sie das Geräusch des Schnippens und die Bewegung Ihrer Finger gleichzeitig wahrnehmen. Und das, obschon der akustische Reiz etwas schneller verarbeitet wird als der visuelle. Ihr Gehirn synchronisiert sie miteinander zu einem »Schnipp!«. Nur: Woraus schließt das Gehirn, dass nicht zuerst ein Geräusch da gewesen ist und die Finger erst anschließend aneinander vorbeiglitten? Wie entscheidet sich, welche Sinnesreize als gleichzeitig erlebt werden und welche nicht?

»Wie man nachweisen konnte, stimmt das Gehirn seine Erwartungen, was die Ankunftszeiten angeht, ständig neu ab«, erläutert der Hirnforscher David M. Eagleman.[31] Am besten gelinge dies, wenn wir selbst in Aktion treten und mit der Umwelt interagieren. Schnippen wir oder klopfen mit den Fingern auf den Tisch, dann erwarten wir, dass sowohl die sichtbare Bewegung der Finger als auch das akustische Signal und die Tastempfindung zur selben Zeit stattfinden. Nur über einen ständigen Abgleich der eingehenden Sinnesreize mit den bestehenden Erwartungen, so Eagleman, sei unser Gehirn in der Lage, »Vorher« und »Nachher« richtig einzuschätzen und die zeitliche Reihenfolge präzise zu beurteilen.

Eine kausale Theorie der Zeit

Unsere Kausalitätserwartung, die Vorstellung, dass gleiche Abläufe gleiche Ursachen haben, bewährt sich in unserem Leben Tag für Tag. Aber schließen wir von kausalen Beziehungen auf eine Zeitfolge oder umgekehrt von zeitlichen Korrelationen auf kausale Beziehungen? Geraten wir mit dieser Fragestellung unvermeidlich in einen Zirkel?

Unserer Alltagserfahrung scheint es zu entsprechen, dass die Zeit das Primäre ist. Ob Ereignisse zufällig aufeinanderfolgen oder ob es einen kausalen Zusammenhang zwischen ihnen gibt, gilt es erst einmal zu erkennen, etwa dadurch, dass zwei Ereignisse A und B zeitlich und räumlich nah beieinanderliegen und sich stets nach demselben Muster wiederholen: wenn A, dann B. Also: Zuerst halte ich die Kanne schräg, danach beginnt der Kaffee nach unten zu fließen.

Davon unterscheidet sich die leibnizsche Sichtweise. Er setzt die zeitliche Abfolge nicht bereits als gegeben voraus. Nach seinem Prinzip des zureichenden Grundes bringt das Auftreten eines Zustands A notwendigerweise den Zustand B mit sich. Betrachten wir nun die Dinge um uns herum, erkennen wir derartige kausale Beziehungen zwischen ihren wechselnden Zuständen. Erst aus dieser Unterscheidung zwischen Ursache und Wirkung ergibt sich die Zeitfolge. Beziehungen zwischen Ereignissen herzustellen und Geschehensabläufe zu Einheiten zusammenzufassen gehört zu den dauernden Tätigkeiten unseres Geistes. Wirft zum Beispiel jemand einen Ball, verknüpft unser Geist die verschiedenen Wahrnehmungen vom Abwurf bis zum Aufschlagen. Kraft unseres Gedächtnisses sind wir imstande, einen derartigen Prozess zusammen zu sehen. Auch das nicht mehr Gegenwärtige bleibt uns präsent, ansonsten wären wir nicht einmal imstande, den aufschlagenden Ball mit dem abgeworfenen zu identifizieren.

Sein Hauptaugenmerkt legt Leibniz auf unsere Fähigkeit, einzelne Ereignisse zu kausalen Ereignisketten miteinander zu verbinden. Unsere Einsicht in Zusammenhänge von Ursache und Wirkung macht es möglich, Folgeordnungen zu erkennen, innerhalb derer wir zwischen »früher« und »später« differenzieren. »Erkannt wird der kausale Zusammenhang, die Zeitordnung wird nur definiert«, fasst der Philosoph Hans Reichenbach die leibnizsche Zeittheorie zusammen.[32]

In den *Metaphysischen Anfangsgründen der Mathematik* schreibt Leibniz: »Wenn von zwei Elementen, die nicht zugleich sind, das eine den Grund des anderen einschließt, so wird jenes als vorangehend, dieses als folgend angesehen. Mein früherer Zustand schließt den Grund für das Dasein des späteren ein. Und da, wegen der Verknüpfung aller Dinge, der frühere Zustand in mir auch den früheren Zustand der anderen Dinge in sich schließt, so enthält er auch den Grund für den späteren Zustand der anderen Dinge und ist somit früher als sie.« Daher wäre alles, was existiert, im Verhältnis zu einem anderen Existierenden entweder gleichzeitig, früher oder später.[33]

Wie unterscheiden sich also das leibnizsche und das newtonsche Raum- und Zeitverständnis voneinander?

In Newtons Physik liegen Raum und Zeit allen Dingen und Ereignissen zugrunde. Alles ist eingebettet in ein festes Raum- und Zeitgefüge. Insbesondere kann es leere Räume zwischen den Partikeln geben, durch die sie sich bewegen. Raum und Zeit sind für Newton etwas Eigenständiges. Seine »absolute Zeit« existiert unabhängig von unseren sinnlichen Erfahrungen.

Im Unterschied dazu versteht Leibniz Raum und Zeit vom erkennenden Subjekt her und sieht in ihnen keine Entitäten für sich, sondern »Gedankendinge«. Wir selbst stellen gedankliche Ordnungen zwischen den Dingen her, fassen also zum Beispiel alles gleichzeitig Existierende zu einem Etwas zusammen, dem Raum. Damit schaffen wir uns einen Bezugsrahmen, der uns die Orientierung wesentlich erleichtert. Dennoch dürfe man sich nicht zwei Ausdehnungen vorstellen, eine abstrakte des Raums und eine konkrete des Körpers.[34] Der Raum ist für Leibniz nichts Reales, sondern nur das Ergebnis eines gedanklichen In-Beziehung-Setzens, nämlich die Gesamtheit der relativen Lagen jener Dinge, die gleichzeitig sind. Auf eine griffige Formel gebracht: Der Raum ist die Ordnung des Koexistierenden.

Leibniz nimmt die Komplexität der Welt mit ihren vielfältigen Verknüpfungen ernst. Wollen wir ihm auf seinen Gedankenpfaden ein Stück weit folgen, kommen wir nicht umhin, uns von gewohnten Vorstellungen zu lösen und danach zu fragen, wie wir zu einer Raum- und Zeiterfahrung gelangen, wie unser Bewusstsein Raum und Zeit konstituiert. Für Leibniz gibt es im Grunde keine Größen »Raum« und »Zeit«, sondern nur räumliche Beziehungen zwischen den Dingen, wie ihre relative Lage, sowie zeitliche Relationen zwischen Ereignissen, die sich in »früher« oder »später« ausdrücken.[35]

Sein Zeitverständnis, das dem Raumbegriff logisch vorausgeht, ist ebenfalls relational. Leibniz bringt seine Ansichten wiederum auf eine denkbar knappe Formel: »Die Zeit ist die Ordnung des nicht zugleich Existierenden. Sie ist somit die allgemeine Ordnung der Veränderungen, in der nämlich nicht auf die bestimmte Art der Veränderungen gesehen wird.«[36] Mittels der Zeit bringen wir Geschehensabläufe in eine Folgeordnung, setzen Ereignisse miteinander in Beziehung und unterteilen sie in Früheres, Gleichzeitiges und Späteres.

Noch vertrauter ist uns die Untergliederung in Vergangenheit, Gegenwart und Zukunft. Diese drei Zeitmodi sind direkt mit unserem Zeiterleben verbunden, mit unseren Erinnerungen, unserem augenblicklichen Befinden und unseren Erwartungen. Dabei bezieht sich die Vergangenheit stets auf Ereignisse, die nicht mehr sind, während die Zukunft auf das gerichtet ist, was noch nicht ist.

Augustinus folgerte daraus, dass das, was wir von der Vergangenheit wissen, nur gegenwärtige Erinnerungen sind, die wir an sie haben. Auch die Zukunft wäre lediglich als gegenwärtige Erwartung in unserem Geist lebendig. Man könnte also allenfalls von einer »Gegenwart der Vergangenheit« oder einer »Gegenwart der Zukunft« sprechen.

Und was ist das »Jetzt«? Bei näherer Betrachtung schmolz die Gegenwart für Augustinus zu einem Punkt zusammen. Aus alldem schloss er, dass Zeit allein in unserer Vorstellung existiere. Vergangenheit, Gegenwart und Zukunft bestünden nur im menschlichen Geist.[37]

Auch Leibniz hält Zeit für ein Konstrukt unseres Geistes. Der subjektive Zeitbegriff ist wesentlicher Teil seiner Philosophie, angefangen mit dem Verständnis unseres Selbstbewusstseins: Wir beziehen unsere Wahrnehmungen und Empfindungen ständig auf uns selbst als Wahrnehmende oder Empfindende und gewinnen über diese reflexiven Akte eine Vorstellung von unserer eigenen Identität. Ich bleibe immer derselbe, weil der vollständige Begriff von mir »alle meine Zustände, die gegenwärtigen, vergangenen und auch die zukünftigen, einschließt«.[38] Schon wenn ich von mir selbst spreche, fließt eine ganze gedankliche Folgeordnung in diese Aussage mit ein.

Aus einem subjektiven Zeiterleben ergibt sich allerdings eine schier unüberschaubare Perspektivenvielfalt, wie sie insbesondere in der leibnizschen Monadenlehre zum Ausdruck kommt. Vergangenheit, Gegenwart und Zukunft hängen nämlich vom Standpunkt des jeweiligen Betrachters ab, der selbst in den Wandel des Geschehens mit einbezogen ist. Was für den Einzelnen jetzt noch gegenwärtig ist, war kurz zuvor zukünftig und wird alsbald vergangen sein. Anders gesagt: Wer Vergangenheit, Gegenwart und Zukunft denkt, denkt zugleich schon in einem zeitlichen Prozess.

Während sich Vergangenheit, Gegenwart und Zukunft mit dem erlebten Wandel zeitlich verschieben, steht das Verhältnis von früher und später fest. Was einmal früher war als ein anderes Ereignis, bleibt für immer früher. In dieser Unterscheidung kann Zeit daher nicht nur vom Einzelnen oder von einer kleinen Gruppe erlebt werden, die »Hier und Jetzt« miteinander teilt, sondern von vielen voneinander getrennten Menschen zusammen gedacht werden. Und zwar dann, wenn sich frühere Ereignisse von späteren aufgrund von kausalen Ketten trennen lassen, die für die Beteiligten nachvollziehbar sind.

Indem Leibniz die spezifische Fähigkeit des menschlichen Geistes, kausale Zusammenhänge im Geschehen zu erkennen, in seine Überlegungen einbezieht, baut er eine Brücke von einer erlebten Gegenwart und subjektiven Zeit zu einer sozialen Zeit. Im Zusammenleben in modernen Gesellschaften hat eine Uhr eben die Funktion, allen Menschen anzuzeigen, was früher oder später ist. Sie stellt einen verbindlichen Bezugsrahmen dar. In der Physik kommen dann nur noch die von möglichst präzisen Uhren angezeigten Zeitspannen vor, während das »Jetzt« keinen Platz mehr darin hat. Leibniz' Verständnis von Raum und Zeit ist reichhaltiger. Er lässt im Grunde noch die ganze Perspektivenvielfalt zu, die sich daraus ergibt, von verschiedenen Blickpunkten aus Beziehungen zwischen den Dingen und ihren Modifikationen herzustellen.

Wie unser Zeitbewusstsein letztlich entsteht, erfahren wir auch bei ihm nicht. Mit seinen »petites perceptions« deutet der Philosoph lediglich an, dass unbewusste Prozesse daran teilhaben. Bis heute durchzieht das Spannungsverhältnis zwischen den bewusst erlebten Zeitmodi »vergangen«, »gegenwärtig« und »zukünftig« und der Reihe »früher«, »gleichzeitig« und »später« zahlreiche philosophische Debatten.

Von Tatsachen- zu Vernunftwahrheiten

Für Leibniz bringt unser subjektiver Zeitbegriff etwas Wirkliches zum Ausdruck: nämlich kausale Beziehungen zwischen Ereignissen. Aber müssen wir den Satz, dass nichts ohne Grund geschieht, als letzten unerklärlichen Rest seiner Philosophie einfach hinnehmen?

Leibniz unterscheidet grob zwischen Vernunftwahrheiten und Tatsachenwahrheiten. Vernunftwahrheiten finden sich etwa in der Mathematik. »Die entscheidende Grundlage für die Mathematik ist der Satz vom Widerspruch bzw. von der Identität, das heißt, es kann eine Aussage nicht gleichzeitig wahr und falsch sein. Darum gilt: A ist A und kann nicht Nicht-A sein.«[39]

Im Alltag sind wir dagegen ständig mit Gegebenheiten konfrontiert, mit denen wir uns einfach abfinden und die Leibniz als Tatsachenwahrheiten bezeichnet. Würden wir sie als Tatsachen stehen lassen, dann blieben uns die Zusammenhänge der Naturerscheinungen grundsätzlich verborgen. Wissenschaft wäre dann eine lose Sammlung von Erfahrungen. »Um von der Mathematik zur Physik übergehen zu können, ist noch ein anderer Satz erforderlich«, fährt Leibniz daher fort. »Das ist der Satz vom hinreichenden Grund, nämlich es ereignet sich nichts, ohne dass es einen Grund gibt, warum es so und nicht anders ist.«[40] Nach diesen Ursachen müsse man forschen. Jede Ursache habe ihre Wirkung und könne daraus erkannt werden. Leibniz weist darauf hin, dass eine solche Kausalanalyse schwierig sein kann. Da immer viele Ursachen zusammenwirken, überlagern sich die hervorgebrachten Effekte.

Ist schon unser Geist damit beschäftigt, nach solchen Ursachen zu suchen, geht die Aufgabe des Wissenschaftlers weiter: Unter den kontrollierten und protokollierten Bedingungen der besonderen Laborumgebung verändern Physiker die einzelnen Umstände sukzessive, um die Wirkung auf die Phänomene zu prüfen. So gesehen, beruht die ganze experimentelle Physik auf dem Glauben an eine kausale Struktur der Welt. Der Naturforscher beobachtet Veränderungen, die er mit Ursache-Wirkungs-Beziehungen in Zusammenhang bringt. Anschließend geht es darum, die Entwicklung der Veränderungen oder Differenzen in Form von Differenzialgleichungen zu beschreiben. Wie sich aus solchen Gesetzen eine messbare zeitliche Dauer ableiten lässt, ist eine Frage, die in diesem Buch an späterer Stelle noch thematisiert wird.

Da hinter jeder neuen Erkenntnis eine Vielzahl von Fragen lauert, ist der physikalische Forschungsprozess unabschließbar. Leibniz schreckt das nicht. Denn so, wie sich eine unendliche mathematische Reihe einem Grenzwert immer weiter annähern kann, glaubt der Philosoph daran, dass wir, wenn wir das kausale Beziehungsgeflecht immer weiter auflösen, uns der Wahrheit annähern, dass wir die Tatsachenwahrheiten also letztlich auf Vernunftwahrheiten zurückführen können.

Newton ist diesbezüglich viel zurückhaltender. Als Experimentator kennt er die Schwierigkeit, in einigen wenigen Dingen eine gewisse Klarheit zu erlangen. »Mir selbst komme ich vor wie ein Knabe, der am Meeresufer spielt und sich damit belustigt, dass er dann und wann einen glatten Kiesel oder eine schönere Muschel als gewöhnlich findet, während der große Ozean der Wahrheit unerforscht vor ihm liegt.«[41] Was für ein Unterschied zu Leibniz, der alle Grenzen hinter sich lässt: »Plus Ultra!« Mit dem logisch Allernotwendigsten ausgestattet, sticht der optimistische Rationalist in See und wähnt sich schon am anderen Ufer.

Kann man »Zeit« sparen?

Wir hingegen kehren zur Alltagssprache zurück, um wieder festen Boden unter den Füßen zu gewinnen. In vielen zeitlichen Aussagen, die wir tagtäglich benutzen, klingt an, dass Zeit eine Beziehung zwischen Ereignissen ist: »Ich rufe zurück, wenn die Kinder im Bett sind.« Oder: »Komm doch heute Nachmittag vorbei.« Im ersten Fall beziehen wir uns auf einen konkreten Handlungsablauf, im zweiten auf den Lauf der Sonne. Solche zeitlichen Aussagen sind allerdings unscharf: Wie lange dauert es, die Kinder ins Bett zu bringen? Wann ist »heute Nachmittag«?

Viel präziser sind Uhren, die wir als Maßstäbe benutzen, wenn wir etwa sagen: »Ich hole dich um viertel nach acht zu Hause ab.« Das Klingeln an der Haustür wird demnach gleichzeitig mit dem berechenbaren Vorrücken des Zeigers auf viertel nach acht stattfinden. Eine derartige Präzisierung erspart uns ein längeres Warten.

In modernen Gesellschaften mit einer hohen Mobilität und einem engmaschigen Terminkalender, in denen Wartezeiten und Pausen als unproduktiv angesehen werden, hat die Uhrzeit als standardisierter Bezugsrahmen etwas Verbindliches. Demgegenüber tritt eine Ereigniszeit, die sich auf konkrete Handlungen wie das Kinder-zu-Bett-Bringen bezieht, zurück. Wir fügen sie in den durch die Uhrzeit vorgegebenen Zeitrahmen ein und brechen das Kinder-zu-Bett-Bringen unter Umständen verfrüht ab, weil der vorgerückte Zeiger bereits das nächste Ereignis ankündigt.

Der feste soziale Zeitmaßstab wirkt in vieler Hinsicht auf unser Denken zurück. Beim Blick auf die allgegenwärtigen Uhren und Kalender, deren Einheiten fließend ineinander übergehen, erleben wir Zeit als feste Größe. Schon deswegen entspricht unsere Zeitvorstellung viel eher der newtonschen Sichtweise als der leibnizschen.

Allerdings könnte das leibnizsche Zeitverständnis dabei helfen, die Kehrseite einer solchen Komplexitätsreduktion und Verdinglichung der Zeit zu verstehen.

Wer Zeit als Beziehung zwischen Ereignissen begreift, wird schließen, dass man keine »Zeit« sparen kann. Man kann Prozesse beschleunigen, konzentrierter arbeiten und so mehr Aktivitäten in einen Tag hineinpacken. Wer jedoch meint, »Zeit« zu sparen, der spart auch an Erlebnissen und Erfahrungen, insbesondere solchen, die erst durch das Innehalten, das Warten oder den Umweg möglich werden. Ein grundsätzliches Verständnis von Zeit könnte daher auch für unser Lebensgefühl von Bedeutung sein.

Im Unterschied zu Newton spricht Leibniz der Zeit ein von den materiellen Dingen unabhängiges Dasein ab. Ausgehend vom Subjekt betrachtet er sie als »Gedankending«. Darüber hinaus wären Raum und Zeit als mögliche Ordnungen zwischen den Dingen aber auch in den Ideen Gottes.

Gott hätte bei der Hervorbringung des Universums den bestmöglichen Plan gewählt, bei dem sich die größte Vielfalt mit der größten Ordnung verbinde, bei dem Raum und Zeit am besten genutzt würden, um die größte Wirkung mit den einfachsten Mitteln zu erzielen.[42] Das Universum ist schöpferisch. Leibniz zufolge wird im Raum all das wirklich, was miteinander verträglich ist. Was dagegen nicht miteinander verträglich ist, existiert nicht zugleich, sondern nacheinander in der Zeit.

Da gegenwärtige und zukünftige Zustände auf eindeutige Weise funktional miteinander verknüpft sind, begegnet man in Leibniz' posthum veröffentlichter »Urgeschichte der Erde« nichts Übernatürlichem. Ausgehend von den wegweisenden Forschungen des dänischen Geologen Niels Stensen spekuliert der Philosoph über eine aus solarer Materie hervorgegangene Erde. Aus dieser ursprünglich glutflüssigen Masse verdampfte das Wasser und bildete eine Atmosphäre, wohingegen die Gebirge erst später entstanden.

Die zahllosen Abdrücke von Muscheln und Fischen im Gestein, das er in der Harzer Bergbauregion gesehen hat, hält er für Überreste einstiger Lebewesen. »Ich habe selbst eine Barbe, einen Barsch und einen Weißfisch in den Händen gehabt, die dem Stein eingeprägt waren.« [43] Wir Menschen stünden mit den Tieren, die Tiere mit den Pflanzen und diese wiederum mit den Fossilien in Zusammenhang.[44] Alles Mögliche strebe nach Existenz. Daher existiere es auch, es sei denn, etwas anderes, das ebenfalls nach Existenz strebe, hindere es daran, weil es mit dem Ersteren nicht verträglich ist.

In einer Welt, in der alles durch Naturgesetze geordnet ist, sind selbst »Pflanzentiere« und andere Zwischenwesen nichts Ungeheuerliches. »So groß ist die Kraft des Prinzips der Kontinuität in meinem Denken, dass ich nicht im Geringsten erstaunt wäre, wenn man Wesen entdecken würde, die hinsichtlich mancher Eigenschaften wie zum Beispiel Ernährung und Vermehrung mit gleichem Recht als Pflanzen wie Tiere gelten können.« Er sei sogar davon überzeugt, dass es solche Tiere geben müsse und es eines Tages gelingen werde, sie aufzufinden, wenn erst die Unendlichkeit von Lebewesen genauer erforscht sei, die sich im Innern der Erde und in den Tiefen der Gewässer verborgen hielten. Und in verblüffender Modernität fährt er fort: »Wir haben erst gestern zu beobachten begonnen; wie könnten wir gerechterweise der Vernunft etwas abstreiten, was wir nur bisher keine Gelegenheit hatten zu beobachten?«[45]

DER STREIT BEGINNT

Auf Forschungsreise in Wien wird Leibniz mit Newtons epochalem Werk konfrontiert und bald darauf von dessen Anhängern des Plagiats bezichtigt

Im Herbst 1687 begibt sich Leibniz auf eine mehrjährige Reise. Herzog Ernst August hat ihm aufgetragen, die Geschichte der Welfen zu erforschen. Der Hofgelehrte soll das hohe Alter und die edle Abstammung des Hauses Hannover anhand von einschlägigen Quellen belegen, damit der Herzog, der mit den Kurfürsten im Reich gleichgestellt werden will, seine Machtansprüche unterstreichen kann.

Nach seiner Schlappe im Harz kommt Leibniz die Aufforderung gelegen. Ohne seine genauen Reisepläne offenzulegen, bricht er nach München und Wien auf, von wo aus er weiter nach Rom und Modena fahren möchte, um auch italienische Archive nach Urkunden zu durchforsten. Zum Ruhme Ernst Augusts, der bald Kurfürst werden soll! Und zu seinem eigenen.

Im Frühjahr 1688 kommt Leibniz in Wien an. Unzufrieden mit seiner Karriere in Hannover möchte er beim Kaiser vorsprechen und ihm seine Dienste anbieten. Da ein Mann seiner Stellung nur nach monatelangem Antichambrieren auf eine solche Audienz hoffen darf, quartiert sich der Gelehrte in der Residenzstadt ein, die wenige Jahre zuvor von den Türken belagert wurde und beinahe eingenommen worden wäre. In den kommenden Wochen schmiedet er Pläne für ein kaiserliches Bergkollegium, für eine künstliche Beleuchtung der Straßen und eine Spielbank. Außerdem trifft er den Bischof zu Gesprächen über eine mögliche Annäherung der Kirchen.[46]

Leibniz möchte als politischer Berater wirken. Ende Oktober 1688 wird ihm über den Hofkanzler als Mittelsmann endlich die lang ersehnte Audienz gewährt. In einem ausschweifenden Vortrag schildert er dem Kaiser seine Kenntnisse auf allen Wissensgebieten. Danach hält er sich noch etliche Wochen im Umfeld der Hofburg auf, wartet aber vergeblich auf die erhoffte Stelle. Auch in Wien würde man ihn nur als Historiografen anstellen.[47]

In dieser Zeit erfährt er von der Revolution in England, wo sich die Protestanten gegen den katholischen König auflehnen, und von Newtons großem Wurf. Die Zeitschrift *Acta Eruditorum* widmet dem aufsehenerregenden Werk des englischen Mathematikers eine ausführliche Rezension.[48] Dem Herausgeber des Blattes schreibt Leibniz, er habe die Besprechung von Newtons *Mathematischen Prinzipien* mit Neugier und Begeisterung gelesen. »Dieser bemerkenswerte Mann ist einer der wenigen, die die Wissenschaft vorangetrieben haben.« Vieles von dem, was er herausgefunden habe, sei ziemlich neu und von großer Bedeutung.[49]

Ungeachtet dessen hat Leibniz nichts Eiligeres im Sinn, als mit heißer Nadel einen Gegenentwurf zu den *Principia* zu stricken. Lieber gibt er sich dem Fluss der eigenen Gedanken hin, als sich in das physikalische Erklärungsmodell eines anderen zu vertiefen. Das Werk des Engländers habe ihn dazu angeregt, einige seiner Ideen auszuarbeiten, obschon er in Wien mit ganz anderen Dingen beschäftigt sei, unterstreicht er gegenüber dem Herausgeber der *Acta*.[50]

Den *Principia* liegen zahlreiche Annahmen über Raum, Zeit und Materie zugrunde, die eine mathematische Beschreibung der Welt und Vorhersagen über künftige Ereignisse überhaupt erst ermöglichen. Eben diese Voraussetzungen zieht Leibniz in Zweifel. Seine Anerkennung gilt allein dem Mathematiker Newton. Dagegen beruhen die Grundlagen dieses hochgradig komplexen Werks in seinen Augen auf unscharfen Begriffen und unvollständigen naturphilosophischen Betrachtungen.

Der Atomismus, ein »absoluter Raum« und eine »absolute Zeit« sind dem leibnizschen Denken fremd. Noch rätselhafter erscheint ihm die Schwerkrafthypothese. Leibniz kann nicht glauben, dass sich alle Körper allein vermöge ihrer Masse über beliebig große Abstände hinweg anziehen. »Das heißt doch in der Tat zu den verborgenen, ja was mehr sagen will, unerklärlichen Qualitäten wieder zurückkehren.«[51] Denn was könnte eine solche Fernwirkung verursachen?

Die Pariser Akademie äußert im Sommer 1688 die gleiche Kritik. Bei Newtons Werk handele es sich um die vollkommenste Mechanik, die man sich einfallen lassen könne. Es sei unmöglich, »die Beweise noch schärfer und genauer zu machen«. Doch argumentiere Newton nur als Geometer, nicht als Physiker.[52] Eine unmittelbare Wirkung eines massiven Körpers auf einen anderen hält man auch in Paris für einen Rückfall ins Magische und Okkulte.

Newton fühlt sich völlig missverstanden. Zwar gibt er zu, dass er die Ursache für die Schwere nicht kennt. Aber auch er ist der Ansicht, sie müsse von einem Agens verursacht sein, das gewissen Gesetzen gemäß beständig wirke. »Jedoch, ob dieses Agens materiell oder immateriell sei, habe ich dem Urteil meiner Leser überlassen.«[53] Hypothesen erdichte er nicht.

Leibniz kommt es auf vernünftige Hypothesen an. Wie viele andere Naturforscher auf dem europäischen Kontinent favorisiert er die Planetentheorie des französischen Mathematikers René Descartes, der annahm, der Weltraum wäre nicht leer, sondern von einer Himmelsmaterie erfüllt. Mitsamt dieser Materie würden sich auch die Planeten in einem Wirbel um die Sonne drehen. Alles würde von diesem Wirbel mitgerissen. Ähnlich wie schwimmende Grashalme, die sich auf einem Fluss in der Nähe eines Wasserwirbels zu drehen beginnen, kreisten die sonnennahen Planeten schneller, die weiter entfernten langsamer um das Zentralgestirn.

Leibniz überträgt diese qualitative Betrachtung in ein mathematisches Modell. Noch von Wien aus schickt er zwei wissenschaftliche Abhandlungen an die *Acta Eruditorum*. Darin erwähnt er den Mathematiker aus Cambridge lediglich am Rande und nur in der Absicht, zu belegen, dass die wesentlichen Resultate der *Principia* in seine eigene Theorie einmünden. Von einer Wertschätzung für Newton ist nirgends die Rede. Die beiden Zeitschriftenbeiträge kommen daher wie ein trotziges: »Ich auch!«

Andererseits ist sein *Versuch über die Ursachen der Himmelsbewegung*, der in der Februarausgabe 1689 gedruckt wird, schon deshalb originell, weil Leibniz hier erstmals eine physikalische Theorie in der Sprache der Infinitesimalrechnung formuliert. Mit seiner modifizierten Wirbeltheorie kann er dennoch nicht zufrieden sein, da er nur zwei der drei keplerschen Planetengesetze hat rekonstruieren können. Und diese aus zahllosen Beobachtungen hervorgegangenen Gesetze sind die Messlatte, die er und andere Forscher an ihre Berechnungen anlegen.

Immerhin hat er das Gravitationsgesetz reproduziert. Der Name Newton fällt in der ganzen Publikation nur an dieser einen Stelle: »Wie ich sehe, war dieses Gesetz schon dem hochberühmten Isaac Newton bekannt«, schreibt Leibniz. Das gehe aus einer Besprechung in den *Acta* hervor. Allerdings habe er dieser Rezension nicht entnehmen können, wie Newton zu dem Gesetz gekommen sei.

Hat Leibniz in Wien tatsächlich nur die Rezension von Newtons *Principia* gelesen und sein eigenes Modell mathematisch ausgearbeitet, ohne das Werk selbst zu kennen? Jeder Leser der *Acta* muss seine Zeilen so verstehen. Zweifellos erregt der Deutsche mit dieser Bemerkung Misstrauen unter Fachkollegen.

Auch Christiaan Huygens, der vor Newtons Leistung allergrößten Respekt hat, nimmt Anstoß daran. Kurz nachdem er die *Principia* erhalten hat, schreibt er an seinen Bruder, er wäre jetzt gerne in England, nur um Mr. Newton zu treffen, dessen herrliche Entdeckungen er außerordentlich bewundere.[54] Im Sommer 1689 reist der niederländische Physiker dann mit dem Schiff nach London, um den Autor der *Principia* persönlich kennenzulernen. Gemeinsam nehmen sie an einer Sitzung der Royal Society teil, tauschen ihre Ansichten zur Lichtausbreitung und zu den Ursachen der Schwerkraft aus.

Wieder zurück in Den Haag, nimmt Huygens Kontakt zu Leibniz auf und fragt ihn, wie er seinen Aufsatz in den *Acta* ohne Kenntnis der *Principia* habe schreiben können.[55] Ein halbes Jahr später hakt er noch einmal nach, ob Leibniz die Wirbeltheorie nach der Lektüre der *Principia* immer noch nicht aufgegeben habe. Leibniz, nach gewinnbringender Recherchereise inzwischen zurück in Hannover, antwortet ihm, er habe Newtons Buch »zum ersten Mal in Rom gesehen«, also erst Monate nach seiner Veröffentlichung in den *Acta*.[56] Ist das möglich?

Die Meinungen darüber sind bis heute geteilt. Ende des 20. Jahrhunderts hat der Wissenschaftshistoriker Domenico Bertoloni Meli anhand der vorhandenen leibnizschen Manuskriptbögen etliche Indizien zusammengetragen, die nahelegen, dass Leibniz auf seiner Originalität beharrte, obwohl er die *Principia* bereits in Wien studiert hatte.[57] Nutzte Leibniz die Möglichkeit einer schnellen Veröffentlichung also in unlauterer Weise? Dagegen steht seine eigene Aussage.

Augenfällig bleibt, dass er und Newton, Galilei und andere Ikonen der Wissenschaft nicht zugeben wollten, wenn sie anderen etwas zu verdanken hatten. Bis heute wird dieser Erkenntnis aus wissenschaftshistorischen Arbeiten wenig Beachtung geschenkt. Dabei könnte gerade sie dazu beitragen, wissenschaftlichen Fortschritt stärker als die Anstrengung vieler denn als Ergebnis genialer Einfälle Einzelner zu begreifen und dementsprechend auch die Maßstäbe zu korrigieren, nach denen die Leistungen von Forschern beurteilt werden. Möglichst flotte und zahlreiche Publikationen sind jedenfalls damals wie heute ein fragwürdiges Qualitätsmerkmal.

Huygens lässt die Sache auf sich beruhen. Dem übertriebenen Geltungsdrang seiner Fachkollegen begegnet er am liebsten mit Rückfragen. So stellt er auch Leibniz in den 1690er-Jahren immer wieder auf die Probe, als der deutsche Mathematiker seinen Calculus als wegweisende Neuerung anpreist. Huygens ist skeptisch, lässt sich die Infinitesimalrechnung anhand von Beispielen erläutern, aber spart nicht mit Lob für den »wunderbaren Kalkül«, als er sieht, mit welcher Leichtigkeit und Eleganz der Deutsche knifflige mathematische Probleme zu lösen vermag.[58]

Was die Bewegung der Planeten betrifft, hält Huygens übrigens ebenfalls an der Wirbelhypothese fest. Sie hat den Vorzug, dass sie plausibel macht, warum sämtliche Planeten in derselben Drehrichtung um die Sonne laufen. Dagegen kann Newton mit seiner Theorie weder den gemeinsamen Drehsinn erklären noch begründen, warum sich die Himmelskörper im Sonnensystem überhaupt bewegen.

Aber gerade aus der Eingrenzung des Fragehorizonts bezieht die newtonsche Physik ihre Stärke. Wenn nämlich ein Planet am Nachthimmel an einer Stelle zu sehen ist und zu diesem Zeitpunkt eine bestimmte Bewegungsrichtung und Geschwindigkeit hat, dann beschreiben Newtons Kraft- und Bewegungsgesetze präzise den weiteren Verlauf seiner Bahn um die Sonne. Mit demselben Verfahren kann er die Wanderungen der Monde und Kometen vorausberechnen, den Wechsel von Ebbe und Flut erklären, die Flugkurven von Geschossen oder das Hin und Her eines Pendels. Offenbar folgen himmlische und irdische Bewegungen denselben Naturgesetzen.

Die kartesische Wirbeltheorie sei dagegen ungeeignet, die Bahnen einzelner Himmelskörper zu ermitteln, bemängelt Newton zu Recht. Das diskreditiert jedoch nicht den Versuch, den Drehsinn der Planeten und die Struktur des Sonnensystems als Ganzes aus übergeordneten Prinzipien heraus verstehen zu wollen. Gerade die Wirbelvorstellung erweist sich als Schlüssel zum Verständnis des Ursprungs der Erde und unseres ganzen Planetensystems.

Physik in der Badewanne

Stellen Sie sich vor, Sie liegen in der Badewanne. Während Sie entspannt über ferne Meere des Denkens segeln, ist das Wasser um Sie herum ganz ruhig. Dann ziehen Sie den Stöpsel. Was passiert?

Bei allmählich fallendem Pegel senkt sich die Wasseroberfläche über dem Abfluss zuerst nur leicht ab, sodass Sie eine Art Delle sehen. Bald darauf beginnt sich die Flüssigkeit über dem Abfluss zu drehen, und das kleine Rohr saugt das immer schneller kreiselnde Wasser gurgelnd in sich hinein. Eine Rotation aus dem Nichts?

Das Wasser in Ihrer Wanne war bereits vorher unmerklich in Bewegung, und zwar ein ganz klein wenig mehr in die eine als in die andere Drehrichtung. Wenn sich aber eine auch noch so gemächliche, weitläufige Rotation auf sehr engen Raum verdichtet, steigt die Umdrehungsgeschwindigkeit rapide an. Das bekannteste Beispiel dafür ist die Pirouette einer Schlittschuhläuferin: Zuerst kreist die Eisläuferin langsam mit ausgestreckten Armen, doch sobald sie ihre Arme anzieht, dreht sie sich in irrsinnigem Tempo um ihre eigene Achse. Eine solche Drehachse kann auch im Innern eines Abflussrohrs, im Auge eines Hurrikans oder im Zentrum eines Planetensystems liegen.[59]

Im 21. Jahrhundert sind Astronomen dank ihrer Teleskope in der Lage, die Entstehung ferner Planetensysteme in ihren unterschiedlichen Entwicklungsphasen zu beobachten. Diese Fotoalben lassen darauf schließen, dass auch unser eigenes Sonnensystem aus einer kosmischen Gas- und Staubwolke hervorgegangen ist. Als diese riesige Urwolke vor 4,5 Milliarden Jahren aufgrund ihrer eigenen Schwerkraft in sich zusammenfiel und sich immer weiter zusammenzog, ereignete sich das Gleiche wie in der Badewanne: Eine scheinbar unbedeutende, weiträumige Anfangsbewegung verwandelte sich in einen mitreißenden Strudel. Nur dass der Sog nicht durch ein Rohr hervorgerufen wurde, sondern durch die Gravitation.

Die kollabierende Materie wirbelte immer schneller um das gravitative Zentrum des Systems, in dem sich die Sonne bildete. Währenddessen sammelten sich Gas und Staub in einem um die Sonne rotierenden Diskus. In dieser Scheibe blieb die Materie nicht gleichmäßig verteilt. Infolge der Schwerkraft entstanden weitere, kleinere Wirbel, aus denen die rotierende Erde und die anderen Planeten hervorgingen. Während sich die Materie immer stärker auf wenige Himmelskörper konzentrierte, ging das Planetensystem allmählich in einen recht stabilen Zustand über. Bis heute jedoch zeugen umherschwirrende Kometen, Asteroiden und Meteoriten von der turbulenten Entstehungsgeschichte.

Newtons Physik fehlt nicht nur eine Erklärung für die gemeinsame Drehrichtung der Planeten, sondern auch für die Rotation eines einzelnen Himmelskörpers. Warum dreht sich die Sonne um ihre Achse? Warum rotiert unsere Erde? Solche Fragen klammert Newton notgedrungen aus. Gewissermaßen bleibt die Eigendrehung der Himmelskörper für ihn eine »natürliche Bewegung«.

Diese letzte Reminiszenz der jahrtausendalten Astronomie der Kreisbewegungen verschwindet erst beim Blick in die Geschichte des Universums. Erst in der modernen Kosmologie wird deutlich, dass auch die Eigendrehungen der Himmelskörper nicht einfach da sind. Sie sind ebenfalls eine Folge der Gravitation.

Newtons Eimer

Newton dagegen unterscheidet noch strikt zwischen rotierenden und nicht rotierenden Bewegungen. Rotierende Bewegungen sind mit Zentrifugalkräften verbunden, die wir spüren, wenn wir auf einem Karussell nach außen gedrückt werden. An solchen Kraftwirkungen, so Newton, könnten wir erkennen, dass sich ein Körper nicht nur relativ zu anderen bewegt, sondern wahrhaft beschleunigt, und zwar in Bezug auf den »absoluten Raum«.

Newton führt die Wirkung der Zentrifugalkraft auf die Existenz eines »absoluten Raumes« zurück. Wie kommt er zu der Vermutung, ein für uns unsichtbarer »absoluter Raum« könne eine Wirkung auf rotierende Objekte ausüben? Berühmt geworden ist in diesem Kontext sein Eimerversuch. Dieses verblüffend einfache Experiment wird Physiker noch Jahrhunderte beschäftigen:

Ein Eimer wird an eine zuvor verdrillte Schnur gehängt und beginnt sich zu drehen. Anfangs dreht sich das Wasser in dem Eimer noch nicht mit, weil es zu träge ist, der Bewegung des Eimers sofort zu folgen. In dieser Phase eins ist die Wasseroberfläche glatt. In Phase zwei rotieren Eimer und Wasser gemeinsam. Dabei steigt das Wasser an der Wand des Eimers nach oben, die Wasseroberfläche wölbt sich. Dann hält jemand den Eimer plötzlich an. Dennoch rotiert das Wasser in dieser dritten Phase weiter, und die Oberfläche bleibt gewölbt. Wodurch wird diese Krümmung der Wasseroberfläche bewirkt?

Die Bewegung des Wassers relativ zum Eimer scheidet als Ursache aus. Denn sowohl in Phase eins als auch in Phase drei bewegen sich Wasser und Eimer relativ zueinander, aber nur in Phase drei ist die Oberfläche gekrümmt. »Jenes Streben des Wassers« hänge also nicht von der Eimerwand oder den umgebenden Körpern ab, folgert Newton. Er geht davon aus, dass sich an dem Experiment auch dann nichts ändern würde, wenn der Eimer in einem ansonsten vollkommen leeren Weltraum rotieren würde. Auch dann würde die Wasseroberfläche gekrümmt bleiben. Entscheidend sei nämlich nicht die relative Bewegung des Wassers gegenüber irgendwelchen anderen Körpern, sondern gegenüber dem absoluten Raum, den wir zwar nicht sehen, aber an den Wirkungen der Zentrifugalkraft erkennen könnten.

Das lässt sich natürlich nicht verifizieren. Was mit einem sich drehenden Eimer im leeren Weltall geschehen würde, entzieht sich unserer Erfahrung. Eine solche Tabula rasa muss ein Gedankenexperiment bleiben.

Für Newton ist der Eimer aber nur ein Beispiel unter vielen. Auch die Fliehkräfte der rotierenden Erde, aus denen ihre Abweichung von der Kugelgestalt resultiert, würden in einem ansonsten leeren Raum erhalten bleiben. Die Ursache für diese Abplattung müsse gleichwohl außerhalb der Erde gesucht werden. Ähnliches gelte für andere rotierende Planeten. Newton sieht letztlich keine andere mögliche Ursache als den absoluten Raum.

Vor dem Hintergrund der Badewannenerfahrung und der modernen Kosmologie erscheint die Vorstellung eines sich drehenden Himmelskörpers in einem ansonsten völlig leeren Raum widersinnig. Das ganze Sonnensystem ist Teil der Milchstraße mit den Fixsternen. Ohne diese umgebende Materie hätte die solare Urwolke keine anfängliche Drehbewegung besessen. Wer in einer gedanklichen Tabula rasa alle Materie beseitigt, hebt letztlich die Bedingung auf, die eine Rotation des Sonnensystems, der Erde und anderer Planeten möglich macht.

Erst der Blick auf die zeitliche Entwicklung des Universums verleiht einer relationalen Perspektive, nach der alles mit allem zusammenhängt, ihren tieferen Sinn. Leibniz zufolge kann man sich nicht einen Körper in der Welt aufgehoben denken, ohne dass sich damit auch sämtliche anderen Dinge ändern. Ungeachtet dessen sucht er als Mathematiker offenbar vergeblich nach einer schlüssigen Erklärung für Newtons Eimerexperiment.

Erst im 19. Jahrhundert wird der Physiker Ernst Mach die dabei beobachtete Kraftwirkung von einem relationalen Standpunkt aus deuten. »Der Versuch Newtons mit dem rotierenden Wassergefäß lehrt nur, dass die Relativdrehung des Wassers gegen die Gefäßwände keine merklichen Zentrifugalkräfte weckt, dass dieselben aber durch die Relativdrehung gegen die Masse der Erde und die übrigen Himmelskörper geweckt werden.«[60] Man könne nicht von der übrigen Welt absehen. Mach zufolge würden wir auch dann Zentrifugalkräfte beobachten, wenn das Wasser still stünde und sich stattdessen der ganze Fixsternhimmel um die Flüssigkeit herum bewegen würde.

Darauf muss man erst einmal kommen! Kann es sein, dass die weit entfernten Sterne, die wir am Nachthimmel sehen, eine Wirkung auf das Wasser in einem Eimer haben?

Eine solche Hypothese sei nicht so unrealistisch, wie es zunächst den Anschein habe, betont der zeitgenössische Relativitätstheoretiker Domenico Giulini. Zwar nehme die Anziehungskraft der Sterne mit zunehmender Entfernung von der Erde ab. Aber im selben Maße nehme mit größerem Abstand von der Erde auch die Anzahl der Sterne und anderer kosmischer Massenansammlungen zu, denen wir begegneten. »In der Summe kann daraus also durchaus ein beachtlicher Effekt entstehen.«[61]

Wir haben der Entwicklung von Physik und Astronomie damit weit vorgegriffen. Leibniz und andere barocke Gelehrte bemängeln vor allem, dass Newton mit seinem Eimerversuch und seinem hypothetischen »absoluten Raum« den Bereich möglicher Erfahrung verlässt. Sie bevorzugen die kartesische Wirbeltheorie, um Rotationen in unserem Planetensystem zu deuten.

Einer allgemeinen Akzeptanz der newtonschen Physik wird die Wirbeltheorie noch lange im Weg stehen. Ein Franzose, der nach England reise, treffe die Philosophie dort sehr verändert an, wird Voltaire noch Ende der 1720er-Jahre schreiben. »In Paris sieht man das Universum als aus Wirbeln feiner Materie bestehend an, in London sieht man nichts von alledem; bei uns bewirkt der Druck des Mondes die Flut des Meeres, bei den Engländern strebt das Meer zum Monde hin …, bei Euren Cartesianern geschieht alles mittels eines Anstoßes, den man nicht versteht, bei Herrn Newton mittels einer Anziehung, deren Ursache man auch nicht besser kennt.«[62]

Mathematik und andere Leidenschaften

Wie kommt es, dass die mathematische Sprache zur Formulierung physikalischer Gesetze taugt? Gerade für junge Mathematiker ist die große Vorhersagekraft der newtonschen Theorie ein ungeheurer Ansporn. Nicolas Fatio de Duillier zeigt eine schwärmerische Begeisterung für die *Principia* und ihren Autor. Der Schweizer wird zu einer Schlüsselfigur in dem herannahenden Prioritätsstreit zwischen Newton und Leibniz.

Fatio hat an der Pariser Sternwarte ein glänzendes Debüt als Astronom gefeiert und anschließend zusammen mit Huygens in Den Haag mathematische Verfahren zur Tangentenbestimmung ausgeheckt. Seit Kurzem lebt er in London, ist ein ausgewiesener Kenner der newtonschen Physik und folgt dem Urheber dieses staunenswerten Werks auf Schritt und Tritt.

Newton hat den 25-jährigen Mathematiker sogleich in sein Herz geschlossen. Über den Beginn ihrer Beziehung ist zwar nichts bekannt, ein Brief vom Oktober 1689, aus dem mehrere Worte ausgeschnitten wurden, lässt aber wenig Zweifel daran, wie nahe sich die beiden zu diesem Zeitpunkt schon sind: »Ich habe die Absicht, in der nächsten Woche in London zu sein, und wäre sehr glücklich, wenn ich in derselben Unterkunft sein könnte wie Sie«, drängt der sonst so zurückhaltende Mathematikprofessor. »Ich werde meine Bücher und Ihre Briefe mitbringen … Ich bitte Sie, mir in ein oder zwei Zeilen mitzuteilen, ob Sie eine Unterkunft für uns beide im selben Haus gefunden haben.«[63]

Etwa zur selben Zeit schreibt Fatio seinem einstigen Lehrer: »Ich möchte in England bleiben und mein Leben zusammen mit Herrn Newton verbringen, dem ehrenwertesten Mann, den ich kenne, und dem fähigsten Mathematiker, den es je gegeben hat.« Wenn er jemals 100 000 Taler zu viel besäße, würde er Newton sogleich ein Denkmal setzen. Doch selbst mit einer solchen Summe könne man einem so großen Mann kaum gerecht werden.[64]

Fatio verehrt Newton und setzt seine Verbindungen ein, um in der englischen Hauptstadt eine angemessene Stelle für ihn zu finden. Newton, der zwischen Cambridge und London pendelt, kann sich durchaus mit dem Gedanken anfreunden, dauerhaft in die Metropole überzusiedeln, wo ihn auch andere Gelehrte umwerben. Als die leitende Stelle an einer elitären Privatschule frei wird, beißt Newton jedoch nicht an. Ein Gehalt von 200 Pfund im Jahr und eine Kutsche als Dienstwagen sind keine Entschädigung für die schlechte Luft in London und ein öffentliches Leben, das er, eigenen Aussagen zufolge, nicht schätzt.[65]

Fatio stellt seine eigene Arbeit ganz in den Dienst der neuen Physik. Er möchte die noch fehlende mechanische Erklärung für die Gravitationswirkung finden, macht sich eine baldige Neuausgabe der *Principia* zur Aufgabe und stellt eine Fehlerliste zusammen, die er Punkt für Punkt mit dem Meister durchgeht. Neben seinem Idol ist kein Platz für andere Mathematiker, die jenem die Ehre streitig machen könnten.

Im Dezember 1691 informiert er Huygens, er habe alte Aufzeichnungen gesehen, aus denen klar hervorgehe, »dass Monsieur Newton der erste Erfinder des Differenzialkalküls« sei und die

Methode genauso gut anzuwenden wisse wie Monsieur Leibniz, wenn nicht noch besser. Dem Deutschen wäre das Licht erst aufgegangen, nachdem er jene Briefe gelesen hätte, die Monsieur Newton ihm seinerzeit dazu geschrieben habe. »Ich kann mich nicht genug darüber wundern, dass Monsieur Leibniz dazu nichts in den Leipziger Acta gesagt hat.«[66]

Drei Monate später erwägt Fatio erstmals eine Veröffentlichung jener Briefe, die Newton und Leibniz 15 Jahre zuvor ausgetauscht haben. Für den Deutschen könne dies sehr unangenehm werden, behauptet er Huygens gegenüber. Denn ohne diese Briefe hätte er den Calculus niemals finden können. Monsieur Leibniz hätte nichts anderes getan, als das vollkommene Original durch eine neue Notation zu entstellen.[67]

Von nun an verbreitet sich in England die Meinung, Leibniz hätte wenig bis gar nichts zur Entwicklung der Infinitesimalrechnung beigetragen. Newton, der seinem Intimus die Briefe überlassen hat, hält sich vornehm zurück. Dass Fatio mit einem Plagiatsvorwurf gegen Leibniz vorprescht, scheint ihn nichts anzugehen. Statt mit Mathematikern zu streiten, widmet er seine Zeit der Alchemie und intensiven Bibelstudien. Seitenlang erläutert er dem Philosophen John Locke, wie die katholische Kirche die Heilige Schrift im Lauf der Jahrhunderte verfälscht habe.

Allerdings lässt Fatio auch Newton keine Ruhe mehr. Ihre Beziehung gerät zu einer emotionalen Achterbahnfahrt. »Ich habe kaum noch Hoffnung, Sie je wiederzusehen«, schreibt Fatio, immer wieder zu kleinen oder größeren Dramen aufgelegt, im Herbst 1692. »Nach meiner Rückkehr aus Cambridge hat eine schwere Erkältung meine Lungen befallen ... Wenn ich aus diesem Leben scheide, würde ich mir wünschen, dass mein ältester Bruder ... in meiner Freundschaft zu Ihnen an meine Stelle tritt.«[68]

»Ich kann gar nicht ausdrücken, wie sehr mich Ihr Brief beunruhigt hat«, antwortet Newton postwendend. Mit warmherzigen, sorgenvollen Worten versucht er, den Freund aufzurichten, empfiehlt ihm Londoner Ärzte, möchte ihm finanziell unter die Arme greifen.[69] Als dann auch noch Fatios Mutter stirbt, ist der Schweizer monatelang hin- und hergerissen zwischen einer Reise in seine Heimat und einer Übersiedlung nach Cambridge, zu der Newton ihn eingeladen hat, da die Luft in der Hauptstadt seiner Gesundheit schaden würde. Fatio versichert ihm erneut, am liebsten würde er sein ganzes Leben mit ihm verbringen, bleibt aber einstweilen in London. Dort sucht ihn Newton mehrfach auf, allein im Juni 1693 zweimal.

Im selben Sommer kommt es plötzlich zum Bruch, dessen Hintergründe liegen im Dunkeln. Bis zum Herbst durchlebt Newton eine der schwersten Krisen seines Lebens. Seine Briefe aus diesen Monaten zeugen von einer tiefen Depression, einer emotionalen Verwirrung und einem Lebensüberdruss, die kaum anders denn als Schmerz über den Verlust des intimen Freundes zu verstehen sind.

Samuel Pepys, dem ehemaligen Präsidenten der Royal Society, schreibt Newton, er habe in den zurückliegenden zwölf Monaten weder richtig gegessen noch geschlafen. Auch seine frühere geistige Verfassung habe er nicht wieder zurückerlangt. Es sei nie seine Absicht gewesen, irgendetwas durch Pepys' Unterstützung zu erreichen. »Doch wird mir nun bewusst, dass ich den Umgang mit Ihnen aufgeben muss und dass ich weder Sie noch meine anderen Freunde je wiedersehen kann …«[70]

In einem drei Tage später aufgesetzten Schreiben an den Philosophen John Locke heißt es: »Ich war der Ansicht, dass Sie bestrebt waren, mich mit Frauen zu verkuppeln, und auch auf andere Weise so betroffen davon, dass ich, als mir jemand sagte, Sie wären krank und würden nicht mehr lange leben, antwortete, es wäre besser, wenn Sie tot wären. Ich bitte Sie um Verzeihung für diese Herzlosigkeit …«[71]

Über Pepys und Locke verbreitet sich die Nachricht von Newtons bedauernswertem Zustand in Gelehrtenkreisen in ganz Europa. Huygens erfährt als einer der Ersten von der Depression, in die Newton gestürzt sei. Über ihn dringt die Nachricht bis nach Hannover durch, wo Leibniz seine aufrichtige Anteilnahme ausspricht.

Leibniz unter Verdacht

Schon im Frühjahr 1693 hatte Leibniz noch einmal an Newton geschrieben, ihn für seine *Principia* und das mathematische Wissen gerühmt, das die Fachwelt ihm verdanke. Was die Ursachen für die Planetenbewegung betreffe, sei er selbst zwar anderer Ansicht, aber im Ergebnis würden seine Berechnungen nicht von Newtons Entdeckungen abweichen.[72]

Eine Antwort erhält er erst gegen Jahresende. Newton entschuldigt sich zunächst für die Verzögerung. Er habe den Brief unter seinen Papieren verloren, was ihm sehr unangenehm sei, da er Leibniz' Freundschaft hoch schätze und ihn für einen der führenden Geometer dieses Jahrhunderts halte. »Und obschon ich mein Bestes tue, philosophische und mathematische Briefwechsel zu vermeiden, war ich doch in Sorge, ob das Schweigen unsere Freundschaft beeinträchtigt haben könnte.«

Den leibnizschen Berechnungen entzieht Newton jedoch sofort ihre physikalische Basis: Die Bewegungen der Himmelskörper seien so regelmäßig, dass ein Wirbel ihre Bahnen eher stören würde, als dass er sie stabilisieren könnte. Der Raum zwischen den Himmelskörpern im Universum sei weitgehend leer, für eine flüssige Himmelsmaterie fehlten jegliche Anhaltspunkte. Vor allem die lang gestreckten Bahnen der Kometen würden in keine Wirbeltheorie hineinpassen. »Aber wenn nun jemand käme und die Schwere mit all den dazugehörigen Gesetzen durch die Einwirkung irgendeiner subtilen Materie erklären würde und nachweisen könnte, dass die Bewegungen der Planeten und Kometen durch diese Materie nicht gestört werden, dann läge es mir fern, dem zu widersprechen.«[73]

Im selben Brief weist er Leibniz auf ein Buch hin, das der Mathematiker John Wallis aus Oxford inzwischen geschrieben hätte. Wallis habe ihn um Auskunft zu jenen Briefen gebeten, die sie vor Jahren miteinander gewechselt hätten. Er, Newton, habe ihm daraufhin seine Fluxionsrechnung kurz und bündig erläutert, hoffe aber, nicht irgendetwas geschrieben zu haben, was Leibniz missfallen könnte. Falls doch, solle er ihm dies schriftlich mitteilen, »denn ich schätze Freunde höher als mathematische Entdeckungen«.[74]

Zu diesem Zeitpunkt kennt Newton das Vorwort noch nicht, das Wallis seinen *Opera mathematica* schließlich voranstellen wird. Wallis hält in Prioritätsfragen gerne die englische Fahne hoch. Newton hätte den Calculus schon zehn Jahre vor Leibniz gekannt und ihm darüber in zwei Briefen berichtet, heißt es darin, und der Autor wendet sich im April 1695 vorwurfsvoll an den Entdecker selbst: Newton achte zu wenig auf sein eigenes Ansehen und das der Nation, behalte wesentliche Ergebnisse für sich, »so lange, bis andere den Ruhm davontragen, der Ihnen gebührt«.[75]

Mit den anderen sind Leibniz und dessen Schüler gemeint. Wenn es um die Lösung von mathematischen Preisfragen geht, sind sie der Konkurrenz voraus. Beispielhaft dafür ist eine Veröffentlichung in den *Acta Eruditorum* im Jahr 1691. Darin beschreibt Leibniz die geometrische Form einer an zwei Punkten aufgehängten herabhängenden Kette.[76] Eine knifflige Frage! Galilei hatte die Kettenlinie oder Seilkurve fälschlicherweise als Parabel ausgegeben, Huygens jahrzehntelang darüber gebrütet, ehe er zu einem Ergebnis gekommen war. Der Calculus erweist sich hier und in anderen Fällen als ungemeiner Fortschritt. Leibniz hat es verstanden, die mathematischen Errungenschaften einer ganzen Epoche auf den Punkt zu bringen.

Fatio, der seit dem Bruch anscheinend keine direkte Verbindung mehr zu Newton hat, beurteilt dies völlig anders. Als er sich bei einem internationalen Mathematikerwettstreit übergangen fühlt, gibt er dem umtriebigen Leibniz die Schuld daran und spricht ihm in aller Öffentlichkeit jegliche Verdienste um die Entdeckung des Infinitesimalkalküls ab. »Weder das Schweigen des bescheidenen Newton noch der Übereifer, mit dem sich Leibniz die Erfindung des Calculus allerorten selbst zuschreibt, werden jemanden irreführen, der die Dokumente studiert hat, die ich selbst geprüft habe.«[77]

Umgehend beschwert sich Leibniz bei der Royal Society, die die Druckerlaubnis für Fatios Publikation erteilt hatte. Unter Gelehrten sei es üblich, mit Argumenten für die jeweiligen Überzeugungen zu streiten, und nicht, sich gegenseitig zu beschimpfen. Er selbst habe mit Newton bislang keinen Streit gehabt und wüsste nicht, dass sich dieser herausragende Mann je schlecht über ihn geäußert hätte. Als er, Leibniz, seinen Calculus 1684 veröffentlicht habe, wäre ihm nichts von Newtons Methode bekannt gewesen, mit Ausnahme dessen, was dieser selbst ihm in seinen Briefen mitgeteilt hätte.[78]

Im Verlauf der 1690er-Jahre bezweifeln immer mehr Mathematiker in England diese Version. Nachdem sich John Wallis und

David Gregory der Meinung Fatios angeschlossen haben, versteigt sich George Cheyne gar zu der Behauptung, alles, was innerhalb der letzten Jahrzehnte in der Mathematik veröffentlicht worden sei, wäre nur ein Abklatsch dessen, was Newton lange zuvor herausgefunden hätte.

Im Sommer 1696 verbreitet sich die Nachricht, dass der Autor der *Principia* eine leitende Stelle bei der Königlichen Münzanstalt in London angenommen hat. Leibniz lässt ihm seine besten Wünsche übermitteln.[79] Allerdings bedauert er, dass Newton dadurch von »wichtigeren Überlegungen« abgehalten werde.[80]

Als Newton schließlich ganz nach London zieht und zum Präsidenten der Royal Society gewählt wird, sammeln sich immer mehr ehrgeizige Bewunderer um ihn. Sie sonnen sich in seinem Glanz und versprechen sich von ihrem Einsatz für seine internationale Anerkennung nicht zuletzt Vorteile für ihre eigene Karriere. Den hässlichen Prioritätsstreit um die Erfindung des Calculus brechen weder Leibniz noch Newton vom Zaun, sondern Newtons übereifrige Anhänger.

RICHTER IN EIGENER SACHE

Die Fronten zwischen Newton und Leibniz verhärten sich. Unterdessen wird auch die Zeit zum Streitgegenstand: Zeigt die Sonne die wahre Zeit oder eine ideale Uhr?

»Philosophen im Krieg« heißt das maßgebliche Buch des Wissenschaftshistorikers A. Rupert Hall über den Prioritätsstreit zwischen Newton und Leibniz.[81] Der Newton-Biograf Frank E. Manuel vergleicht die beiden Gelehrten mit »Gladiatoren in einem römischen Zirkus«.[82] Als sie in den Ring treten, sind beide über 60. Und sie kämpfen nicht mit philosophischen Argumenten gegeneinander – sie dazu zu bringen wird es, wie wir noch sehen werden, der Klugheit einer Frau bedürfen –, sondern ein jeder will die Erfindung des Calculus für sich beanspruchen.

Nähern wir uns der Arena aus Sicht eines Außenstehenden: Zacharias Conrad von Uffenbach. Zusammen mit seinem Bruder und einem Diener unternimmt der studierte Jurist aus Frankfurt am Main zwischen 1709 und 1711 eine ausgedehnte Bildungsreise durch zahlreiche deutsche Städte, in die Niederlande und nach England. Am liebsten hält er sich in Buchhandlungen und Bibliotheken auf, kauft Bücher und Handschriften und wälzt alte Codices.

Im Januar 1710 meldet sich Zacharias Conrad von Uffenbach bei dem »Weltberühmten und Grundgelehrten Herrn geheimden Rath von Leibnitz« an. Es ist das Jahr, in dem das umfangreichste Werk erscheint, das Leibniz zu Lebzeiten veröffentlicht: die *Théodicée*. Darin deutet er Gottes Schöpfung als die »beste aller möglichen Welten«. Keine seiner Hypothesen wird auf so viel Widerspruch stoßen wie diese. Vor allem Voltaire wird sie mit beißendem Spott überziehen.

Leibniz meint, unsere Welt sei die an Prinzipien einfachste und an Vielfalt der Erscheinungen reichste. Alles andere stünde im Widerspruch zu Gottes Vollkommenheit. Damit Gott aber überhaupt etwas von sich Verschiedenes hätte schaffen können, müsse die Welt notwendigerweise auch ein gewisses Maß an Übel enthalten. Aus Sicht des Optimisten schließen diese Übel aber die Möglichkeit zur Vervollkommnung im Weltenlauf ein und werden durch die göttliche Gnade ausgeglichen.

Die *Théodicée* ist aus Gesprächen mit Sophie Charlotte hervorgegangen, der Tochter der Kurfürstin Sophie von Hannover und ersten Königin von Preußen. Seine Unterhaltungen mit ihr zählt Leibniz zu den glücklichsten Stunden seines Lebens. Trotzdem beschlich ihn auch bei den Reisen nach Berlin immer wieder das Gefühl, Zeit zu vergeuden. »Es scheinet, die alzugrosse Bequemlichkeit sei nicht guth; indem sie machet, dass die Menschen ihr Leben mit ihrer Zeit gleichsam ohnvermerkt verlieren und es nicht genugsam brauchen noch empfinden.«[83]

Der Philosoph wusste die Zeit in Berlin gleichwohl zu nutzen. Er konnte Sophie Charlotte dafür gewinnen, dort eine wissenschaftliche Akademie samt Sternwarte zu gründen. Am 12. Juli 1700 wurde er zum ersten Präsidenten der Sozietät der Wissenschaften gewählt, konnte deren Geschicke wegen seiner Anstellung in Hannover jedoch nur aus der Ferne lenken. Nach dem überraschenden Tod der noch jungen Königin gab er die Zügel schließlich ganz aus der Hand. Die Satzung der Akademie wird am 3. Juni 1710 schließlich ohne ihn verabschiedet werden. Im Groll wird Leibniz auch nicht an der feierlichen Einweihung teilnehmen, sondern längst schon wieder neue Ziele anvisieren: in den Dienst des Zaren zu treten oder einen neuerlichen Anlauf beim Kaiser in Wien zu wagen.

Vorher empfängt er aber Zacharias Conrad von Uffenbach. Im sorgsam geführten Reisetagebuch des 27-Jährigen tritt uns der Autor der *Théodicée* an einem Winternachmittag gegenüber. Leibniz habe ihn mit der größten Höflichkeit begrüßt: »Ob er wohl über sechzig Jahr alt ist und mit seinen Pelzstrümpfen und Nachtrock mit Pelz gefüttert, wie auch mit seinen grossen Socken von grauem Filze anstatt der Pantoffeln und einer sonderbaren langen Perücke ein wunderliches Aussehen hat, so ist er dannoch ein sehr leutseliger Mann.«

Sogleich habe der Hofbibliothekar von allerhand politischen und andern gelehrten Dingen zu reden angefangen. »Ich suchte mit Fleiß, dergleichen Discurse abzubrechen und ihn zu bitten, uns so wohl seine eigene als die Churfürstliche Bibliotheck zu zeigen, wonach ich die größte Begierde hatte. Allein es geschah, wie uns war vorher gesagt worden, daß er beydes bey jedermann abzulehnen gewohnt seye.«[84]

Leibniz hat sich in seiner Bibliothek eingeigelt. Wie wir aus der Feder seines Gehilfen Eckhart wissen, verbringt er manchmal wochenlang ununterbrochen mit dem Studium. »Er ging des Nachts erst um ein oder zwei Uhr zu Bett. Manchmal schlief er auch nur im Stuhl und um sechs oder sieben Uhr morgens war er wieder munter. Er studierte in einem hin und kam oft in einigen Tagen nicht vom Stuhle.«[85] Das Essen habe er sich aus dem Wirtshaus auf die Stube bringen lassen.

Sein Geist ist unablässig in Bewegung, der Redestrom des höfischen Intellektuellen auch bei der nächsten Begegnung mit Uffenbach kaum zu bremsen. Bald lässt er diesen, bald jenen Namen fallen, ergießt seine enzyklopädischen Kenntnisse über die Durchreisenden, spricht selbstgefällig von gelehrten Abhandlungen, die er geschrieben und die andere von ihm übernommen hätten, erzählt von einem nach Jahren geordneten Katalog, den er für seine Bibliothek erstellen wolle, um nicht weniger als das Weltwissen chronologisch zu erschließen. Die Momentaufnahme aus Uffenbachs Reisetagebuch deckt sich in vieler Hinsicht mit dem Lebensstil, den Leibniz' späte Briefe offenbaren.

Mr. President

Ein halbes Jahr später fährt Zacharias Conrad von Uffenbach weiter nach England. Die Beziehungen der Londoner zu den Deutschen sind zu dieser Zeit arg belastet. Auf Drängen der Whigs hatte man 1709 die Einwanderungsgesetze gelockert. Daraufhin strandeten zwischen Mai und August 1709 sage und schreibe 15 000 bettelarme Pfälzer in der Hauptstadt, die ihre Heimat nach einem Hungerwinter verlassen hatten und auf eine Auswanderung nach Amerika hofften – ein Schock für die völlig überforderte Regierung. Außerhalb von London entstanden riesige Flüchtlingslager. »Alle Versuche, sie in Großbritannien anzusiedeln, scheiterten trotz ungeheurer Anstrengungen«, so die Historikerin Margrit

Schulte Beerbühl.[86] Als Uffenbach im Sommer 1710 in London ankommt, endet die liberale Einwanderungspolitik mit dem Sturz der Regierung.

Der Adlige macht sich am 5. Juli erstmals auf den Weg zur Royal Society. Von dem Besuch hatte er sich freilich mehr versprochen. »Man macht in Teutschland sich eine große Einbildung von dieser Sozietät«, notiert er in seinem Tagebuch. Die Instrumente, ehedem von Robert Hooke angeschafft, seien nach dessen Tod verstaubt und zum Teil zerbrochen. Alles sehe elend aus. Die ersten sechs Jahrgänge der *Philosophical Transactions*, der Monatszeitschrift der Royal Society, seien besser und gehaltvoller als alle nachfolgenden miteinander.

»So gehet es aber mit öffentlichen Societäten. Sie blühen eine kleine Zeit, die Stifter und ersten Glieder treiben alles so hoch sie können; nachmals kommen allerhand Hindernisse, theils von Neid und Uneinigkeit, theils daß man allerhand nichtswürdige Leute zu Mitgliedern macht.« In der Königlichen Akademie werde nur noch wenig getan. Ihre Mitglieder seien vor allem Apotheker und andere Leute, die kaum die Gelehrtensprache Latein verstünden. »Der Präses Newton ist ein alter Mann und wegen seines Amts, dem Directorio des Münzwesens, auch mit Verrichtung seiner eigenen Geschäffte allzu sehr gehindert, sich um die Societät viel zu kümmern.«[87]

Die Royal Society ist seit Jahrzehnten innerlich zerstritten und erstarrt. Zwar kann Newton einige hohe Würdenträger an die Gesellschaft binden sowie einen Experimentator, der sich um wöchentliche Demonstrationen mit Luftpumpen, Barometern und Elektrisiermaschinen bemüht. Er selbst aber ist seit seinem Umzug nach London kaum noch als Forscher aktiv und gibt der Akademie keine neuen Impulse. Der Mathematiker nimmt seine Arbeit bei der Königlichen Münzanstalt ausgesprochen ernst, vor allem seit sich 1707 die Königreiche England und Schottland zum Königreich Großbritannien und zu einer Währungsunion zusammengeschlossen haben. Die Zusammenführung der beiden Münzanstalten in Edinburgh und London ist eine seiner großen Aufgaben. Mitunter wächst ihm die Verwaltungsarbeit derart über den Kopf, dass der Versammlungstag der Royal Society 1711 seinetwegen von Mittwoch auf Donnerstag verlegt werden muss.

Newton prüft gängige Geldtheorien und den Reinheitsgrad der Münzen, lässt alte Silbermünzen aus dem Verkehr ziehen und neue prägen. Bei der Jagd auf Falschmünzer gilt er als unnachgiebig. Er setzt alles daran, den Gaunern mithilfe von Agenten auf die Schliche zu kommen. Gnadengesuche finden bei ihm kein Gehör, wie sein Biograf Richard S. Westfall am Beispiel eines von Dutzenden Falschmünzern schildert. Da die Herstellung von Falschgeld in Großbritannien als Hochverrat geahndet wird, endet der Mann wie viele andere am Galgen.[88]

Die staatliche Geldaufsicht hat Newton reich gemacht. Von Königin Anne, die Wilhelm von Oranien auf den Thron gefolgt war, seiner politischen Verdienste wegen in den Ritterstand erhoben, zählt Sir Isaac Newton mittlerweile zu den illustren Persönlichkeiten in London, zum exklusiven Kreis derer, die Zugang zur königlichen Tafel haben. Unter seiner Präsidentschaft konsolidiert sich die Royal Society immerhin finanziell und kann im Herbst 1710 ein eigenes Gebäude nahe der Fleet Street kaufen.

Im selben Jahr treten etliche Mitglieder aus – nicht zuletzt aus Protest gegen Newtons autoritären Führungsstil. Der Vorsitzende erträgt kein Geflüster und kein Gelächter bei Sitzungen und vor allem keinen Widerspruch. Wie sehr sich sein Ton gegenüber anderen Gelehrten verschärft, bekommt der Astronom John Flamsteed am stärksten zu spüren.

Als Leiter der Königlichen Sternwarte ist Flamsteed dabei, seine Himmelskarten zu veröffentlichen, die er in jahrzehntelangen nächtlichen Beobachtungen zusammengestellt hat. Newton setzt ihn unter Druck. Er bereitet die Neuauflage seiner *Principia* vor und möchte sie mit präzisen Himmelsdaten unterfüttern, Flamsteeds Procedere ist ihm viel zu langsam. Über ein königliches Edikt bringt er das Observatorium Ende 1710 unter die Kontrolle der Royal Society. Hatte er früher noch direkt mit Flamsteed korrespondiert, nehmen ihm Edmond Halley und die von ihm eingesetzten Ausschüsse derart lästige Pflichten von nun an mehr und mehr ab. Sie entreißen Flamsteed das fehlende Material, lassen den Himmelsatlas ohne sein Einverständnis drucken und kritisieren seine Arbeit im Vorwort. Flamsteed wehrt sich zu Recht. Den Großteil der gedruckten Auflage wird er später in seinen Besitz bringen und öffentlich verbrennen.

Richter in eigener Sache

Dieser Vorfall ist nicht das einzige finstere Kapitel während der 25 Jahre währenden Präsidentschaft des Mathematikers. 1711 eskaliert auch der Prioritätsstreit mit Leibniz, der es plötzlich mit einer Kommission der Royal Society zu tun bekommt. Sir Isaac Newton zieht im Hintergrund die Fäden und bleibt unsichtbar.

Leibniz hat den Konflikt allerdings auch selbst heraufbeschworen. So wie Newton die Royal Society und ihre *Philosophical Transactions* für seine Zwecke instrumentalisiert, verfährt Leibniz mit seiner Hauszeitschrift, den *Acta Eruditorum*, für die er insgesamt mehr als 100 Beiträge schreibt. Die Werke englischer Mathematiker kommen dabei nicht immer gut weg. Und mit einer anonymen Besprechung von Newtons mathematischen Schriften hat der Deutsche den Bogen offensichtlich überspannt: 1704 brachte Newton endlich seine noch immer wegweisende Licht- und Farbentheorie als Buch heraus. In einem mathematischen Anhang zu den *Opticks* fand sich auch seine Fluxionsrechnung, auf die Leibniz prompt reagierte. Die an sich wohlwollende Besprechung gipfelte einmal mehr in einer typischen Selbstdarstellung: Der ungenannte Rezensent hob hervor, dass die in Newtons mathematischer Abhandlung genannten Prinzipien von ihrem Erfinder, Gottfried Wilhelm Leibniz, schon in den *Acta* vorgestellt und von ihm und seinen Nachfolgern an verschiedenen Beispielen dargelegt worden wären. Anstelle der leibnizschen Differenzen hätte Newton, und hätte »immer schon«, Fluxionen verwendet. Diese habe er sowohl in seinen *Principia* als auch in späteren Publikationen elegant eingesetzt.[89]

Was soll man aus diesen zweideutigen Zeilen herauslesen? Hat Newton seine Fluxionsrechnung erst nach Leibniz entdeckt? Sie gar von ihm kopiert, wie nicht nur die Reihenfolge suggeriert, sondern auch ein Vergleich Newtons mit einem anderen Mathematiker, der seinerzeit als Nachahmer bekannt ist? Oder bedeutet das »adhibet semperque«, »hat immer schon verwendet«, dass Newtons Methode lange vor die Entstehung der *Principia* zurückreicht?

In diesem Sinn möchte Leibniz die Worte später deuten, während er zugleich bestreitet, die Rezension selbst geschrieben zu haben. Nicht einmal Freunden gegenüber wird er seine Autorschaft zugeben.[90] Aber was mit dem neuen Medium Zeitschrift einmal in die Welt gesetzt ist, lässt sich im Nachhinein auch mit langen Stellungnahmen nicht mehr korrigieren. Für Newtons Anhänger ist die Rezension, die zweifellos aus Leibniz' Feder stammt, wie wir aus seinem Nachlass wissen, ein gefundenes Fressen.

Wieder einmal hat ein englischer Mathematiker, diesmal John Keill, Plagiatsvorwürfe gegen Leibniz erhoben, der umgehend protestiert. Doch Keill zieht die fünf Jahre alte Rezension aus den *Acta* hervor und legt sie dem Akademiepräsidenten vor. Die Sache wird bei einer Sitzung der Royal Society besprochen und Keill aufgefordert, einen Bericht darüber zusammenzustellen, den man Leibniz 1711 zukommen lässt. Newton schreibt dem Sekretär der Gesellschaft, er habe die Rezension bisher nicht gekannt. Nach der Lektüre aber hätte er mehr Grund, sich darüber zu ärgern, als Leibniz Grund hätte, sich über den Beitrag von Keill zu beklagen.[91]

Leibniz ahnt nichts von Newtons Stimmungswechsel, sondern appelliert an die Unparteilichkeit der Royal Society, deren Mitglied er selbst seit nunmehr 35 Jahren ist. Er und seine Freunde seien immer der Ansicht gewesen, der Erfinder der Fluxionen sei auf eigenem Weg zu seinen Einsichten gelangt. Auch in der nämlichen Rezension in den *Acta* wäre jedem das Seine zuerkannt worden – ein Zusatz, den er sich wohl besser verkniffen hätte.[92]

Newton setzt daraufhin eine »unabhängige« Kommission ein, die alle Manuskripte und Briefe prüfen soll. Er verzichtet darauf, Leibniz darüber zu informieren, ihn um entsprechende Dokumente zu bitten oder anzuhören. Stattdessen stellt der Akademiepräsident der Kommission die Unterlagen selbst zur Verfügung. Darunter befinden sich auch Papiere, die Leibniz nie aus England erhalten hatte.

Dementsprechend fällt das Urteil aus. Der Abschlussbericht rückt die Historie der Infinitesimalrechnung auf eine Weise zurecht, die Newton vollauf zufriedenstellt: Erstens hätte er den Calculus vor Leibniz entdeckt, und das ist aus Newtons Sicht das Entscheidende, denn ein Zweiterfinder hat seiner Ansicht nach keinerlei Rechte. Zweitens hätte er Leibniz sein Wissen mitgeteilt, was die Briefe und andere Akten belegen sollen.

Bei Leibniz' zweitem Londonbesuch hatte ihm der damalige

Bibliothekar der Royal Society tatsächlich Einblick in Newtons mathematische Manuskripte gewährt. Was Leibniz dabei im Einzelnen zur Kenntnis nahm, ist ungewiss. Seine eigenen Arbeiten zur Infinitesimalrechnung waren aber nachweislich schon ein Jahr zuvor so weit fortgeschritten, dass Wissenschaftshistoriker heute allgemein von einer unabhängigen Entdeckung ausgehen.

Der Bericht beinhaltet zahlreiche Verdächtigungen gegen Leibniz, der sich mehr durch große Versprechungen hervorgetan hätte, etwa zu seiner Rechenmaschine, als durch eigenständige Leistungen. Unter anderem soll er auch die Reihe für die Kreiszahl Pi von dem Mathematiker James Gregory übernommen haben. Das Bändchen wird gedruckt, an Mitglieder der Royal Society verschickt und über den Buchhandel verbreitet.

Leibniz schlägt zurück

Leibniz hält sich zu dieser Zeit nicht in Hannover auf, wo man ihn seit Längerem vermisst, sondern wieder einmal in Wien. Dort ist er im Frühjahr 1713 zum Reichshofrat ernannt worden und in die Dienste des Kaisers getreten, versteht die hoch dotierte Stelle aber nur als Nebenjob. Karl VI. und Prinz Eugen liegt der Universalgelehrte mit ambitionierten Plänen in den Ohren. Mit ihrer Unterstützung möchte er auch in Wien eine Akademie nach dem Vorbild der Royal Society gründen, als deren Präsident er sich bereits sieht. Ein Observatorium soll dazugehören, ein Botanischer Garten und einiges mehr.

Von der Erklärung der Royal Society wird er im Sommer 1713 böse überrascht. Da der Bericht mit den oben angeführten Vorwürfen den Stempel der Akademie trägt, kommt er einem Gerichtsurteil gleich, ohne dass der Angeklagte angehört worden wäre, weshalb ihn die Mathematiker Johann Bernoulli und Christian Wolff zu einer umgehenden Gegendarstellung drängen. Aber wie soll er auf die Schnelle die historische Entwicklung des Calculus aus seiner Perspektive zusammenschreiben? Fern von Hannover hat er weder seine Briefe noch sonstige Unterlagen zur Hand, auf die er sich stützen könnte.

Stattdessen antwortet Leibniz mit einer anonymen Flugschrift. Darin stellt er Newton als Gelehrten dar, der sich in der Mathematik um die Entwicklung der Reihenlehre verdient gemacht habe. Nun beanspruche er jedoch eine Erfindung für sich, an die er zu gegebener Zeit nicht einmal im Traum gedacht hätte. Der Präsident der Royal Society wäre jedoch bekannt dafür, Entdeckungen für sich alleine zu reklamieren. Schon Robert Hooke habe seinerzeit darüber geklagt, nämlich in Bezug auf die Gravitationshypothese, und nun John Flamsteed, dessen astronomische Beobachtungsdaten er verwende.[93]

Hatte Newton geglaubt, den Deutschen durch den Bericht der Royal Society zum Schweigen zu bringen, sieht er sich jetzt selbst öffentlichen Anschuldigungen ausgesetzt. Leibniz dreht den Spieß um. In seiner Polemik karikiert er den Akademiepräsidenten als streitsüchtigen, selbstgerechten Gelehrten, der den Calculus im Einzelnen gar nicht verstanden hätte. Newton hätte die höheren Ableitungen falsch berechnet und das richtige Verfahren nicht gekannt, bevor es nicht auch anderen längst vertraut gewesen wäre. Den Text lässt Leibniz über seine Freunde und Briefpartner verbreiten. Außerdem wird das Flugblatt in den *Acta Eruditorum* und im *Journal Literaire* in Den Haag gedruckt.

Nachdem nun alle Dämme gebrochen sind, wird der Prioritätsstreit zu einem schäbigen Machtkampf, gerät ins Blickfeld des britischen Königshauses und bekommt dadurch auch noch eine politische Dimension, die das öffentliche Ansehen der Wissenschaft schädigt. So spöttelt der Journalist und Schriftsteller Jonathan Swift, in Europa wäre es eine Gewohnheit der Gelehrten, Erfindungen voneinander zu stehlen. Das hätte immerhin den Vorteil für sie, dass sie sich anschließend um den rechtmäßigen Besitz streiten könnten.[94]

»Man darf nicht glauben, dass derartige Streitereien allein eine Folge der Streitlust eitler Wissenschaftler seien«, erläutert der Newton-Experte Volkmar Schüller vom Max-Planck-Institut für Wissenschaftsgeschichte in Berlin. »Vielmehr sind sie vor allem eine Folge des sozialen Verhaltens der Wissenschaftler untereinander. Solange für die Bewertung einer wissenschaftlichen Leistung ihre Priorität das entscheidende Kriterium ist, wird es zwangsläufig immer wieder zu Prioritätsstreitigkeiten unter den Wissenschaftlern kommen.«[95]

Uhrentick

Von Dezember 1712 bis September 1714 bleibt Leibniz in Wien. An eine Rückkehr nach Hannover mag er, trotz mehrfacher Aufforderung seines Landesherrn, nicht denken. Kurfürst Georg Ludwig hat kein Verständnis mehr für die Eskapaden des Hofbibliothekars, der zum wiederholten Male in eigener Sache unterwegs ist, und lässt ihn mahnen, die Geschichte der Welfen endlich zu vervollständigen, die sein Vater vor mehr als 25 Jahren in Auftrag gegeben hatte und auf die er selbst schon lange wartet.

Leibniz möchte sich alle Optionen offenhalten. Als der hannoversche Gesandte mitbekommt, wie hoch der Gelehrte in der Gunst des Kaisers und der verwitweten Kaiserin Amalia steht, versucht er vergeblich, sie umzustimmen: Leibniz wäre von einem Genie, das »alles leisten wolle und deswegen immer in unendlichen Correspondenzen und Hin- und Wiederreisen seine Lust finde und seine unersättliche Curiosität zu contentiren trachtet, aber entweder kein Talent oder keine Lust hätte, etwas zusammenzubringen und zu endigen«. Daher wäre zu beklagen, wenn der Kurfürst ihn verlieren, der Kaiser aber keinen Nutzen davon haben sollte.[96]

Gegenüber dem Kurfürsten gibt Leibniz sofort zu erkennen, dass er das Amt in Wien nur als Nebentätigkeit versteht. Dennoch kehrt er nicht an seine eigentliche Arbeitsstelle zurück, sondern findet immer neue Ausreden, bis schließlich seine Gehaltszahlungen eingestellt werden. In Hannover fragt man sich, ob der Hofbibliothekar überhaupt noch einmal zurückkommen will.[97]

Offenbar genießt der Gelehrte seine Freiheiten. Statt die Welfengeschichte fertigzustellen, erforscht er lieber die Geschichte der Wissenschaften in China. Mindestens genauso viel liegt ihm daran, Russisch zu lernen – ganz nebenbei steht er mittlerweile nämlich auch bei Peter dem Großen in Diensten –, seine Monadenlehre auszuarbeiten und die metaphysischen Anfangsgründe der Mathematik darzulegen. Der Sekretär der Pariser Akademie vergleicht ihn mit einem antiken Wagenlenker, der bis zu acht nebeneinander gespannte Rosse gleichzeitig zu lenken vermag.

Schmerzen in Hand- und Fußgelenken schränken seine Beweglichkeit und seine Fähigkeit zu schreiben manchmal für Tage und

Wochen ein. Die Gichtattacken treten in immer kürzeren Zyklen auf, können ihn aber nicht davon abhalten, mit den Mächtigen und Gelehrten dieser Welt Kontakt zu halten. Anders als Newton, der sich auf die Veröffentlichung zweier großer Werke konzentriert, die die Wissenschaft für Jahrhunderte prägen werden, hat Leibniz so vieles zugleich im Kopf, dass er tatsächlich nur wenig zu Ende bringt.

Am Habsburgerhof findet er einigen Zuspruch für eine Akademiegründung, aber keine Geldgeber. Der kaiserliche Beamtenapparat ist ein Räderwerk, das nicht so auf Touren zu bringen ist, wie er es sich wünschen würde. Mit einer Förderung der Wissenschaften hat man sich in Wien bisher kaum hervorgetan. Während in London darüber diskutiert wird, wie sich die Zeit unter den erschwerten Bedingungen der Seefahrt minuten- und sekundengenau messen lässt, tanzen die Uhrzeiger des Wiener Stephansdoms gemächlich im Viertelstundentakt.

140 Jahre lang hatte die alte Domuhr ihren Dienst getan, ehe der Uhrmacher Joachim Oberkircher 1699 den Auftrag für eine neue erhielt. Er fertigte ein Räderwerk aus 700 Kilogramm Eisen. Allein der große Zeiger der Domuhr ist zwei Meter lang. Erstmals hat sie nun auch einen zweiten, halb so langen Zeiger bekommen. Letzterer zeigt aber nicht etwa Minuten an, sondern nur Viertelstunden. Den rechten Gang des Uhrwerks kontrolliert wie in den Jahrhunderten zuvor ein Turmwächter mit Sonnen- und Sanduhr.

Wie weit die Uhrentechnik in England inzwischen voraus ist, kann man zeitgenössischen Reisetagebüchern entnehmen, unter anderem Uffenbachs Aufzeichnungen. In der Zeitwahrnehmung des jungen Adligen zeigt der Puls der britischen Hauptstadt binnen wenigen Wochen Wirkung. Zudem weckt er sein Interesse an der Uhrmacherkunst.

Gleich in der ersten Woche nach der Ankunft kaufen er und sein Bruder eine goldene Taschenuhr beim Uhrmacher John Bushman alias Hans Buschmann, nachdem sie sich zuvor im Kaffeehaus darüber informiert haben, dass der gebürtige Deutsche ähnlich gute Uhren fabriziert wie Thomas Tompion oder Daniel Quare, sie aber zu günstigeren Preisen anbietet.[98] Sie besichtigen die Saint-Paul's-Kathedrale und sind fasziniert von der feinen Mechanik ihres Uhrwerks. »Keine Sackuhr kan zierlicher und accurater an Rädern und allem seyn, als diese grosse Uhr.«[99]

Von nun an berichtet der Londonbesucher immer wieder von Besuchen bei Uhrmachern: Joseph Antram, dessen Standuhren völlig geräuschlos die Minuten zählen; Christopher Holsom, dem die Brüder Uffenbach eine neuartige Weckvorrichtung für Taschenuhren abkaufen, einen Läutbecher, in den man die Uhren einhängen kann; Perigo, der sich auf robuste Uhrengehäuse aus Stahl spezialisiert hat, oder einem gewissen Schulz aus Breslau, der durchbohrte Rubine und Diamanten als Radlager in Kleinuhren einsetzt, eine Technik, die heute noch gebräuchlich ist und auf Newtons glühenden Verehrer Nicolas Fatio de Duillier zurückgeht.

Einmal gerät Uffenbach in ein stadtbekanntes Liebesnest. Nach dem Spaziergang im »Cupido-Garten« beschreibt er die Frauen, die in ihrer verdächtigen Keuschheit so gut gekleidet wären wie die vornehmen Ladys und deren besonderer Reiz für ihn offenbar darin besteht, dass sie »meist alle goldene Uhren anhangen haben«.[100] Ein andermal besucht er ein Pferderennen, gibt seinem Diener die Taschenuhr und lässt ihn die Zeit messen, die die Pferde für eine Runde benötigen. Uffenbach staunt über das hohe Tempo.[101]

Die kleine Szene erinnert an Samuel Pepys' erste Gehversuche mit einer Minutenuhr. Nach einem Monat in der Metropole hat sich Uffenbach dem Verhalten der wohlhabenden Bürger angepasst: In London vertraut man seiner eigenen Uhr eher als einer fremden.[102]

Die Zeitangaben in Uffenbachs Reisetagebuch werden im Lauf seines Londonaufenthalts tendenziell präziser, so etwa nach seinem zweiten Besuch bei der Royal Society am 3. November 1710. Auch diesmal trifft er den Präsidenten Isaac Newton nicht an. Aber der Sekretär der Gesellschaft nimmt sich an diesem Nachmittag ausgesprochen viel Zeit, um den Brüdern die Räume der Akademie und ihre Sammlung zu zeigen.

Im Tagebuch findet Uffenbach lobende Worte dafür und stellt mit Bezug auf den viel beschäftigten Sekretär die moderne Gleichung »Zeit ist Geld« auf: »Man sagt, daß er alle Stunden eine Guinee verdienen könnte. Wir mussten es dahero für eine gar grosse Höflichkeit achten, daß er uns von halb drey bis sieben Uhr geschenket.«[103]

Time is money

Zwischen Zeit und Geld gibt es auch strukturelle Ähnlichkeiten. Geld als fester Wertmaßstab reduziert die wachsende Komplexität von Tauschgeschäften und vereinfacht den überregionalen Handel. Der Preis dafür ist eine rigide Geldwirtschaft. In ihr erhöht das unumgängliche Geld zwangsläufig die Nachfrage nach diesem. Nahezu alle Formen der Wertanlage und potenziellen Wertsteigerung hängen von dieser Dynamik ab. Der Einzelne kann sich ihr kaum entziehen: Leibniz feilscht um Gehälter und hortet Tausende, Newton investiert ein Vermögen in hochgradig spekulative Südseegeschäfte.

Ähnlich verhält es sich mit der Zeit. Ein fester Zeitmaßstab reduziert die Komplexität im weitverzweigten sozialen Gefüge und vereinfacht Verabredungen. Eine allgemein anerkannte, in kleinste Einheiten unterteilte Uhrzeit hat aber auch eine größere Nachfrage nach Pünktlichkeit zur Folge, durch die sich die Verrichtungen vieler Individuen optimal miteinander verschränken lassen. Während also tendenziell mehr Tätigkeiten in den Tag hineingepackt werden, können die Akteure zugleich zwischen mehr Optionen wählen. Damit verbreitet sich das Gefühl, keine Zeit zu haben. Zeit wird zu einer knappen Ressource.

Dass Zeit Geld ist, spiegelt sich an der Schwelle zum 18. Jahrhundert in der Umstrukturierung des englischen Finanzwesens und in der Rationalisierung der Arbeitswelt. Neue Maßstäbe setzen diesbezüglich die Crowley-Eisenwerke in Winlaton, die von einem Hauptquartier in London aus geleitet werden. Dort arbeiten die Tagelöhner seit der Jahrhundertwende wie nach einer Stechuhr. Für jeden gibt es ein eigenes Kontrollformular, auf dem Beginn und Ende der Arbeitszeit auf die Minute genau eingetragen werden.[104]

Sir Ambrose Crowley hat Englands größtes Unternehmen mit Kapital aus der Hauptstadt an einem günstigen Standort aufgebaut, wo er zwei große Wassermühlen und vier Schmelzöfen betreibt, um das aus Schweden importierte Eisen zu verarbeiten.

Allerdings möchte er nicht mehr Arbeitsstunden bezahlen, als tatsächlich geleistet worden sind. Seine Werksordnung hält fest, dass es von fünf bis 20 und von sieben bis 22 Uhr genau 15 Stunden sind, von denen anderthalb für Frühstück, Mittagessen und sonstige Pausen abgezogen werden. Das seien 13,5 Stunden exakte Arbeitszeit. Und weil man ihn darüber informiert habe, »dass einige der Beschäftigten so unehrlich gewesen wären, sich beim Verlassen ihres Arbeitsplatzes an den am schnellsten gehenden Uhren und einer vor der vollen Stunde schlagenden Glocke zu orientieren, beim Beginn der Arbeit hingegen an Uhren, die zu langsam gehen, und einer nach der vollen Stunde schlagenden Glocke, ... wird angeordnet, dass sich keine Person mehr nach einer anderen Schlaguhr, Glocke, Taschenuhr oder einem Zifferblatt mehr richten soll als der Uhr des Aufsehers, die von niemand anderem gestellt werden darf als vom Uhrwächter«.[105]

In den Crowley-Werken kommen kapitalistische Arbeitsrichtlinien zu einer frühen Blüte. Ähnliche Vorschriften, mit denen die Arbeitszeiten jedes Einzelnen erfasst werden, um sie auf kontrollierbare Weise zu steigern, werden später von Baumwollfabriken und während der Industrialisierung auch von anderen Unternehmen übernommen. Von hier aus lässt sich die Feststellung des Sozialhistorikers Lewis Mumford begreifen: »Die Uhr und nicht die Dampfmaschine ist die Schlüsseltechnik des modernen Industriezeitalters.«[106]

Der unregelmäßige Gang der Sonne

Der zeitgenössische Schriftsteller Jonathan Swift nimmt den Uhrentick seiner Mitbürger aufs Korn. In seinem Roman *Gullivers Reisen* wird der Held im Lande Liliput von königlichen Beamten durchsucht. Die Winzlinge stoßen auf eine wunderbare Maschine, die an einer silbernen Kette in Gullivers Westentasche steckt. Voller Staunen über das unablässige Kreisen des Minutenzeigers und das unaufhörliche Geräusch der Maschine, ähnlich dem einer Wassermühle, berichten sie ihrem König: »Wir vermuten, dass es entweder ein unbekanntes Tier oder der Gott ist, den er anbetet. Wir neigen aber mehr zu der letzteren Ansicht.« Denn der Fremde habe ihnen versichert, er tue selten etwas, ohne dieses Gerät zurate zu ziehen. »Er nannte es sein Orakel und sagte, es zeige die Zeit für jede Handlung seines Lebens.«[107]

Nirgends in Europa floriert das Uhrmacherhandwerk so wie in der englischen Hauptstadt. Bücher informieren über Uhrentechnik und die Geschichte der Zeitmessung, Jahreskalender und Almanache erläutern den feinen, aber messbaren Unterschied zwischen der Zeitanzeige einer präzisen Uhr und der Sonnenzeit. *The Ladies' Diary* zum Beispiel, ein Monatskalender für die Dame, auf dessen Titelblatt Queen Anne abgebildet ist, listet für jeden einzelnen Tag des Jahres die Differenz zwischen der wahren Sonnenzeit auf, die man mit einer Sonnenuhr misst, und einer mittleren Sonnenzeit, die eine ideale, völlig gleichmäßig laufende Uhr anzeigen sollte:

4. Januar: »Uhren zehn Minuten zu schnell im Vergleich mit einer guten Sonnenuhr.«

7. Januar: »Uhren elf Minuten zu schnell.«

10. Januar: »Uhren zwölf Minuten zu schnell.«

Am 31. Januar 1710 englischer Zeitrechnung ist mit »14 Minuten und 49 Sekunden« die maximale Abweichung erreicht. Einen Monat später eilen die Uhren immer noch zehn Minuten voraus. Am 31. März ist es dann nur noch eine einzige Minute.

4. April: »Nun laufen gute Taschenuhren, Uhren und Sonnenuhren im Einklang.«

8. April: »Uhren eine Minute zu langsam.«

13. April: »Uhren zwei Minuten langsamer als die Sonne.«[108]

Diese Angaben entsprechen der in den 1670er-Jahren von John Flamsteed aufgestellten Zeitgleichung, nach der sich die Londoner Uhrmacher schon lange richten. Inzwischen ist das astronomische Fachwissen allgemeines Bildungsgut geworden. In einem stärker astrologisch ausgerichteten Almanach namens *Olympia domata* gibt der Autor für dasselbe Jahr die Differenz zwischen mittlerer Sonnenzeit und wahrer Sonnenzeit für jeden Kalendertag auf die Sekunde genau an.[109]

Auffällig sind die Formulierungen »Uhren … zu schnell« oder »zu langsam«. Selbst Fachleute kämen nicht auf die Idee zu sagen, »Sonne zu langsam« oder »Sonne zu schnell«. Denn zweifellos zeigt sie die wahre Zeit an. Seit Jahrtausenden verlässt man sich auf den Höchststand der Sonne am Mittag als Zeitmarke. Die Pendeluhr, Inbegriff der verlässlichen Zeitangabe, stellt diesen Zeitstandard infrage. Soll man eine präzise Pendeluhr wirklich nach der Sonne stellen, wenn deren Periode nachweislich schwankt?

Leibniz antwortet pragmatisch auf diese Frage: Das Pendel habe »die Ungleichheit der Tage von einem Mittag zum anderen sinnlich bemerkbar und sichtbar gemacht«. Im Nachsatz zitiert er jedoch sogleich den römischen Dichter Vergil: »Solem quis dicere falsum audeat?« »Wer wollte es wagen, die Sonne falsch zu nennen?«[110]

Der Sonnenlauf ist der unmittelbaren Erfahrung jedes Einzelnen zugänglich. Für gläubige Menschen verkörpert er die von Gott gegebene Zeit. In nahezu allen Kulturen sind zeitliche Vorstellungen an den Sonnenzyklus gebunden, in manchen noch viel direkter als bei uns, etwa bei den Aborigines in Nordaustralien: Wenn wir Geschehnisse zeitlich ordnen, zum Beispiel eine Sequenz von Fotos, dann tun wir dies in der Regel so, dass die Zeit von links nach rechts läuft, entsprechend unserer Schrift. Die Kuuk Thaayorre in Australien ordnen eine solche Foto- oder Kartensequenz immer der Sonne nach von Osten nach Westen, wie die amerikanische Psychologin Lera Boroditsky erläutert: »Saßen sie mit dem Gesicht nach Norden, wurden die Karten von rechts nach links angeordnet. Saßen sie mit dem Blick nach Osten, lief die Kartenreihe auf den eigenen Körper zu.«[111] Die Kuuk Thaayorre wissen stets, in welche Himmelsrichtung sie gerade blicken.

Große Sonnenuhren schmücken zu Beginn des 18. Jahrhunderts immer noch die Wände der Londoner Kirchen und etlicher Stadthäuser. Insbesondere Turmwächter, die öffentliche Uhren stellen, orientieren sich am Mittagshöchststand der Sonne. Zeitgenössische Autoren wie John Smith empfehlen ihren Lesern, die Uhren immer zur Mittagsstunde und nicht zu einer anderen Zeit abzugleichen. Denn dann stehe die Sonne am höchsten und ihre Strahlen würden auf dem Weg durch die Atmosphäre weniger stark gebrochen. Smith erläutert, wie man die wahre Sonnenzeit zur Mittagsstunde mit einfachen Hilfsmitteln auf »weniger als eine halbe Minute genau« abliest.[112]

Die Sonnenzeit oder wahre Ortszeit bleibt einstweilen der verbindliche Zeitstandard. Uhrmacher wie Thomas Tompion, John Topping und Joseph Williamson bauen sogar Uhren, die den

Unterschied zwischen der wahren und mittleren Sonnenzeit automatisch anzeigen. Solche »equation clocks« bleiben jedoch Einzelstücke. Und da sich die Sonne in London oft hinter Wolken und Häusern verbirgt, bringen mechanische Uhren die Sonnenzeit zunehmend in Misskredit.

Nicht nur gegenüber modernen Pendeluhren erscheint die Sonne launenhaft. Die Umlaufperioden der Jupitermonde sind ebenfalls nicht mit der wahren Ortszeit als Zeitstandard vereinbar, wohl aber mit der mittleren Sonnenzeit. Nach welcher Zeit soll man sich also richten?

Während diese Frage für das alltägliche Miteinander keine Rolle spielt, wird sie unter Fachleuten heiß diskutiert. Die Zeitgleichung markiert genau die Stelle, an der alte und neue Zeitvorstellungen auseinanderdriften. Sie stellt das Bindeglied zwischen der wahren Sonnenzeit und einer nur noch rechnerisch ermittelten Uhrzeit dar.

Zeitzonen

Fragt man nach der Herkunft des westlichen Zeitverständnisses, so lassen sich mehrere Phasen unterscheiden: Das traditionelle Zeitverständnis knüpft an natürliche Zyklen und die unmittelbare Anschauung an. In bäuerlichen Gemeinschaften stellt sich ein kollektives Zeitbewusstsein dadurch ein, dass die Natur mit ihren Zyklen als das Veränderliche erlebt wird. Primär kommt es darauf an, innerhalb dieser Zyklen die richtigen Zeitpunkte für Aussaat und Ernte und andere Aktivitäten abzupassen.

In den wachsenden Städten haben sich Uhren und Kalender im Lauf der Jahrhunderte zu einem allgemein verbindlichen zeitlichen Bezugsrahmen weiterentwickelt. Hier richten sich Menschen in ihren unterschiedlichen Aktivitäten zwar noch nach Licht- und Wetterverhältnissen, doch dient die mechanische Uhr vor allem dem Zweck, das komplexe Miteinander zu regeln. In städtischen Gesellschaften bewegen sich die Menschen vor einem festen Zeithintergrund.

Diese mechanische Uhrzeit verwandelt sich an der Schwelle zum 18. Jahrhundert in eine streng mathematische Zeit, sodass die ideale Uhr und eine völlig gleichmäßige Bewegung zu neuen

Day.	Janua. Sec.	Febru. Sec.	March Sec.	April Sec.	May. Sec.	June. Sec.	July. Sec.	Aug. Sec.	Sept. Sec.	Octob. Sec.	Nov. Sec.	Dec. Sec.
	Natural days longer than the mean day, and Clocks gain.	Natural dayes ſhorter than the mean day, and Clocks loſe.	Natnral dayes ſhorter than the mean day, and Clocks loſe.	Natural dayes ſhorter than the mean day, and Clocks loſe.	Nat. days longer than the mean day, and Clocks gain : ⊙⊙	Natural days longer than the mean day, and Clocks gain.	Natural days longer. Nat. dayes ſhorter.	Nat. dayes ſhorter than the mean, and Clocks loſe.	Nat. dayes ſhorter than the mean, and Clocks loſe.	Nat. days ſhorter, Clocks loſe. Longer.	Natural dayes longer than the mean, and Clocks gain.	Natural dayes longer than the mean, and Clocks gain.
1	24	⊙ 0	17	17	3	11	7	9	20	14	9	29
2	23	2	17	16	3	11	7	9	20	14	10	30
3	22	2	18	16	1	12	7	9	21	13	10	30
4	21	4	18	15	0	12	6	11	21	13	10	30
5	20	4	18	15	0	12	6	12	21	13	11	30
6	19	4	18	14	1	13	6	13	21	13	12	30
7	18	5	18	14	2	13	6	13	22	12	12	30
8	17	5	18	14	2	13	5	14	22	11	13	30
9	16	6	18	14	3	13	4	14	22	10	15	30
10	16.	8	18	13	3	13	4	15	21	9	17	30
11	16	8	18	13	3	13	3	15	21	8	17	30
12	16	9	18	12	4	13	2	15	20	7	18	30
13	16	9	19	12	4	13	2	16	20	7	18	30
14	15	10	19	11	5	13	1	16	20	6	19	31
15	15	10	20	11	5	13	⊙ 0	17	20	6	20	31
16	14	11	20	10	6	12	⊙ 0	17	20	5	21	31
17	13	12	20	10	6	12	1	17	20	4	22	31
18	12	13	20	10	6	11	2	18	20	3	23	30
19	11	13	20	10	6	11	3	18	19	3	23	30
20	11	13	19	10	7	11	4	19	19	2	24	30
21	10	14	19	9	8	11	4	19	19	⊙ 0	24	30
22	9	14	19	7	8	11	4	19	19	⊙ 0	24	30
23	8	15	19	7	9	10	4	19	19	⊙ 0	25	30
24	6	15	19	7	10	10	5	19	18	1	25	29
25	5	15	19	6	10	10	5	20	17	2	25	28
26	4	15	19	5	11	10	5	20	17	2	25	28
27	3	16	19	5	11	10	5	20	16	3	26	28
28	3	17	19	5	11	9	6	20	16	4	26	27
29	2		19	4	11	9	7	20	15	6	27	27
30	1		18	4	11	8	8	20	15	7	27	25
31	⊙ 0		17		11		9	20		8		24
	Clocks gain this Month Min. Sec.	Clocks loſe this Month Min. Sec.	Clocks loſe this Month Min. Sec.	Clocks loſe this Month Min. Sec.	Clocks gain this Month Min. Sec.	Clocks gain this Month Min. Sec.	Clocks loſe this Month Min. Sec.	Clocks loſe this Month Min. Sec.	Clocks loſe this Month Min. Sec.	Clocks loſe this Month Min. Sec.	Clocks gain this Month Min. Sec.	Clocks gain this Month Min. Sec.
Sum	6 26	4 29	9 37	5 16	2 47	5 43	0 6	8 23	9 41	2 20	9 38	15 9

Die Zeitdauer von einem Sonnenhöchststand zum nächsten ist nicht immer gleich. Sie schwankt im Lauf des Jahres um einen Mittelwert. Dies ist ein Auszug aus einem Kalender von John Smith aus dem Jahr 1686, der auflistet, um wie viele Sekunden sich der Höchststand der Sonne von einem Tag zum anderen gegenüber einer idealen Uhr verschiebt. Anhand dieser Tabelle können Londoner Uhrmacher ihre Uhren präzise justieren.

Gradmessern werden. Insofern sind Präzisionsuhren nicht nur »Sinnbild eines mechanisch konzipierten Universums, sondern auch der modernen Zeitauffassung«.[113] Die in kleinste Einheiten zerlegte, vom tatsächlichen Sonnenlauf abgekoppelte Uhrzeit wird schließlich zur allgemeingültigen Zeit erklärt.

Zunächst setzt sie sich in Städten wie Genf (1780) und London

(1792), danach in Berlin (1810) und Paris (1816) als Zeitnormal durch. In der britischen Hauptstadt hat dies zur Folge, dass immer mehr Londoner am Observatorium in Greenwich anklopfen, um die dort ermittelte, korrekte Zeit zu erfahren. Die Zeitinformation wird zum einträglichen Tagesgeschäft: Henry Belville, Assistent an der Königlichen Sternwarte, nach ihm seine Witwe und schließlich ihre Tochter Ruth verkaufen die präzise Uhrzeit aus Greenwich gegen eine Gebühr an einen kleinen Kundenkreis in der Metropole.

Der neue Zeitstandard weist über die Organisation der Großstadt weit hinaus. Nachdem sich die Zeit vom konkreten Himmelsgeschehen abgelöst hat, lässt sie sich flexibel auf größere Handels- und Wirtschaftsräume übertragen. Gerade dies ist die Voraussetzung dafür, dass sie fortan zum Maßstab für alles wird.

Der zentralisierte Zeitstandard bringt die Macht der Metropole über die Region ebenso klar zum Ausdruck wie die Macht Großbritanniens über den Welthandel. Seefahrer werden sich bei der Längengradbestimmung als Erste auf den Meridian und die Uhrzeit von Greenwich beziehen. Später wird man sich auch bei der Einteilung des Erdballs in Zeitzonen auf die mittlere Sonnenzeit in Greenwich als Referenz einigen – gegen den erbitterten Widerstand Frankreichs.

Parallel dazu verschwinden im Verlauf des 18. und 19. Jahrhunderts die Sonnenuhren aus dem Stadtbild. Mit der Sonnenuhr, die wie kein anderes Instrument daran erinnert, dass niemand den Uhrzeiger, das Ziffernblatt oder die gleich langen Stunden aus dem Hut gezaubert hat, geht eine jahrtausendealte Kulturtechnik verloren. Vorübergehend versieht man ihre Ziffernblätter noch mit Korrekturmarken, die die Zeitgleichung symbolisieren – nun in umgekehrter Lesart. Aber wer schaut jetzt noch auf die Sonnenzeit?

EIN PREIS FÜR DIE BESTIMMUNG DES LÄNGENGRADS

Eine präzise Schiffsuhr soll die britische Seefahrt auf Kurs bringen. Es geht um Sekunden

Am 11. Juni 1714 verlässt Isaac Newton seine Wohnung in der St. Martin Street in London mit einem Aktenbündel unterm Arm. Vor einem größeren Publikum frei zu sprechen ist nie seine Sache gewesen. Daher hat sich der Präsident der Royal Society schriftlich auf die Anhörung im Parlament vorbereitet.

Die Regierung ist gewillt, einen ansehnlichen Preis auszuschreiben, um die Navigation auf hoher See zu verbessern und das Längengradproblem zu lösen, das den Überseehandel behindert. Nach Ende des spanischen Erbfolgekriegs hat sich das britische Handelsimperium noch einmal beträchtlich erweitert. Soeben sind Gibraltar und Menorca unter britische Herrschaft gefallen sowie das Monopol für den Sklavenhandel mit Spaniens Kolonien in Amerika. Außerdem muss Frankreich die Hudson Bay und Kolonien im heutigen Osten Kanadas an die britischen Nachbarn abtreten.

Gestiegen ist jedoch auch die Zahl der Schiffe, die Opfer von Stürmen und Havarien werden. Mit Schrecken etwa denkt man in London an den Untergang der 50 Meter langen HMS Association zurück: Als Admiral Cloudesley Shovell nach dem Kampf gegen die Franzosen aus dem Mittelmeer zurückkehrte, geriet seine Flotte in ein Unwetter und kam vom Kurs ab. Vier der Schiffe, darunter Shovells Flaggschiff, zerschellten vor den Scilly Islands. 1500 Menschen wurden in heimischen Gewässern in den Tod gerissen, weil die Navigatoren die Positionen ihrer Schiffe falsch berechnet hatten. Obschon das Geschwader bereits auf die Südwestspitze Englands zulief, wähnten sie sich noch in der Nähe der französischen Küste.

Auf Drängen der Admiralität und der Londoner Kaufleute soll eine Kommission jetzt Mittel und Wege prüfen, wie Kriegs- und Handelsschiffe künftig schneller und sicherer ans Ziel gelangen können. Dazu hat das Unterhaus erfahrene Wissenschaftler und Seefahrer um Stellungnahmen gebeten. Auch Newton ist aufgefordert, ein Verfahren zur präzisen Zeitmessung und Bestimmung der geografischen Länge zu finden.

Als würden ihn seine Ämter nicht schon genug in Anspruch nehmen! Gegenwärtig sägen führende Minister an seinem Stuhl bei der Königlichen Münzanstalt. Lord Bolingbroke hat ihm unter der Hand eine ansehnliche Rente versprochen, sollte er sich dazu bereit erklären, seine Posten als »Master of Mint« vorzeitig niederzulegen. Unterdessen hat Bolingbrokes Erzrivale, der Earl of Oxford, einen seiner Schützlinge in die Münzanstalt eingeschleust und eine Schlüsselposition mit ihm besetzt. Newton hat seine liebe Not mit dem protegierten Senkrechtstarter. Trotzdem denkt er nicht daran, die einflussreiche Stellung aufzugeben. Königin Anne ist sterbenskrank. Man rechnet mit ihrem baldigen Tod. Vieles deutet darauf hin, dass die Krone demnächst an das Haus Hannover und damit an einen protestantischen Thronfolger fallen wird, den die Whigs unterstützen. Viele Parlamentarier aus den Reihen der Tories wünschen keinen Ausländer auf dem Thron, weshalb Regierungschef Bolingbroke insgeheim mit dem katholischen Prätendenten aus der Linie der Stuarts verhandelt, dem Sohn James II., der im Exil in Frankreich lebt.[114] Wird er sich doch noch zu einem Übertritt zum Protestantismus bewegen lassen? Würde Frankreich die Ambitionen des Stuartprinzen im Falle eines Falles unterstützen?

In Londons Kaffeehäusern verbreiten Zeitungen und Flugschriften die neuesten Gerüchte über die Thronanwartschaft und Großbritanniens Zukunft. Trotz der vor zwei Jahren erstmals erhobenen Zeitungssteuer hat die Zahl der regelmäßig erscheinenden Blätter eher zu- als abgenommen. Geheime Briefe, die von Hannover aus nach London verschickt werden, finden genauso schnell ihren Weg in die Tagespresse wie zu ihren eigentlichen Adressaten. »In Hannover, wo erst seit August 1709 ein zweimal in der Woche im Umfang von je einem halben Bogen erscheinendes kümmerliches Blättchen existierte, hatte man ganz offenbar von der Publikumswirkung der englischen Zeitungen keine rechte Vorstellung«, kommentiert der Historiker Georg Schnath.[115]

Doch nicht nur, dass der Direktor der Münzanstalt zwischen die Fronten und mitten in die Kämpfe um künftige Posten geraten ist, zudem hat er sich immer tiefer in die Kontroverse mit Leibniz verstrickt, eine ihm innerlich zutiefst verhasste Melange aus philosophischer Streitsucht und verletzter Eitelkeit. Die sich überbietenden Anschuldigungen haben sich zu einer Staatsaffäre ausgeweitet, denn Leibniz steht in Diensten des Kurfürsten in Hannover, der nun nach der Krone greift.

Dabei hielt Newton die Sache zwischenzeitlich schon für erledigt, nachdem ein Untersuchungsausschuss der Royal Society klargestellt hatte, dass er der Erfinder des Calculus sei. Aber der Deutsche streitet alles ab und hat Beiträge in verschiedenen Zeitschriften lanciert. Von Wien aus macht er Stimmung gegen ihn, konfrontiert den Präsidenten der Royal Society mit angeblichen Fehlern in seinen *Principia* und ruft namhafte Mathematiker in den Zeugenstand.

John Chamberlayne, Kammerherr der Queen und Mitglied der Royal Society, ist der Erste am Königshof, der in diesem Konflikt zu vermitteln versucht. In seinen Augen sind die Differenzen zwischen zwei der größten Philosophen und Mathematiker Europas ein Unheil für die ganze wissenschaftliche Gemeinschaft. Es würde ihm zur Ehre gereichen, die Affäre endlich zu einem guten Ende zu bringen.[116]

Hüben wie drüben treffen seine Worte auf taube Ohren. Leibniz fühlt sich völlig schuldlos: Newtons Gefolgsleute hätten die Konfrontation eröffnet. Der Präsident der Royal Society habe sich von ihnen täuschen und dazu hinreißen lassen, ihn anzugreifen und zu beleidigen. Man habe ihm nicht einmal die Möglichkeit gegeben, sich zu verteidigen. Trotzdem werde der Bericht nun unter dem Namen der Royal Society in Frankreich und Italien verteilt. Er selbst sei Newton immer mit dem größten Respekt begegnet, hebt er gegenüber Chamberlayne hervor. Nun jedoch habe er berechtigte Zweifel, ob Newton die Rechenmethode bekannt gewesen sei, »bevor er sie von mir hatte«.[117]

Die Fronten haben sich weiter verhärtet. Während Leibniz mittlerweile seinerseits Plagiatsvorwürfe gegen Newton erhebt und Rückendeckung von Mathematikerkollegen bekommt, sucht dieser akribisch nach Fehlern in dessen Publikationen. Auf Newtons Schreibtisch stapeln sich Entwürfe für Zeitungsartikel und Kopien von Briefen, die allesamt gegen Leibniz gerichtet sind. Er wirft ihm vor, sein Leben damit vergeudet zu haben, Briefe zu versenden und Schüler zu finden, anstatt, wie er, nach der Wahrheit zu suchen. Newton hält es sich zugute, seit 40 Jahren keine Korrespondenz mehr mit Mathematikern geführt zu haben.

Die Ergebnisse der »unabhängigen« Untersuchungskommission fasst Newton noch einmal auf wenigen Seiten zusammen, um sie in den *Philosophical Transactions* und in anderen Zeitschriften anonym zu veröffentlichen. Nicht einmal das Recht, sich zu verteidigen, räumt er Leibniz darin ein. Kein Mensch könne Zeuge in eigener Sache sein.[118]

Ein Meer der Zeit

Unterdessen hat er auch das Manuskript für das Treffen im Unterhaus zusammengeschrieben. Es hat ihn wenig Mühe gekostet, denn die Längengradberechnung beschäftigt ihn seit Jahrzehnten. Kein namhafter Forscher kommt daran vorbei.

Unter den geladenen Wissenschaftlern ergreift der Präsident der Royal Society als Letzter das Wort. Stehend verliest Newton sein Manuskript, in dem er zuallererst auf die Ermittlung des Längengrads mithilfe einer mechanischen Uhr eingeht. Eine Borduhr, die die Zeit präzise anzeigt, scheint das wichtigste technische Hilfsmittel zu sein, um den Längengrad zu ermitteln. Aber Newton ist skeptisch. Weder Christiaan Huygens noch andere Forscher hätten ein Schiffschronometer bauen können, das hinreichend genaue Zeiten angibt. Allein die Schaukelbewegungen des Schiffs, die schwankenden Temperaturen bei Reisen in andere Klimazonen oder die Feuchtigkeit schränken die Möglichkeiten der präzisen Zeitmessung auf hoher See ein.

Auf eine Borduhr sei kein Verlass. Sie sei nur eine Hilfe, das Wissen um den Längengrad auf hoher See für ein paar Tage beizubehalten, wenn man ihn bereits kenne. Habe man ihn aber einmal verloren, könne man ihn mit keiner Uhr wiederfinden. Dazu bedürfe es astronomischer Methoden.

So leitet Newton über zur Zeitbestimmung mithilfe der Jupitermonde, die wie die Zeiger einer Uhr um ihren Mutterplaneten kreisen. Er favorisiert jedoch ein Verfahren, das auf seinen eigenen Berechnungen fußt: Newton hat die Umlaufbahn des Mondes um die Erde so genau studiert wie kein anderes Himmelsphänomen und schließlich eine Formel zur Vorhersage der Mondpositionen gefunden. Sie ist zwar komplex, dafür lässt sich der Erdmond wesentlich leichter am Himmel verfolgen als die entlegenen Jupitermonde. Mit dieser Methode kann man die geografische Länge bislang aber bestenfalls auf zwei oder drei Grad genau bestimmen. Für exaktere Werte wären noch detailliertere Himmelskarten erforderlich, auf denen die Wanderung des Mondes vor dem Hintergrund der Fixsterne verzeichnet ist.

Zum Ende seines Vortrags geht Newton noch auf eine extravagante Variante ein: den Längengrad mithilfe von Kanonenschüssen zu bestimmen, die von verschiedenen Punkten aus regelmäßig abgefeuert und den Seeleuten ein akustisches Signal geben könnten, was aber nur unter besonderen Umständen möglich wäre.[119] Nachdem er sein Referat beendet und wieder Platz genommen hat, schauen ihn die versammelten Kommissionsmitglieder erwartungsvoll an. Was denkt der prominenteste Forscher über das Ansinnen der Regierung, einen Preis für die Längengradbestimmung auszusetzen?

Newton schweigt. Der Vorsitzende des Komitees dagegen erklärt, ohne seine Stellungnahme werde man von einer Ausschreibung absehen. Man muss ihm die Worte schließlich in den Mund legen, um ihm eine müde Zustimmung abzuringen. Trotzdem wird eine beachtliche Summe für das erste »Global Positioning System« der Neuzeit festgesetzt. Auf Newtons Vorschlag hin wird das Preisgeld gestaffelt:

10 000 Pfund soll derjenige erhalten, der die geografische Länge bei einer Reise von England in die Karibik bis auf ein Grad genau bestimmen kann.

20 000 Pfund gibt es für eine Genauigkeit von einem halben Grad.

Ein Grad bedeutet am Äquator immer noch eine erhebliche Unsicherheit von etwa 110 Kilometern. »Dass die britische Regierung bereit war, solch riesige Summen (nach heutigem Begriff:

mehrere Millionen Euro) für ›praktikable und nützliche Methoden‹ bereitzustellen, mit denen man das Ziel um viele Meilen verfehlen konnte, drückt die Verzweiflung der Nation über den beklagenswerten Stand der Navigation aus«, so die Wissenschaftspublizistin Dava Sobel.[120]

Für Uhrmacher ist die Herausforderung enorm. Wenn sich der Höchststand der Sonne am Mittag um eine Stunde verzögert, hat man sich mit dem Schiff um 15 Längengrade nach Westen bewegt. Ein Längengrad entspricht daher einem Zeitunterschied von vier Minuten. Damit diese Differenz bei einer sechswöchigen Reise in die Karibik messbar bleibt, darf die Uhr pro Tag nur wenige Sekunden zu schnell oder zu langsam gehen.

An Land wäre das kein unüberwindbares Problem. Zeitgenössische Pendeluhren kommen unter idealen Bedingungen bereits an diese Genauigkeitsgrenze heran. Aber die Widrigkeiten der Seefahrt bringen jede Präzisionsuhr aus dem Takt, weshalb Newton weiter auf astronomische Methoden setzt. Bis an sein Lebensende wird er Mitglied der Jury bleiben und sämtliche Vorschläge zurückweisen, die Uhren betreffen.

Trotzdem wird der Preis nicht an einen studierten Astronomen gehen, sondern an einen gelernten Tischler: John Harrison aus Lincolnshire, der 1714 erst 21 Jahre alt ist und gerade seine erste Uhr gebaut hat, ausschließlich aus Holz! Sie kann nicht rosten, muss nicht geschmiert und kaum gewartet werden. Harrison mausert sich bald zu einem gefragten Uhrmacher in der Region, hat aber mit denselben Problemen zu kämpfen wie all seine Kollegen: Änderungen der Luftfeuchtigkeit und Temperaturschwankungen beeinträchtigen den Gang jedes Pendels. Bei Kälte zieht sich das Material zusammen, das Pendel schwingt schneller, und die Uhr geht vor.

Dieser Schwierigkeit begegnet Harrison mit einem äußerst raffinierten Rostpendel. Dazu kombiniert er dünne Stangen aus verschiedenen Legierungen, die auf Wärmeänderungen unterschiedlich reagieren. Diese Stahl- und Messingstangen setzt er zu einem Gitterrost zusammen, und zwar so, dass dessen Gesamtlänge bei Temperaturänderungen etwa gleich bleibt. Da der Schwerpunkt eines solchen Rostpendels immer auf derselben Höhe bleibt, treten bei den Pendelschwingungen keine Gangunterschiede mehr auf.

Marinechronometer von 1735 des Uhrmachers John Harrison, der schließlich den Preis für die Bestimmung des Längengrads gewann. Das hier genannte, 34 Kilogramm schwere Modell, die sogenannte »H1«, absolvierte erfolgreich eine Testfahrt nach Lissabon und zurück.

1730 baut er seine bis dahin zuverlässigste Uhr. In der Fülle der Zeit, die während eines Monats verstreicht, gehe sie »nicht mehr als eine Sekunde« nach. »Ich bin sicher, dass ich die Genauigkeit auf zwei bis drei Sekunden im Jahr bringen kann.«[121] Aber trotz seiner Erfolge wird Harrison schließlich Abstand von dem Gedanken nehmen, eine Pendeluhr als Marinechronometer tauglich zu machen. Der Handwerker wird seine Erfahrungen auf ein wesentlich kleineres Uhrwerk mit Unruhspirale übertragen und der Längengradkommission 1759 erstmals ein hochseetüchtiges Zeitmessgerät präsentieren können, das nicht nur ihren, sondern auch seinen eigenen Ansprüchen genügt.

Thronwechsel in London

Doch zurück ins Jahr 1714: Die Ausschreibung des Preises ist eines der letzten Amtsgeschäfte unter der Regentschaft von Königin Anne, die noch im Spätsommer stirbt. 13 Fehlgeburten und der frühe Tod ihrer fünf Kinder haben ihren Körper und ihren Lebensmut aufgezehrt. Kurz nach ihrem Tod wird der hannoversche Kurfürst Georg Ludwig als George I. zum König von England gekrönt.

Leibniz hat dem Machtwechsel entgegengefiebert. Aber jetzt, da es so weit ist, weilt er im fernen Wien. John Chamberlayne streut die Nachricht, Leibniz werde nun bald im Geleit des Thronfolgers in London eintreffen. Genau das hat der Höfling vor! In Hannover erwartet man ihn seit mehr als anderthalb Jahren. Doch erst als er vom Tod der englischen Königin erfährt, lässt Leibniz die Pferde anspannen.

Schon lange sehnt er sich nach dem intellektuellen Umfeld einer Weltstadt wie London oder einer Metropole wie Paris, wo er seine fruchtbarste Zeit als Mathematiker verbrachte und den Differenzialkalkül entwickelte, den ihm Newton nun streitig macht. Gerne würde er den Mitgliedern der Royal Society die wahre Entdeckungsgeschichte der Infinitesimalrechnung darlegen. Der feierliche Einzug des hannoverschen Kurfürsten und neuen britischen Königs in London scheint ihm die beste Gelegenheit dazu.

Leibniz spekuliert auf einen diplomatischen Posten oder wenigstens auf die Ernennung zum Königlichen Historiografen. Als er in Hannover ankommt, ist sein Dienstherr allerdings gerade abgereist. Sofort fasst er den neuen Plan, ihm zusammen mit dessen Schwiegertochter zu folgen, der Kurprinzessin Caroline. Sie hat ihn erst kürzlich wieder ins Vertrauen gezogen, schätzt ihn als Lehrer und Ratgeber und liest eifrig seine *Théodicée*.

Der Kurfürst jedoch will von neuerlichen Reiseabsichten des Historiografen nichts wissen. In drei Jahrzehnten hat Leibniz die Welfengeschichte nicht vollendet. Längst spricht der König nur noch vom »unsichtbaren Buch«. Außerdem soll die ohnehin schon heikle Amtsübernahme nicht durch einen eigensinnigen Gelehrtengefährdet werden, der mit dem Direktor der Königlichen Münzanstalt im Clinch liegt.

Caroline, die künftige Prinzessin von Wales, reist schließlich ohne Leibniz ab. Sie hätte den Philosophen gerne an ihrer Seite gehabt. In Großbritannien muss sie sich mit politischen und religiösen Verhältnissen arrangieren, denen man in Hannover lange reserviert bis ablehnend gegenüberstand. Nach dem Sieg des Verfassungsstaats ist der König in der Gesetzgebung an die Entscheidungen des Parlaments gebunden und zudem Oberhaupt der anglikanischen Staatskirche. Deren Organisation und Gebräuche sind den lutherischen Protestanten fremd, was Leibniz dazu veranlasst, sogleich ein Gutachten über die Unterschiede zwischen den beiden Kirchen anzufertigen.[122]

Auf eine Übersiedlung nach England hoffend, aber vom König dazu verdonnert, die Welfengeschichte zu Ende zu bringen, pflegt er den Kontakt zu Prinzessin Caroline. »Ich möchte in keiner Weise einem gewissen Gegner nachgeben, zumal mich die Engländer an den Pranger gestellt haben«, schreibt er ihr im Mai 1715. Wenn er die Welfengeschichte erst fertiggestellt hätte, werde Seine Majestät diese Leute in die Schranken weisen. Weiterhin baut Leibniz darauf, dass ihn der König »mit dem Monsieur Chevalier Newton auf die gleiche Stufe stellt«.[123]

George I. ist für seine Strenge hinlänglich bekannt. Vor mehr als 20 Jahren hat er sich von seiner Frau scheiden lassen. Wegen angeblichen Ehebruchs wird er sie noch bis 1726, bis zu ihrem Tod, im Schloss von Ahlden unter Arrest halten. Seine Schwiegertochter Caroline ist daher die höchste weibliche Repräsentantin des Königshauses in London. Auch von ihr lässt sich George I. nicht dazu überreden, den in Hannover ausharrenden Gelehrten zum Königlichen Historiografen zu befördern. »Er muss mir erst weisen, dass er Historien schreiben kann; ich höre, er ist fleißig.«[124]

Die Welfengeschichte sollte ursprünglich bis zum Jahr 1698 reichen, dem Todesjahr des ersten Kurfürsten von Braunschweig-Lüneburg. Im Herbst 1715 ist Leibniz aber erst bis zum Jahr 963 vorgedrungen. Denn statt sich auf den Stammbaum des Adelsgeschlechts zu konzentrieren, sieht der Entwurf des Universalgelehrten vor, ihn in eine Geschichte des Deutschen Reiches einzubetten, der er sogar noch eine Urgeschichte der Erde vorangestellt hat. Nun versucht er, den sorgfältig recherchierten Text irgendwie abzuketteln. »Auf dieses Werk verwende ich nun all meine Zeit, die mir die alltäglichen Pflichten und Sorgen um meine Gesundheit übriglassen, und ich bin gezwungen, alle mathematischen, philosophischen und juristischen Überlegungen, zu denen ich mich hingezogen fühle, zurückzustellen.«[125]

Einige Monate später meldet sein intriganter Gehilfe Eckhart nach London, statt Historien zu schreiben wolle der Hofbibliothekar wieder zurück nach Wien. »Mir wird, so wahr ich lebe, bei seinen Tündeleien angst und sehe davon kein Ende«, heißt es dann im April 1716. »Das Alter, der Mißmuth und die Gicht lassen ihn nicht fortkommen.« Leibniz habe seit vielen Wochen nur zwei Jahre der Annalen ausgearbeitet.[126]

In London hat Leibniz nur noch wenige Fürsprecher. Prinzessin Caroline setzt sich allerdings für eine englische Übersetzung seiner *Théodicée* ein und wird an den Hofprediger Samuel Clarke verwiesen, der bereits Newtons *Opticks* übersetzt hat. Von nun an ist Clarke ihr regelmäßiger Gast. »Aber er vertritt Sir Isaac Newtons Meinung zu sehr, und ich bin selbst mit ihm in einen Disput verwickelt«, schreibt die Prinzessin an Leibniz. Der Geistliche wolle ihr Newtons Ansichten schmackhaft machen. Sie könne jedoch auf keinen Fall glauben, dass diese mit Gottes Vollkommenheit vereinbar seien. »Ich bitte Sie dabei dringend um Ihre Unterstützung!«[127]

Auf eine derartige Aufforderung scheint Leibniz nur gewartet zu haben. Seine Antwort kommt postwendend. Zunächst beklagt er den Verfall der natürlichen Religion in England, dann holt er zum Generalangriff auf Newtons Philosophie aus:

»Monsieur Newton und seine Anhänger haben von Gottes Werk eine recht merkwürdige Meinung. Ihrer Meinung nach ist Gott gezwungen, seine Uhr von Zeit zu Zeit aufzuziehen, andernfalls würde sie stehenbleiben. Er besaß nicht genügend Einsicht, um ihr eine immerwährende Bewegung zu verleihen.« Gottes Maschine wäre demnach so unvollkommen, dass er sie reinigen und reparieren müsste wie ein Uhrmacher, der ja als ungeschickter Handwerker gilt, wenn er gezwungen ist, sein Werk immer wieder in Ordnung zu bringen.

Dass Leibniz die Metapher von der Welt als Uhrwerk, die das Denken eines Jahrhunderts geprägt hat, attraktiv findet, kann angesichts seiner Faszination für Maschinen niemanden verwundern. Die Nachwelt jedoch wird vom newtonschen Uhrwerk-Universum sprechen, obschon die Ordnung der Natur Newtons Ansicht nach nicht allein durch Naturgesetze erklärt werden kann, sondern eine Manifestation des göttlichen Willens ist. Nur Gott bewahre die Welt davor, im Chaos zu versinken. Ohne sein beständiges Einwirken hätte die Ordnung im Sonnensystem keinen Bestand, weil sich die Planeten und Kometen auf ihren Bahnen wechselseitig beeinflussen und stören würden.

Im Vertrauen auf die Buchstäblichkeit der Heiligen Schrift hat Newton jahrzehntelang Belege für eine geheim gehaltene Chronologie der biblischen Geschichte zusammengetragen. Für ihn steht außer Zweifel, dass seit der Erschaffung der Welt erst wenige Tausend Jahre vergangen sind und sie sich seither in einem unaufhaltsamen Abstieg befindet. Ihr Ende sei absehbar. Das genaue Datum des Jüngsten Gerichts meint er der Offenbarung des Johannes entnehmen zu können.

Unterdessen feiert Leibniz Gottes Schöpfung als »beste aller möglichen Welten«. Die wahre göttliche Vorsehung verlange nach einer vollkommenen Voraussicht. »Meiner Meinung nach ist immer die gleiche Kraft und Wirksamkeit vorhanden, nur dass sie gemäß den Naturgesetzen und der herrlichen prästabilierten Ordnung von Materie auf Materie überwechselt.« Man müsse ja sonst sagen, dass sich Gott eines Besseren besinne.[128] Und nur weil dies so sei, weil nichts ohne Grund geschehe und Gott sich nicht ständig in das Weltgeschehen einschalte, könne es für den Menschen einsehbare, verlässliche Naturgesetze geben. Mit Wundern könne man alles begründen. Gottes Wunder seien nur solche der Gnade. Hierüber anders zu denken würde bedeuten, eine sehr geringe Meinung von Gottes Weisheit und Macht zu haben.[129]

Den an sie gerichteten Brief reicht Caroline an den Theologen Clarke weiter, der sich in Anbetracht solcher Vorwürfe zu einer Verteidigung herausgefordert fühlt. In seiner Erwiderung weist er die Uhrenmetapher nicht bloß zurück – er hält sie für gefährlich. Mit einer prästabilierten Harmonie würde Leibniz die göttliche Willensfreiheit und die Freiheit des menschlichen Handelns infrage stellen.

»Die Ansicht, dass die Welt ein großer Mechanismus sei, der ohne Gottes Eingreifen funktioniere, so wie eine Uhr ohne Mithilfe des Uhrmachers weiterläuft, ist die Ansicht des Materialismus und des Fatalismus.« Sie führe, unter dem Vorwand, Gott für eine »intelligentia supramundana« – eine »überweltliche Intelligenz« – zu halten, in Wirklichkeit dazu, göttliche Vorsehung und Herrschaft aus der Welt auszuschließen. Diese Vorstellung erlaube einem Ungläubigen, noch verderblicher zu argumentieren, die Dinge hätten überhaupt seit Ewigkeiten ihren Lauf genommen, und zwar ohne eine wirkliche Schöpfung.[130]

Anders als Newton begnügt sich Leibniz nicht damit nachzuweisen, dass der Mensch mithilfe der Mathematik im Buch der Natur lesen und die Welt verstehen kann. Sein Prinzip des zureichenden Grundes schließt alle nicht kausalen Ereignisse aus der Welt aus. Damit wäre der Zustand des Universums zu einem bestimmten Zeitpunkt über eine gesetzmäßige Verknüpfung durch den vorherigen Zustand eindeutig festgelegt. Wie kommt er zu einem derart strengen Determinismus?

Eines seiner bevorzugten Beispiele – der Weg eines Lichtstrahls – mag hilfreich sein, den Horizont seines physikalischen Denkens ein wenig auszuleuchten. Beim Weg durch die Luft folgt der Lichtstrahl einer geraden Linie, im Wasser dagegen ist der Weg gekrümmt. Von allen denkbaren Wegen zwischen einem Ausgangspunkt und einem Endpunkt läuft das Licht in jedem Medium erstaunlicherweise genau auf demjenigen, für den die Lichtlaufzeit am kürzesten ist.

Man kann dies anhand einer nicht ganz alltäglichen Situation illustrieren, bei der es auf jede Sekunde ankommt: Steht man am Ufer und möchte einem Ertrinkenden zu Hilfe eilen, dann ist die zeitlich kürzeste Verbindung ebenfalls keine gerade Linie. Als Rettungsschwimmer sollte man zuerst ein Stück am Ufer entlanglaufen, damit der Weg durch das Medium Wasser, in dem man sich – genau wie Licht – langsamer fortbewegt, nicht unnötig lang wird.

Auch Licht bewegt sich entlang einer solchen charakteristischen Bahn, sodass man geneigt ist zu fragen: Woher weiß das Licht, welcher Weg am kürzesten ist? Die Bahn ist streng determiniert. Physikalisch gesehen, sind alle anderen Wege schlicht unmöglich. Haben Sie schon einmal bemerkt, dass Meereswellen immer parallel zum Strand eintreffen? Licht verhält sich auf seiner gekrümmten Bahn ähnlich wie eine Welle, die auf eine Insel zuläuft und dabei am Meeresboden so gebremst wird, dass sie sich immer mehr dreht, bis sie schließlich parallel zum Ufer anbrandet.

Das Beispiel zeigt, wie das kausale physikalische Gesetz bereits auf ein finales Ziel vorgreift. Daher verschmelzen Wirk- und Zweckursachen für Leibniz im mathematischen Formalismus. »Gerade der strenge Determinismus lässt den Schluss vom Zukünftigen auf das Vergangene ebenso zu wie den vom Vergangenen auf das Zukünftige«, so der Physiker Carl Friedrich von Weizsäcker, der in derartigen Überlegungen den Hintergrund für den leibnizschen Uhrmachergott und für die Lehre einer »prästabilierten Harmonie« sieht. »Ein Uhrmacher beurteilt sein Uhrwerk in der Tat im selben Akt kausal und final; er richtet seine Räder gerade so ein, dass sie kraft ihrer mechanischen Eigenschaften den ihnen gesetzten Zweck von selbst erfüllen.«[131]

Bei alledem beruft sich Leibniz auf Gottes Voraussicht. Aber schon der Gedanke eines durchgängig rational strukturierten Universums wird den Gottesbegriff für die Naturerklärung schließlich entbehrlich erscheinen lassen, wie der Theologe Clarke richtig prophezeit. Vermutlich unterschätzt Clarke jedoch, in welchem Maße Newtons Bewegungs- und Schwerkraftlehre zu diesem kausalen Determinismus beitragen wird. Oder grenzt sich der englische Theologe gerade in dieser Vorahnung so entschieden von Leibniz ab?

Mit einer geschickten Wendung, an die Adresse des neuen Königshauses gerichtet, gibt Clarke den Ball an Leibniz zurück: Besäße ein König ein Reich, in dem alles ohne seine Herrschaft und seine Anordnungen seinen Lauf nähme, so wäre es für ihn bloß dem Namen nach ein Königreich. »In Wirklichkeit würde er den Titel ›König‹ oder ›Herrscher‹ überhaupt nicht verdienen.«[132]

Gegen diese Schlussfolgerung aus der Uhrenmetapher muss sich wiederum Leibniz zur Wehr setzen. Da nun also die Kontroverse eröffnet ist und beide Parteien den Köder geschluckt haben, klärt Prinzessin Caroline ihren Landsmann über die Hintergründe von Clarkes Replik auf. »Sie wurde nicht ohne den Rat von Chevalier Newton geschrieben, den ich mit Ihnen aussöhnen möchte.« Denn es wäre zu schade, wenn zwei solch bedeutende Männer durch Missverständnisse entzweit würden.[133]

Den frommen Wunsch kann ihr Leibniz schlecht ausschlagen. Im Februar 1716 setzt er ein bemerkenswertes Zeichen des Entgegenkommens: Trotz allem, was vorgefallen sei, könne er sich eine Aussöhnung immer noch vorstellen, weil Newton bisher nicht öffentlich gegen ihnen aufgetreten sei.[134]

Auf diese Weise ermutigt, versucht die Prinzessin, auch den Präsidenten der Royal Society aus der Reserve zu locken. Da trifft es sich gut, dass ausgerechnet die Mätresse des Königs Interesse an Newtons Forschungen bekundet, sodass er in den Palast eingeladen wird, um seine viel gerühmten Experimente vorzuführen. In den kommenden Monaten lernt die königliche Familie viel über die Farben des Lichts und die Bewegung von Körpern im Vakuum.

Ihr eigentliches Ziel erreicht Prinzessin Caroline nicht. Wiederholt äußert sie sich verzweifelt darüber, dass Persönlichkeiten von solch großer Gelehrsamkeit nicht miteinander Frieden schließen. Die Öffentlichkeit würde unermesslich davon profitieren. »Aber große Männer sind wie die Frauen, die ihre Liebhaber immer nur mit dem größten Kummer und dem erbittertsten Zorn abtreten.«[135]

Dank ihrer Vermittlung mündet der vertrackte Prioritätsstreit jedoch ein Jahr vor Leibniz' Tod in eine wegweisende Diskussion über Raum und Zeit. Newton lässt sich zwar nicht auf eine direkte Auseinandersetzung mit Leibniz ein, der damit nur von seinem Plagiat ablenken wolle. Sein Gefolgsmann Clarke holt in dieser Kontroverse allerdings immer wieder Newtons Rat ein und bezieht sich explizit auf die *Principia*.

DAS RÄTSEL ZEIT

Nachdem Prinzessin Caroline die zerstrittenen Parteien zusammengebracht hat, wehrt sich Leibniz in seiner Kontroverse mit Newtons Stellvertreter Clarke gegen eine Verdinglichung von Raum und Zeit

»Was ist also die Zeit?«, fragt Augustinus. »Wenn mich niemand danach fragt, weiß ich es, wenn ich es aber einem, der mich fragt, erklären sollte, weiß ich es nicht. Mit Zuversicht jedoch kann ich wenigstens sagen, dass ich weiß, dass, wenn nichts verginge, es keine vergangene Zeit gäbe.« Ebenso gäbe es keine zukünftige, wenn nichts da wäre. »Jene beiden Zeiten also, Vergangenheit und Zukunft, wie kann man sagen, dass sie sind, wenn die Vergangenheit schon nicht mehr ist und die Zukunft noch nicht ist?«[136]

Nichts ist uns selbstverständlicher als die Zeit. Sie scheint überall zu sein: in den Zeugnissen der Geschichte, aus denen dieses Buch hervorgegangen ist, in der Folge der hier niedergeschriebenen Zeichen, in der Erwartung an den nächsten Tag. Ob wir lesen oder einfach nur dasitzen und aus dem Fenster schauen, ständig wähnen wir uns in sie verstrickt. Dennoch können wir Zeit weder hören noch sehen oder auf andere Weise wahrnehmen. Was wir stattdessen wahrnehmen, sind vorüberziehende Gedanken, Empfindungen, äußere Veränderungen.

Leibniz stimmt mit Augustinus überein, dass Zeit »nur ein Gedankending« sein kann.[137] Im Unterschied zu Augustinus verzweifelt er jedoch nicht an dem Wörtchen »nur«. Wenn er schreibt, die Zeit sei »nur« etwas Ideales, dann ist dies nicht abwertend gemeint. Denn »nur« kraft ihres Verstandes sieht Leibniz die Menschen überhaupt dazu imstande, Ursache-Wirkungs-Zusammenhänge zu erkennen und zeitliche Beziehungen wie das Früher und Später zwischen verschiedenen Ereignissen herzustellen. Wir ordnen sie in Bezug auf andere Geschehnisse ein. Zeit ist für Leibniz die allgemeine Ordnung der Veränderungen.

Traditionell wird die Natur als das Veränderliche erlebt. Unser besonderer Standort in dieser Welt, der Bedingungszusammenhang, in dem wir leben, macht es erklärlich, dass »alle Menschen ersichtlich die Zeit durch die Bewegung der Himmelskörper messen«.[138] Der Wechsel von Tag und Nacht sowie der Jahreszeiten bildet jenen Rahmen, auf den wir alle Ereignisse beziehen, während unsere Uhren dazu dienen, die so gewonnenen Zeitmaße in Teile zu zerlegen.

Allerdings könne man nie sicher sein, ob die Himmelskörper ihre Bewegungen in stets gleichen Zeiten vollziehen, gibt Leibniz zu bedenken. Erst nach genauer Untersuchung habe man entdeckt, dass in den täglichen Sonnenumläufen tatsächlich eine Unregelmäßigkeit besteht. »Und wir wissen nicht, ob die jährlichen Umläufe ebenfalls ungleich sind.«[139]

In London justieren Uhrmacher ihre Uhren längst anhand einer errechneten »mittleren Sonnenzeit«. Newton denkt diese Entwicklung konsequent fort. Er sieht, dass wir verlässliche zeitliche Aussagen nur im Zusammenspiel exakter Messungen und theoretischer Konzepte treffen können. Seiner »absoluten Zeit« entspricht eine vollkommen gleichförmige Bewegung oder ideale Uhr. Möglicherweise laufe kein Prozess im Universum vollkommen gleichförmig ab, räumt der Naturforscher ein. Der Strom der »absoluten Zeit« aber könne niemals geändert werden.[140]

Spricht Newton hier eine tiefe Erkenntnis aus? Ist Zeit eben das, ein gleichmäßiger Fluss, der allem Geschehen zugrunde liegt? Oder erleben wir sie, andersherum, nur deswegen also solchen, weil wir im Zuge der kulturellen Entwicklung unsere Uhren und Kalender an möglichst gleichförmigen Bewegungen ausgerichtet und immer besser aufeinander abgestimmt haben?

Zunächst einmal lag es keineswegs auf der Hand, dass sich ein Regulativ wie die völlig gleichförmige Bewegung für die Wissenschaft als wegweisender Gedanke herausstellen würde. Die verschiedenen Zeitmessungen anhand des Sonnenlaufs, der Umdrehung der Jupitermonde oder mit mechanischen Uhren müssen nicht zwangsläufig auf ein einheitliches Zeitkonzept hinauslaufen. Aber würde das Universum eine für uns erkennbare Einheit bilden, wenn dem nicht so wäre?

Newton versteht seine *Principia* als einheitliche Beschreibung der Naturphänomene. Dass er himmlische und irdische Prozesse erstmals in mathematisch schlüssiger Weise miteinander verbunden hat, zeichnet sein Werk vor allen anderen aus. Die mathematischen Methoden, die er dabei verwendet, sind freilich nur auf messbare Größen anwendbar. Seine ganze Begriffsbildung orientiert sich an dieser Vorgabe.

Mit dem »absoluten Raum« und einer »absoluten Zeit« setzt der Mathematiker einen ehernen Rahmen, in dem sich jegliches Geschehen abspielt. Für Astronomen und Uhrmacher ist diese »absolute Zeit« ein Ansporn zu einer immer präziseren Zeitbestimmung und zu ausgefeilten mechanischen Konstruktionen. Für Leibniz ist sie ein begriffliches Ungetüm.

Eine »Idee des reinen Verstandes«

»Diese Herren behaupten also, der Raum wäre ein absolut wirkliches Seiendes«, schreibt Leibniz in seinem dritten Brief an Clarke. »Was meine Meinung betrifft, so habe ich mehr als einmal gesagt, dass ich den Raum ebenso wie die Zeit für etwas rein Relatives halte ...«[141]

In den *Principia* hat auch Newton zwischen absoluten und relativen Größen unterschieden: Unter der »relativen, scheinbaren und gewöhnlichen Zeit« versteht er jenes gewöhnliche Maß, das wir an Uhren und Kalendern ablesen. Astronomen korrigierten dieses Zeitmaß mithilfe der Zeitgleichung und kämen so zu einer »wahreren« Zeit.

Was derartige Korrekturen gemessen am Ideal einer völlig gleichförmigen Bewegung betrifft, stimmt Leibniz mit Newton überein. Aber in seinen Augen zeigt dieses Verfahren gerade, dass wir kein Objekt namens Zeit messen, sondern dass es sich bei Zeit um eine gedankliche Konstruktion handelt. Leibniz begründet sein Zeitverständnis zunächst vom Subjekt und persönlichen Zeiterleben her. Erst von dort aus geht er zu mathematischen Gesetzen über, die ein Wissen darstellen, das von einer ganzen Gemeinschaft geteilt wird:

»Eine Folge von Perzeptionen erweckt in uns die Idee der Dauer.« Unsere Wahrnehmungen würden jedoch niemals eine so konstante und regelmäßige Folge aufweisen, wie es der Idee der

Zeit entspreche, »die ein gleichförmiges, einfaches Kontinuum ist, wie eine gerade Linie. Der Wechsel der Perzeptionen gibt uns Gelegenheit, an die Zeit zu denken, und man misst sie durch gleichförmige Veränderungen; aber selbst wenn es nichts Gleichförmiges in der Natur gäbe, es bliebe doch die Zeit immer bestimmt.« Da Naturforschern die Gesetze der ungleichförmigen Bewegung bekannt seien, könnten sie diese »stets auf gedachte gleichförmige Bewegungen zurückführen und auf diese Weise das Ergebnis der Vereinigung einer Mehrheit untereinander verschiedener Bewegungen vorausbestimmen«.[142]

Die gedachte gleichförmige Bewegung, von der hier die Rede ist, entspricht durchaus Newtons Vorstellungen. Der feine, aber entscheidende Unterschied besteht darin, dass Newton in dieser mathematischen Zeitbestimmung nicht nur ein Regulativ sieht, sondern dass er Zeit zu etwas Absolutem erhebt. Newton schreibt Raum und Zeit eine von den Dingen unabhängige Wirklichkeit zu. So wie alle Dinge ihren Platz in einem »absoluten Raum« finden, spielt sich alles Geschehen in einer »absoluten Zeit« ab.

Für Leibniz gibt es weder »den Raum« noch »die Zeit« als für sich bestehende Wesenheiten, sondern nur räumliche und zeitliche Relationen. Raum und Zeit seien nichts Wirkliches, sondern Beziehungen, die wir zwischen den Dingen und ihren wechselnden Zuständen herstellten, um diese zu beschreiben, also »Ideen des reinen Verstandes, die sich aber auf die Außendinge beziehen und die wir vermöge der Sinne gewahr werden«.[143] Wenn er im dritten Brief an Clarke Raum und Zeit etwas »rein Relatives« nennt, dann versteht Leibniz darunter etwas anderes als Newtons relative Zeit.[144]

Das Universum als Spielball der Ideen

In der Korrespondenz mit Clarke führt er seine Gedanken zunächst nicht aus. Leibniz fasst sich kurz und bezeichnet den Raum als mögliche Ordnung der Dinge, die gleichzeitig existieren, die Zeit dagegen als Ordnung der Aufeinanderfolge.[145] Alles, was darüber hinausgehe, sei unseren Sinnen nicht zugänglich. Ein »absoluter Raum« und eine »absolute Zeit« seien grundsätzlich unbeobachtbar und hätten in der Naturphilosophie nichts zu suchen.

In den folgenden Absätzen legt er die Schwächen des newtonschen Raum- und Zeitkonzepts mit einfachen Fragen dar: Wo in Newtons »absolutem Raum« sei unser Universum denn platziert? Angenommen, jemand fragte, warum Gott die ganze Welt nicht ein Stück versetzt, um ein paar Grad gedreht oder gespiegelt hätte. Die derart verschobene, verdrehte oder gespiegelte Welt würde sich von der existierenden durch nichts unterscheiden. Der einzige Unterschied bestünde in der trügerischen Annahme, dass sie in einen Raum an sich eingebettet wäre, den wir jedoch in keiner Weise wahrnehmen können.

Genauso abwegig erscheint ihm die Vorstellung einer »absoluten Zeit«. Wie sollten wir ihre Existenz jemals feststellen? Angenommen, jemand fragte, warum Gott nicht alles ein Jahr früher erschaffen hätte. Man könnte ihm dafür keinen Grund angeben, da die Zeitpunkte nichts von den Dingen Getrenntes wären und »nur in ihrer aufeinanderfolgenden Ordnung bestehen. Bleibt diese Ordnung die gleiche, so würde sich der eine von den beiden Zuständen, zum Beispiel der der angenommenen Vorwegnahme, von dem anderen jetzigen Zustand in nichts unterscheiden und könnte von ihm auch nicht unterschieden werden«.[146]

In seiner Erwiderung beanstandet Clarke erneut den Gottesbegriff, der sich hinter dieser Argumentation verbirgt: Braucht Gott einen Grund, um zwischen zwei ununterscheidbaren Dingen zu wählen? »Bei Dingen, die ihrer Natur nach vollkommen gleich und ohne jeden Unterschied sind, kann Gottes Wille frei wählen …, ohne dass irgendeine äußere Ursache ihn dazu zwingt.« So zum Beispiel auch in dem Falle, wo Gott irgendein Materieteilchen an dem einen und nicht an dem anderen Orte erschaffen und angeordnet hätte, obwohl ursprünglich alle Orte gleich gewesen wären.[147]

In diesen Sätzen tritt die enge Verbindung zwischen einem absoluten Raum-Zeit-Gefüge und dem Atomismus klar hervor. Atome haben in Newtons Physik feste Eigenschaften, unabhängig davon, was sie umgibt. Clarke spricht ganz selbstverständlich von einem einzelnen Teilchen, das Gott in einem bereits gegebenen Raum an einen absoluten Ort setzt. Dementsprechend ist das newtonsche Universum eine Ansammlung von Körpern, die sich in Raum und Zeit bewegen. Die materiellen Körper auf der einen,

Raum und Zeit auf der anderen Seite – dieser Dualismus wird das physikalische Denken bis in die Moderne hinein prägen.

Für Leibniz ist ein Raum außerhalb der Welt, in dem sich die Welt als Ganze verschieben ließe, eine ebenso phantastische Vorstellung, wie jeder leere Raum innerhalb der Welt eine phantastische Vorstellung ist.[148] Clarke kontert: Wenn die materielle Welt in ihrer Ausdehnung endlich wäre, so wäre auch der Raum außerhalb der Welt nicht nur eine Vorstellung, sondern etwas Wirkliches. Die Welt könnte dann durch Gottes Macht bewegt werden. Bewegung und Ruhe des Universums seien aber nicht ein und derselbe Zustand.

In diesem Zusammenhang verweist Clarke auf das seinerzeit berühmte Beispiel einer Schiffsgesellschaft, die unter Deck nichts von der gleichmäßigen Bewegung des Schiffs bemerkt. In einer geschlossenen Kabine kann niemand feststellen, ob sich das Schiff bewegt oder nicht. Dennoch sei die Bewegung des Schiffs ein anderer realer Zustand als sein Stillstand.[149]

Das mag für ein Schiff gelten, dessen Bewegung ein Außenstehender vom Ufer aus verfolgen kann. Aber für die Welt als Ganze lässt Leibniz diese Schlussfolgerung nicht zu, sondern beharrt auf empirischer Unterscheidbarkeit. »Hierauf antworte ich: Die Bewegung ist zwar unabhängig von ihrer Beobachtung, aber nicht von ihrer Beobachtbarkeit.« Von Bewegung könne man nur sprechen, wo eine beobachtbare Veränderung vorliege. »Wenn es keine beobachtbare Veränderung gibt, so gibt es überhaupt keine Veränderung.« Darüber befinden zu wollen, ob sich das Universum als Ganzes bewege, ob es ein Stück versetzt oder früher erschaffen worden sei, sei ein völlig sinnloses Unterfangen.[150]

»Ich sage nicht, dass die Materie und der Raum ein und dasselbe seien. Ich sage nur, dass es dort keinen Raum gibt, wo es keine Materie gibt, und dass der Raum an sich keine absolute Realität ist.« Raum und Materie verhielten sich zueinander wie Zeit und Bewegung. Sie seien, obwohl voneinander verschieden, doch untrennbar.[151] Leibniz zufolge hat Gott eben nicht einzelne Partikel geschaffen, sondern die ganze Welt in einem Schöpfungsakt.

Leibniz' Lagen und Einsteins Schachteln

Inmitten derart schwieriger Erörterungen kann der deutsche Gelehrte ein paar Wochen Erholung gut gebrauchen. Im Sommer 1716 ist er zur Kur in Bad Pyrmont, wo er mit Peter dem Großen zusammentrifft, der Russland in das europäische Staatensystem einbinden möchte. Nachdem er dem Zaren seine Rechenmaschine in Aussicht gestellt hat, fährt Leibniz weiter nach Zeitz. Dort möchte er die anhaltenden Arbeiten an seiner »lebendigen Rechenbank« kontrollieren. Wieder einmal muss er feststellen, dass der Automat, in den er bereits ein Vermögen investiert hat, nicht so zuverlässig läuft, wie er es sich wünschen würde. Zu seiner vollen Funktionstüchtigkeit fehlen nur Millimeter.

Zurück in Hannover, schreibt der 70-Jährige seinen bis dahin längsten Brief an Clarke. Die Kur hat seine Gichtschmerzen ein wenig gelindert. In aller Ausführlichkeit möchte er den Engländern nun sein relationales Raum- und Zeitkonzept erläutern, sodass der Brief zu einer kleinen wissenschaftlichen Abhandlung gerät, die er in zwei Teilen nach London schickt.

Wie kommen wir zu einem Raumbegriff? Leibniz stellt sich dies so vor, dass, wenn mehrere Dinge zusammen existieren, wir eine Lagebeziehung unter ihnen feststellen. Beim Blick aus dem Fenster sehe ich zum Beispiel die Häuser C, E, F und G in gewissen Abständen voneinander. Wenn nun irgendwo zwischen diesen Häusern ein Ball A liegt und eine Person B kommt, die diesen Ball aufnimmt, dann sagt man, B sei an den Ort von A gelangt.

»Ort ist das, von dem man sagt, es sei für A und B dann dasselbe, wenn die Beziehung des Nebeneinanderbestehens von B mit C, E, F, G, etc. vollständig mit der Beziehung des Nebeneinanderbestehens übereinstimmt, die A mit denselben gehabt hat.« Vorausgesetzt, C, E, F, G etc. haben sich währenddessen nicht bewegt. »Das, was alle diese Orte umfasst, nennt man Raum.«

Um einen Begriff vom Raum zu gewinnen, würde es daher genügen, die Beziehungen zwischen den Dingen und die Regeln für ihre Veränderungen zu beachten. »Und zwar ohne dass man sich hierfür noch irgendeine absolute Realität zusätzlich zu den Dingen vorstellen muss, deren Lage man betrachtet.«[152] Unser Geist aber gebe sich damit nicht zufrieden und stelle sich Ort und

Raum als etwas außerhalb dieser Dinge vor. Dieses »Etwas« könne aber nur ein Abstraktum, ein »Gedankending« sein.

Zwar hätte es keinen Sinn, vom leeren Raum zu sprechen, wenn Raum nichts als eine Ordnung körperlicher Objekte wäre. Man könne aber auch anders darüber denken, räumte ausgerechnet Albert Einstein ein und versuchte, Verständnis für den Ursprung der newtonschen Begriffe zu wecken: »In einer bestimmten Schachtel können so und so viele Reiskörner oder auch so und so viele Kirschen etc. untergebracht werden. Es handelt sich hier also um eine Eigenschaft des körperlichen Objektes ›Schachtel‹, die im gleichen Sinne ›real‹ gedacht werden muss wie die Schachtel selbst. Man kann dies ihren ›Raum‹ nennen. Es mag andere Schachteln geben, die in diesem Sinne gleich großen Raum haben.«

Auf diese Weise, fuhr Einstein fort, gewänne der Begriff »Raum« eine vom besonderen körperlichen Objekt losgelöste Bedeutung. Durch eine Erweiterung des »Schachtel-Raums« würde man zum Begriff eines selbstständigen, unbeschränkt ausgedehnten Raums gelangen, in dem alle Körper enthalten sind. »Dann erscheint ein körperliches Objekt, das nicht im Raum gelagert wäre, schlechthin undenkbar.« Der Raum wäre damit ein Behälter für alle körperlichen Objekte.[153]

Dass Physiker den Raum- und auch den Zeitbegriff Newtons übernommen hätten, lasse sich nur durch die Fruchtbarkeit seines Weltsystems erklären. »Begriffe, welche sich bei der Ordnung der Dinge als nützlich erwiesen haben, erlangen über uns leicht eine solche Autorität, dass wir ihres irdischen Ursprungs vergessen und sie als unabänderliche Gegebenheiten hinnehmen«, mahnt Einstein an. Sie würden dann zu »Denknotwendigkeiten«, zu »Gegebenem a priori« oder Ähnlichem gestempelt. »Der Weg des wissenschaftlichen Fortschritts wird durch solche Irrtümer oft für lange Zeit ungangbar gemacht.« Es sei daher keine müßige Spielerei, längst geläufige Begriffe wie Raum und Zeit zu analysieren und zu zeigen, von welchen Umständen ihre Berechtigung und Brauchbarkeit abhängt, wie sie im Einzelnen aus den Gegebenheiten der Erfahrung herausgewachsen sind.[154]

Wie wir noch sehen werden, gelangte Einstein mit seiner Allgemeinen Relativitätstheorie ebenfalls zu einer relationalen Raum-

und Zeitvorstellung. Fortan schrieb auch er Raum und Zeit außerhalb der Ordnung der Dinge und Ereignisse keine eigenständige Existenz zu. Raum und Zeit seien in Wirklichkeit nur Denkweisen, die wir benutzen.[155]

Dagegen lässt sich Clarke nicht darauf ein, in Raum und Zeit ein netzartiges Relationsgefüge zu sehen und eine bloß gedankliche Vorstellung von Beziehungen. Vor allem bezweifelt er, dass man im leibnizschen Ordnungssystem irgendetwas messen kann. Raum und Zeit seien Größen, Lage und Ordnung jedoch nicht.

Raum und Zeit seien keine Größen, erwidert Leibniz. Von ihnen unterscheidet der Philosoph die Ausdehnung als Größe des Raumes und die Dauer als Größe der Zeit. In einer relationalen Ordnungsstruktur müssten alle zeitlichen und räumlichen Abstandsmaße freilich erst noch bestimmt werden.

Betrachten wir einmal das Beispiel eines Stammbaums, der über Generationen hinweg die Verwandtschaftsverhältnisse innerhalb einer Familie anzeigt. In dieser Ordnung hat jede Person ihren Platz. Hier spricht man von nahen und fernen Verwandten, je nachdem, wie viele genealogische Linien durchlaufen werden.[156] Leibniz zufolge werden Dinge und Ereignisse auch in Raum und Zeit als einander näher oder ferner betrachtet, je nachdem, ob mehr oder weniger Zwischenglieder erforderlich sind, um ihre Lage zu erfassen.

Auch den räumlichen Abständen widmet er sich: »Die Lage ist eine Beziehung des Zugleichseins unter mehreren Dingen, und sie wird erkannt durch andere zugleich seiende Dinge … Als zugleich seiend erkennen wir jedoch nicht nur, was gleichzeitig erfasst wird, sondern auch, was wir nacheinander begreifen, vorausgesetzt nur, dass während des Übergangs von einer Perzeption zur anderen nicht zugleich das erste vernichtet und das zweite erschaffen worden ist.« Im Erfassen des Übergangs würden wir sodann eine gewisse Ordnung erkennen, die wir als Weg zwischen einem Anfangs- und Endpunkt bezeichneten. Zwar könnten wir auf unendlich viele Weisen von hüben nach drüben gelangen, aber es müsse »notwendig eine einfachste Art des Überganges geben«, die durch bestimmte Mittelglieder festgelegt sei. »Der kürzeste Weg von einem zum anderen ist aber der, dessen Größe ›Entfernung‹ genannt wird.«[157] Zwischen zwei Punkten sei dies in der Regel eine Gerade. Auf einer Kugeloberfläche kann der kleinste Abstand aber auch ein Abschnitt eines Großkreises sein.

Eingebettet in die Metaphysik

Ein relationales Raumverständnis bedeutet unter anderem, dass, wenn mehrere Körper sich bewegen, man den einen oder anderen als ruhend betrachten kann. Die Hypothesen sind gleichwertig, da wir immer nur relative Lageänderungen feststellen können. In diesem Sinn schrieb Leibniz schon im Juni 1694 an Christiaan Huygens:

»Wenn a und b sich einander nähern, so werden allerdings alle Phänomene die gleichen sein, gleichviel, ob man dem einen oder anderen der beiden Körper Bewegung oder Ruhe zuschreibt. Und selbst bei 1000 Körpern gebe ich zu, dass die Phänomene weder uns (noch selbst den Engeln) einen unfehlbaren Anhaltspunkt zur Bestimmung des Subjekts und des Grades der Bewegung liefern, und das jeder einzelne ebenso gut als ruhend angesehen werden könnte.« Dennoch werde Huygens wohl nicht leugnen, dass jedem Körper ein bestimmter Grad von Bewegung »oder, wenn Sie so wollen, von Kraft zukommt, trotz der Gleichwertigkeit der Annahmen über deren Verteilung«.[158]

Huygens verstand nicht, was sein Gegenüber damit meinte. Gab Leibniz seinen relationalen Standpunkt an dieser Stelle auf?

Der gleiche Verdacht entsteht 20 Jahre später. In seinem letzten Brief an Clarke betont Leibniz, er habe in den *Principia* nichts entdeckt, was die Wirklichkeit eines Raumes an sich beweisen könne. »Ich bin allerdings auch der Meinung, dass es einen Unterschied zwischen einer absoluten wahren Bewegung eines Körpers und einer einfachen relativen Änderung seiner Lage bezüglich anderer Körper gibt.« Nämlich immer dann, wenn die unmittelbare Ursache für die Veränderung in dem Körper selbst liege, sei er wirklich in Bewegung. »Es ist wahr, dass es streng genommen keinen einzigen Körper gibt, der vollkommen und gänzlich in Ruhe ist, aber das lässt man unberücksichtigt, wenn man die Dinge mathematisch betrachtet.«[159]

Wie zuvor für Huygens kommt diese »absolute wahre Bewegung« auch für Clarke völlig unvermittelt. Beide kennen die leibnizsche Metaphysik nicht, der zufolge alle Körper Kraftzentren voller Monaden sind. Ihre inneren Teile seien daher ständig in Bewegung. Die leibnizsche Monadenlehre beinhaltet damit eine fundamentale Ruhelosigkeit.

Abgesehen davon hält Leibniz jedoch daran fest, dass es kein Mittel gebe, zwischen einer relativen und einer absoluten Bewegung zu unterscheiden. So scheint seine Diskussion mit Clarke nach fünf Briefen festgefahren zu sein. Gereizt wegen Clarkes anhaltender Opposition schreibt Leibniz im September 1716 an die Prinzessin von Wales: »Wenn er mir weiterhin den grundlegenden Satz, dass nichts geschieht, ohne dass es einen hinreichenden Grund gibt, warum es geschieht und warum so und nicht anders, bestreitet, und wenn er immer noch darauf besteht, dass sich etwas auch aufgrund des ›mere will of god‹ ereignen könne ... so wird man ihn seiner Meinung oder vielmehr seiner Halsstarrigkeit überlassen müssen.«[160]

Allerdings hat Clarke noch einen Trumpf in der Hand zurückbehalten, den er erst jetzt ausspielt. Um alle Einwände des deutschen Gelehrten zu entkräften, kommt er endlich zum physikalischen Kern der *Principia*: Beschleunigungen wie die im Falle des rotierenden Wassereimers oder der um ihre eigene Achse rotierenden Himmelskörper wären Beschleunigungen relativ zum »absoluten Raum«. Man könne den »absoluten Raum« an den Wirkungen der Zentrifugalkräfte erkennen. Diese Fliehkräfte würden nämlich auch in einem ansonsten leeren Raum bestehen bleiben und könnten anders nicht erklärt werden.

Damit sehen Newton und Clarke die Existenz des »absoluten Raums« als erwiesen an. Wären alle Bewegungen nur relative Bewegungen der Körper gegeneinander, wie Leibniz behauptet, so hätte dies absurde Konsequenzen: Dann würden die Teile eines sich drehenden Körpers die von ihrer Rotation herrührende Zentrifugalkraft verlieren, sobald man um ihn herum sämtliche Materie beseitigen würde.

Was hat Leibniz zu Newtons Eimerversuch zu sagen?

Damals, im Jahr 1694, hatte er Christiaan Huygens auch geschrieben, man könne das wahre Subjekt der Bewegung nicht erkennen, nicht einmal mittels der Kreisbewegung. Newton gehe davon aus, dass bei der Kreisbewegung »das Streben der Körper, sich vom Mittelpunkt oder der Drehachse zu entfernen, uns ihre absolute Bewegung erkennen lässt. Ich aber habe gute Gründe zu der Ansicht, dass nichts das allgemeine Gesetz der Äquivalenz durchbricht.«[161] Für Leibniz steht fest, dass wir immer nur Beziehungen zwischen Körpern wahrnehmen können, nicht aber Relationen zwischen einem Körper und einem »absoluten Raum« oder einer Geschehensabfolge und der »absoluten Zeit«.

Doch welche »guten Gründe« ihn zu dieser Überzeugung gebracht haben, erfahren wir im Briefwechsel mit Clarke nicht. Jede weitere Antwort bleibt aus. Die Korrespondenz bricht an dieser Stelle ab. So können wir nur vermuten, was Leibniz auf jene Weltvernichtung erwidert hätte, die einzig und allein einen rotierenden Eimer übrig lässt: dass sich nämlich ein derart vereinzelter Körper überhaupt nicht bewegen würde. Er würde sich weder um die eigene Achse drehen noch in irgendeine Richtung ziehen. Denn Leibniz denkt jede Art der Bewegung als kausale Folgeordnung. Für eine Bewegung eines einzelnen Körpers gäbe es aber keinerlei Grund.

Im Unterschied zu jenen Physikern, deren Gedanken noch über Jahrhunderte hinweg um den newtonschen Eimer kreisen werden, hätte der Relationalist die ganze Tabula rasa nicht mitgemacht. Wohl zu Recht. Ein einzelner rotierender Körper in einem ansonsten leeren Raum ist das letzte Überbleibsel jener jahrtausendealten Vorstellung von der Kreisbewegung als »natürlicher Bewegung«, die keiner weiteren Erklärung bedarf. Wie die moderne Theorie der Stern- und Planetenentstehung zeigt, ist die Kreisbewegung nicht nur im Falle der Planetenbahnen, sondern auch im Falle der Eigenrotation der Himmelskörper eine ursprünglich zusammengesetzte Bewegung. Sie erinnern sich an den Badewannenstrudel?

Wer Newtons Eimerexperiment folgt, der lässt in Gedanken ein rotierendes Universum zu. Heute gilt es als unwahrscheinlich, dass eine solche Rotation unseres Universums eines Tages registriert wird. Denkbar ist es schon: Im Jahr 2011 meinten Forscher der Universität Michigan, bei einer Durchmusterung des nördlichen Himmels festgestellt zu haben, dass sich von den 18 000 geprüften Galaxien sieben Prozent mehr linksherum als rechtsherum drehen. In der Summe könnte daraus also eine Rotation des

Universums als Ganzes resultieren. Aber welchen Schluss zogen die Wissenschaftler daraus? Dass, falls sich das Ergebnis bestätigen sollte, außer unserem Kosmos mindestens ein zweites, ebenfalls rotierendes Paralleluniversum existieren müsste, damit sich die Drehimpulse gegenseitig aufheben.

Der Tod der Philosophen

Als Leibniz den fünften Brief Clarkes erhält, sind seine Hand- und Schultergelenke von Gicht fast steif. Schenkt man den Aufzeichnungen seines Gehilfen Johann Georg Eckhart Glauben, hat er darüber hinaus offene Geschwüre an den Gliedmaßen, die nicht verheilen wollen. Um weiterarbeiten und schreiben zu können, greift der Philosoph mitunter zu drastischen Mitteln und lässt sich hölzerne Schraubstöcke an den Stellen anlegen, wo ihn die Krankheit am meisten quält, sodass auf diese Weise ein Gegenschmerz hervorgerufen wird.[162]

Seit Anbruch der kalten Jahreszeit hat sich sein gesundheitlicher Zustand dramatisch verschlechtert. Am 13. November schreibt Eckhart: »Herr Leibniz lieget an händen und füßen contract und ist ihm die Gicht in die Schultern gezogen, so biß dato noch nicht geschehen. Er kann itzt von arbeit nicht einmahl hören und wenn ihn in dubiis frage, antwortet er, ich möge die sachen machen, wie ich wolle; ich werde es schon gut machen; er könne sich umb nichts mehr in seiner maladie bekümmern.«

In diesem Brief an einen der Minister in London kann sich Eckhart einen spöttischen Zusatz nicht verkneifen: »Es wird nichts capable seyn, ihn hervorzubringen als der Zar oder sonst ein dutzend großer herren, so ihme hofnung zu pensionen machen; so möchte er bald wieder zu beinen kommen.« Eine solche Bemerkung verrät, wie schlecht Leibniz' Stellung am Hof mittlerweile ist. Nicht nur beim König ist der Geheime Rat in Ungnade gefallen. Der 42-jährige Eckhart, inzwischen zu seinem Nachfolger bestimmt, kann es sich herausnehmen, den todkranken Gelehrten lächerlich zu machen.[163]

Leibniz kommt nicht wieder auf die Beine. Am Abend des 14. November 1716 stirbt er in der Schmiedestraße 10, wo er etliche Jahre wohnte. Da er weder Verwandte in der Nähe hat noch Freunde am Hof, wird Deutschlands berühmtester Mathematiker und Philosoph einen Monat später in aller Stille in der Neustädter Kirche an einer Stelle bestattet, die man erst zu Beginn des 19. Jahrhunderts mit einer Grabplatte versehen wird. Sein Sarg trägt die Aufschrift: »Pars vitae, quoties perditur hora, perit«, auf Deutsch: »Ein Teil des Lebens geht verloren, wenn eine Stunde vergeudet wird.«[164] Das ist Leibniz pur!

Dem Alleinerben Friedrich Simon Löffler, Sohn seiner Schwester Anna Catharina, vermacht Leibniz ein kleines Vermögen und der Nachwelt Abertausend beschriebene Blätter: unveröffentlichte Manuskripte, geheime Aufzeichnungen, Skizzen, Briefe. Der größte Teil dessen, was er zu Papier gebracht hat, ist nie im Druck erschienen. Vieles, was er angefangen hat, ist unvollendet geblieben.

Dass 200 000 eng beschriebene Blätter und jene 15 000 Briefe, die heute Teil des Weltkulturerbes sind, erhalten geblieben sind, verdankt sich einem besonderen Umstand: Unmittelbar nach Leibniz' Tod lässt der König dessen Arbeitszimmer versiegeln. Keins von seinen Papieren soll unbesehen an die Öffentlichkeit gelangen, denn der gut vernetzte Hofrat pflegte den Umgang mit fürstlichen Frauen und ausländischen Diplomaten, war in Staatsgeschäfte eingeweiht und in Querelen verwickelt. Das Haus Hannover will keine Interna preisgeben.

Mr. Leibniz ist tot, der Streit geht weiter

Noch vor der Beisetzung schreibt Abbé Conti von Hannover aus an Newton: »Mr. Leibniz ist tot, der Streit ist beendet.«[165] Dieser Wunsch des italienischen Naturphilosophen erfüllt sich nicht. Auch nach Leibniz' Tod bekriegen sich die Fraktionen weiter.

Schon die Nachrufe auf ihn, insbesondere das Loblied, das die Pariser Akademie auf den deutschen Mathematiker singt, bringen den Präsidenten der Royal Society auf die Palme. Kein Wort über das Plagiat! Newton ist zwar besonnen genug, nicht öffentlich darauf zu reagieren, aber auf Dauer außerstande, sich selbst und seine Anhänger zu bezähmen. Noch fünf Jahre nach Leibniz' Tod kommt ein Buch heraus, das neben dem Bericht der Untersuchungskommission zum Prioritätsstreit weitere Vorwürfe gegen Leibniz enthält. Auch aus den *Principia* streicht er den Namen des Verstorbenen.

Newton hatte seine Fluxionsrechnung entdeckt, ehe Leibniz auf die adäquate Differenzialrechnung kam. Er wird nicht müde, gegenüber dem König und anderen zu wiederholen, Zweiterfinder hätten keinerlei Rechte. Doch je älter er wird, umso mehr erkennt Newton sein eigenes Versäumnis, der Welt damals nichts von jenen bahnbrechenden Erkenntnissen mitgeteilt zu haben, mit denen Leibniz der mathematischen Forschung in der Zwischenzeit neue Dimensionen erschlossen hat. Seine mangelnde Bereitschaft, die Vorzüge der leibnizschen Notation anzuerkennen, der sich viele seiner Fachkollegen anschließen, wird die Entwicklung der Mathematik in England um Jahrzehnte zurückwerfen.

Ironischerweise werden sowohl die leibnizsche Differenzialrechnung als auch der strenge leibnizsche Rationalismus wesentlich zum Erfolg der newtonschen Physik beitragen. Erst aus dieser Verknüpfung werden jene mathematischen Gesetze hervorgehen, die »allein das Kausalitätsbedürfnis des modernen Physikers voll befriedigen«, wie kein Geringerer als Albert Einstein feststellte.[166] Erst diese Differenzialgesetze gestatten es, die Bewegung von Planeten und anderen Körpern kontinuierlich zu verfolgen, Zeitpunkt für Zeitpunkt.

Im hohen Alter macht Newton der eigene Ruhm mehr und mehr zu schaffen. Nun interessiert man sich für private Aufzeichnungen des Naturforschers, die nie für eine Veröffentlichung vorgesehen waren, etwa seine Chronologie der alten Königreiche. Jahrzehntelang hat Newton nach Übereinstimmungen zwischen der biblischen Geschichte und historischen Ereignissen gesucht. Mithilfe statistischer Methoden ist es ihm gelungen, die durchschnittliche Herrschaftszeit der Regenten in den frühen Hochkulturen neu zu berechnen. Seine wirklichkeitsnäheren Schätzungen für die Generationenfolge haben die dokumentierte Weltgeschichte um einige Hundert Jahre verkürzt.

Als Prinzessin Caroline 1716 davon erfährt, möchte sie unbedingt mehr wissen. Über den Abbé Conti lässt sie sich eine von Newton ausgearbeitete Kurzfassung zukommen. Der Italiener, fasziniert von der Schrift, reicht sie unter französischen Gelehrten herum. Schließlich kommen Auszüge aus der *Chronologie* in Paris als Raubkopien auf den Markt.

Newton schimpft über falsche Freunde, die ihn, »wie Mr. Leibnitz«, in immer neue Debatten verwickeln wollten, und sieht sich genötigt, die *Chronologie* selbst herauszubringen. Den historischen Stoff überarbeitet er wieder und wieder. Er erstellt mindestens ein Dutzend verschiedene Textversionen und beseitigt alles, was ihn der Ketzerei verdächtig machen könnte. Über Korrekturen und Gichtanfällen schwinden seine Kräfte.

Ein Staatsbegräbnis für Englands größten Gelehrten

Am 31. März 1727 gregorianischer Zeitrechnung stirbt Englands berühmtester Wissenschaftler im Alter von 84 Jahren. Wenige Tage später wird er mit einem prunkvollen Staatsbegräbnis in der Westminster Abbey beigesetzt, wo auch Queen Anne und ihre Vorgänger auf dem englischen Königsthron ihre letzte Ruhestätte gefunden haben. An zentraler Stelle im Mittelschiff der Kirche, vor dem Chor, setzt man ihm ein Denkmal. Es zeigt den Gelehrten auf seine Bücher gestützt, über ihm schwebend die Himmelskugel.

Um dieses gravitative Zentrum herum werden im Lauf der kommenden Jahrhunderte viele Naturforscher von Charles Darwin bis Ernest Rutherford mit Gedenktafeln gewürdigt. Wie Monde umkreisen sie den Schöpfer einer empirischen Wissenschaft, die alle unnötigen Hypothesen scheinbar abgestreift hat und an der sich doch nicht festhalten lässt im Kommen und Gehen der menschlichen Ideen.

Newton stirbt ebenfalls unverheiratet und kinderlos. Und obschon der Chef der Königlichen Münzanstalt einen Teil seiner Aktien infolge der Südseeblase, einer internationalen Finanzkrise neuzeitlicher Art, verloren hat, ist auch sein Vermögen beträchtlich. Sieben Nichten und Neffen, mit ihrem Anteil offenbar noch nicht zufrieden, würden am liebsten jedes nur irgendwie beschriebene Blatt des berühmten Forschers versilbern. Die achte Erbin, Catherine, und ihr Mann setzen sich dafür ein, dass die Schriften zusammenbleiben.

An einer Gesamtedition ist niemandem gelegen, da einige Aufzeichnungen dem Ansehen ihres Urhebers schaden könnten. Doch zwei Jahrhunderte später gibt ein Nachfahre von Newtons Nichte Catherine die Papiere zur Auktion frei. Im Sommer 1936 werden

Das prunkvolle Grab von Isaac Newton in der Westminster Abbey, wo er 1727 beigesetzt wurde.

sie bei Sotheby's in London katalogisiert, in mehr als 300 Fragmente zerlegt und zum Verkauf angeboten.

Die theologischen Manuskripte ersteigert ein jüdischer Gelehrter, der hofft, an Universitäten und Museen Abnehmer dafür zu finden. Aber kaum ein Forscher interessiert sich für Newtons Traktate über den Tempel Salomons oder die Apokalypse. Die alchemistischen Texte ersteht der Wirtschaftswissenschaftler John Maynard Keynes. Darin begegnet er einem bis dahin wenig bekannten Newton, nicht dem großen Naturforscher und Aufklärer, sondern einem Wiederentdecker antiken Wissens, »dem letzten Magier, dem letzten Babylonier oder Sumerer, der auf die sichtbare und die geistige Welt mit denselben Augen schaute wie jene, die unser geistiges Erbe vor knapp zehntausend Jahren begründeten«, so Keynes.[167]

Sowohl die newtonsche als auch die leibnizsche Gedankenwelt sind uns heute in vieler Hinsicht so fremd, dass auch die in diesem Buch getroffene Auswahl aus ihren Werken und Briefen nur Teile davon berührt. Verdeutlicht uns die Geschichte auf diese Weise einmal mehr, dass nichts flüchtiger ist als die Zeit, so kann sie uns doch dabei helfen, unsere eigene Lebenswelt und gegenwärtige Debatten besser zu verstehen. Gerade die Fragen zu Raum und Zeit, die Newton und Leibniz umtrieben, sind Menschheitsfragen. Kein anderer Naturforscher hat unsere Vorstellung von Zeit als einem unablässigen Strom so geprägt wie Newton, wohingegen das leibnizsche Verständnis von Zeit erst heute wieder eine größere Anhängerschaft findet.

WAS ALSO IST ZEIT?

Jahrhundertelang stand die leibnizsche Zeittheorie im Schatten der newtonschen Physik und erlebt nun ein spätes Comeback

Ein Leben ohne Uhr? Man kann sich das kaum noch vorstellen. Uhren sind eingebaut in Küchenherde und Pkws, in Computer und Smartphones. Sie untergliedern den Schulalltag von Kindern, teilen Produktions- und Arbeitsprozesse in Häppchen. Selbst unsere Freizeit steht unter ihrem Regime.

In einigen Ländern der Erde schaut die Bevölkerung selten auf solche Uhren. Stattdessen geben die Menschen den Ereignissen ihren Raum und lassen sich nicht unter Druck setzen, alles möglichst schnell zu erledigen. Ein gemeinsamer zeitlicher Bezugsrahmen kann dort etwa jene Spanne sein, die man braucht, um Reis zu kochen (Madagaskar), in der eine Schale Tee abkühlt (Tibet) oder eine Kerze abbrennt.[168]

Im Unterschied dazu unterteilt eine mechanische Uhr den Tag in immerzu gleiche Abschnitte, und zwar mithilfe schwingender Pendel, Unruhfedern oder Quarzkristallen, die immer wieder zum selben Ausgangszustand zurückkehren. Im Lauf der Jahrhunderte sind die Gangregler kleiner und kleiner, ihre Taktfrequenzen immer schneller geworden. So schnell, dass sich der Handel an der Börse heutzutage jenseits aller menschlichen Reaktionszeiten vollzieht.

Was aber haben all diese Uhren mit Zeit zu tun? Wir sagen zwar, dass wir mit ihrer Hilfe »die Zeit messen«, und reagieren auf den vollen Terminkalender mit Aussagen wie: »Ich habe keine Zeit.« Doch solche Redewendungen führten uns in die Irre, beanstandet der Soziologe Norbert Elias. Das Substantiv »Zeit« suggeriere, dass ein Ding existiere, »eben die Zeit, die es zu bestimmen oder zu messen gilt«. Was aber soll das sein?

Ende des 20. Jahrhunderts hat Elias den leibnizschen Argumenten eine neue Stimme verliehen. Nie messen wir eine »Zeit an sich«. Wie die oben genannten Beispiele der Reisuhr, der Teeuhr oder des vorrückenden Zeigers einer mechanischen Uhr illustrieren, setzt jede Zeitmessung voraus, dass man sich in einer Kultur auf einen Geschehensablauf als gemeinsamen Bezugsrahmen einigt. »Das Wort ›Zeit‹«, so Elias, »ist ein Symbol für eine Beziehung, die eine Menschengruppe, also eine Gruppe von Lebewesen mit der biologisch gegebenen Fähigkeit zur Erinnerung und zur Synthese, zwischen zwei oder mehreren Geschehensabläufen herstellt, von denen sie einen als Bezugsrahmen oder Maßstab für den oder die anderen standardisiert.«[169]

Seit Beginn der Neuzeit haben sich Zeitstandards drastisch geändert. Newton zum Beispiel lernte noch in seiner Kindheit für die zeitliche Unterteilung der Nacht Begriffe wie Dämmerung, Einbruch der Nacht, Kerzenanzünden, dunkle Nacht, Spätnacht, Morgengrauen und Hahnenschrei. Auf dem Land in Woolsthorpe war die Zeitbestimmung gebunden an sichtbare und hörbare Eindrücke und allgemein übliche Tätigkeiten wie das Kerzenanzünden. Als Newton dann 50 Jahre später in die englische Hauptstadt umzog, war er Besitzer einer Uhr mit Minutenzeiger und eingetaktet in das großstädtische Leben. Als Direktor der Münzanstalt hatte auch er des Öfteren keine Zeit, an den von ihm geschätzten Versammlungen der Royal Society teilzunehmen, weshalb die Sitzungen schließlich seinetwegen verschoben wurden.

Im Hinblick auf unsere Zeitkultur setzte das 17. Jahrhundert völlig neue Maßstäbe. Der Schriftsteller Elias Canetti nannte es die »früheste Periode der Geschichte, die uns, wie wir heute sind, wirklich schon enthält«.[170] Der Kutschenverkehr und die künstliche Beleuchtung zogen in die Großstädte ein, der Kaffeehausbesucher und Zeitungsleser tauchte als neuer Typus auf. Natürlich mussten Zeitungen aktuell sein. Was heute der Nachrichtenticker ist, war Ende des 17. Jahrhunderts das Postscript: Wer etwa als Buchhändler die gedruckte Zeitung in London verkaufte, konnte in einem eigens dafür freigelassenen Weißraum die neuesten Nachrichten handschriftlich nachtragen. Nicht mehr lange, und auch die erste Abendzeitung wurde in London herausgegeben.[171]

Damals variierte die Uhrzeit noch von Stadt zu Stadt. Heute zeigen Uhren in ganz Europa ein und dieselbe Zeit an. Diese Standardzeit allgemein verfügbar zu machen ist zur alleinigen Sache von damit beauftragten Forschungsinstitutionen geworden. Sie schicken ihre Zeitsignale als codierte Zahlenfolgen per Funksignal an den Wecker auf unserem Nachttisch. Das bestärkt uns in der Ansicht, Zeit wäre ein unablässig fließender Strom, irgendetwas Wirkliches, dem man gewisse Eigenschaften zuschreiben kann. Gelegentliche Schalttage oder unregelmäßig eingefügte Schaltsekunden reichen als Irritationen nicht mehr aus, dass wir uns einmal ernsthaft mit Zeitmessung beschäftigen und uns fragen würden, was dabei wozu in Beziehung gesetzt wird. Wir haben das Gefühl, dass »die Zeit« rennt, während tatsächlich nur die Zeiger unserer selbst gebauten Instrumente rennen. Und wir selbst.

Im Schatten Newtons

In der Wissenschaft, die die Zeitbestimmung unter ihre Fittiche nahm, setzte sich das leibnizsche Verständnis von Zeit nicht durch. Weder Leibniz noch einem anderen barocken Naturforscher gelang es, den *Principia* eine irgendwie vergleichbare relationale physikalische Theorie gegenüberzustellen.

Uhren zeigen zuverlässig an, was früher ist und was später, weil sich hinter dem Vorrücken des Zeigers kausale Mechanismen verbergen. Leibniz zufolge sind kausale Beziehungen nicht nur bei Uhren, sondern generell die Basis für die zeitliche Ordnung, die wir im Nacheinander der Ereignisse erkennen. »Wenn von zwei Elementen, die nicht zugleich sind, das eine den Grund des anderen einschließt, so wird jenes als vorangehend, dieses als folgend angesehen«, lautete einer der zentralen Sätze seiner kausalen und relationalen Auffassung von Zeit.[172]

Seine Kritik an einer prinzipiell unbeobachtbaren »absoluten Zeit« verhallte angesichts des überwältigenden Erfolgs der newtonschen Physik. Der Zeitbegriff, den Newton seinen *Principia* zugrunde legte, schien makellos. Außerdem war er eine wesentliche Voraussetzung für eine einfache und einheitliche Beschreibung der Naturvorgänge. Die »absolute Zeit« als fester Bezugsrahmen reduzierte die Komplexität im Zusammenspiel physikalischer Objekte genauso, wie die überall präsente Uhrzeit die Koordinierung des menschlichen Zusammenlebens in einer Stadt mit ihren vielen Verflechtungen erleichterte. Im neuzeitlichen Rationalisierungsprogramm verschmolzen sie rasch miteinander.

Um die weitere Entwicklung des physikalischen Zeitbegriffs zu verstehen, ist es hilfreich, einen kurzen Blick darauf zu werfen, wie die »absolute Zeit« und der »absolute Raum« im 18. und 19. Jahrhundert in der wissenschaftlichen Praxis zur Geltung kamen. Dazu kehren wir noch einmal kurz zurück zu Newtons Ausgangsfrage: Wie bewegt sich ein Planet um die Sonne?

Der Lauf des Planeten lässt sich zunächst in Bezug auf einen irgendwie vorgegebenen »absoluten Raum« beschreiben, auf ein abstraktes Koordinatensystem, ähnlich jenen transparenten Blättern mit den Skalen A, B, C … und 1, 2, 3 …, die man in dem einem oder anderen Autoatlas findet. Für die anschließenden mathematischen Berechnungen gibt es jedoch eine bessere Wahl. Die Anziehungskraft, die den Planeten an die Sonne bindet, hängt nämlich lediglich davon ab, wie weit er von der Sonne entfernt ist. Daher gehen Physiker im nächsten gedanklichen Schritt zu einem Bezugssystem über, dessen Zentrum in der Sonne liegt.

Betrachten wir den Planeten also von der Sonne aus: Seine Position ist dann gegeben durch den Abstand von ihr und jenen Winkel, um den sich der Abstandsvektor wie ein Uhrzeiger dreht. Beides sind keine absoluten, sondern relative und für Astronomen beobachtbare Größen. Und das ist keineswegs eine Besonderheit der newtonschen Schwerkrafttheorie. Alle bis heute bekannten physikalischen Grundkräfte variieren mit dem Abstand der Körper voneinander. Insofern haben es Forscher stets mit relativen räumlichen Größen zu tun und nicht mit absoluten.

Und was ist mit der Zeit? Inwiefern behält das Konzept einer »absoluten Zeit« in der physikalischen Praxis seine Berechtigung?

Für konkrete Berechnungen ersetzen Forscher die »absolute Zeit« schlicht durch die Uhrzeit. Sie greifen auf jenes Zeitmaß zurück, das eine möglichst genau gehende Uhr bereitstellt. Um den Planeten am Himmel wiederzufinden, ermitteln sie dann für den gewünschten Zeitpunkt anhand der newtonschen Bewegungsgleichungen den Abstand des Planeten von der Sonne sowie den Beobachtungswinkel.

So viel zur wissenschaftlichen Praxis. Als astronomischer Beobachter könnte man aber auch einer anderen Frage nachgehen, die heute aufgrund der omnipräsenten Uhren nicht mehr gestellt wird: Wie viel Zeit ist verstrichen, wenn ich den Planeten Mars heute um Mitternacht an diesem Ort relativ zur Sonne gesehen habe und ihn später an jener Stelle wiederentdecke? Wie kann ich das Zeitmaß selbst aus den wechselnden Konfigurationen des Systems gewinnen?

Johannes Kepler quälte sich Anfang des 17. Jahrhunderts jahrelang mit der Marsbahn herum. Er erkannte, dass die Geschwindigkeit des Planeten um die Sonne nicht gleich bleibt. Weder Mars noch Erde legen auf ihren elliptischen Umlaufbahnen in gleichen Zeiten gleiche Strecken zurück. Kommen sie der Sonne näher, bewegen sie sich schneller, in größerem Abstand von ihr langsamer.

Dennoch ist es möglich, aus ihrer Bewegung ein Zeitmaß abzuleiten. Nachdem Kepler die damals besten Beobachtungsdaten analysiert hatte, fand er heraus, dass der von der Sonne zum Planeten gezogene Strahl in gleichen Zeitintervallen gleich große Flächen überstreicht, sprich: Die jeweils überstrichene Fläche ist ein verlässliches Maß für die Zeit t. Wenn Astronomen diese Fläche aus Winkelmessungen ermitteln, resultiert auch die Zeit aus relativen, beobachtbaren Größen. Der zunächst abstrakte Zeitparameter t kann aus den verschiedenen Konstellationen der Planeten und der Sonne abgelesen werden.* Aber erst wenn Wissenschaftler nach vergleichenden Beobachtungen und Analysen definiert haben, was eine gleichförmige Bewegung sein soll – etwa durch den keplerschen Flächensatz oder durch den Energieerhaltungssatz –, lässt sich eine Systemzeit definieren und feststellen, ob in Bezug auf diese Gesetzmäßigkeit ein anderer Geschehensablauf

* Für mathematisch Interessierte sei an dieser Stelle erwähnt, dass sich die Zeit t für einen Planetenumlauf durch eine mathematische Gleichung der Form $t = T/2\pi\ (E - \varepsilon \sin E)$ darstellen lässt. Astronomen bezeichnen den Hilfswinkel E als »exzentrische Anomalie«. Ausgangspunkt für die Beobachtung zum Zeitpunkt $t = 0$ unter dem Winkel $E = 0$ ist hier der kleinste Abstand des Planeten von der Sonne, dagegen bezeichnet $E = \pi$ seine größte Entfernung von der Sonne. Eine volle Periode von 2π entspricht einem Planetenjahr der Dauer T. Danach kehren die beobachteten Konfigurationen zurück. Um die Zeit t zu bestimmen, müssen also auch hier Perioden mitgezählt werden. Die Exzentrizität ε ist ein Maß für die Abweichung der Planetenbahn von einer Kreisbahn und meist sehr klein. $\varepsilon = 0$ würde einem exakten Kreis entsprechen, $\varepsilon < 1$ einer Ellipse. Für das Beispiel der Erde eröffnet sich damit die Möglichkeit, die schon erwähnte »Zeitgleichung« zu berechnen, die im 17. Jahrhundert in tabellarischer Form an Londoner Uhrmacher weitergeben wurde.

mit strenger Regelmäßigkeit erfolgt oder nicht. »Die Frage, ob eine Bewegung an sich gleichförmig ist, hat gar keinen Sinn«, folgerte der Physiker und Wissenschaftstheoretiker Ernst Mach. »Wir sind ganz außerstande, die Veränderungen der Dinge an der Zeit zu messen. Die Zeit ist vielmehr eine Abstraktion, zu der wir durch die Veränderung der Dinge gelangen.«[173]

Newton blieb zu Lebzeiten bei seinem Konzept eines »absoluten Raumes« und einer »absoluten Zeit«. Bei näherem Hinsehen sind dies keine unbedingt notwendigen Voraussetzungen für eine Planetentheorie. Auch in einem System, das aus mehreren Planeten besteht, lässt sich eine Systemzeit berechnen. Zu eben diesem Zweck haben Astronomen die Planetenkonstellationen seit Jahrtausenden aufgezeichnet, ihre Ergebnisse ausgetauscht und auf diese Weise über alle Ländergrenzen hinweg einen gemeinsamen zeitlichen Bezugsrahmen geschaffen. Und damit ist die astronomische Zeit bis heute Richtschnur für unsere soziale Uhrzeit.

Auf diesem reichen kulturellen Erbe bauen auch die *Principia* auf. Als erfahrener Himmelsbeobachter meinte Newton, wir könnten uns dem Ideal einer »wahren und mathematischen Zeit« nur auf dem Weg der astronomischen Zeitbestimmung nähern und nicht mithilfe mechanischer Uhren, die aber dank der Findigkeit der Uhrenbauer genauso dafür geeignet sind.* Indem Newton das

---

* Wenn sich Planeten um die Sonne drehen, wenn Pendel, Federn und Quarzkristalle hin- und herschwingen, wird periodisch potenzielle in kinetische Energie umgewandelt und umgekehrt. Solange die Bewegung ungestört von äußeren Einflüssen verläuft, bleibt die Gesamtenergie E gleich. Dann zeichnet der Energieerhaltungssatz – in leibnizscher Schreibweise: $dE/dt = 0$ – einen Zeitparameter t und zählbare Perioden aus. Für verschiedene Systeme, in denen der Energieerhaltungssatz annähernd gilt, ist das Verhältnis der Zeitintervalle dt1 zu dt2 konstant. Daher lassen sich zwei Uhrzeiten t1 und t2 leicht ineinander umrechnen. Die spezielle Verknüpfung der Uhrzeit mit der Energieerhaltung verdeutlicht die wechselseitige Abhängigkeit von Beobachtung und Theorie: Erkannte Regelmäßigkeiten wie die Pendelschwingung veranlassen Menschen dazu, Uhren zu entwerfen und zu verfeinern. Für den Forscher ist eine Uhr wiederum ein Messinstrument, mit dem er seine Theorie auf die Probe stellen und den Energieerhaltungssatz testen kann. So stellten Forscher in den 1670er-Jahren fest, dass ein Pendel am Äquator langsamer schwingt als in Paris. Weil die Erde keine Kugel ist, ändert sich die potenzielle Energie von Breitengrad zu Breitengrad. Moderne Atomuhren ticken schon auf einem Hausdach messbar anders als im Erdgeschoss.

ideale astronomische Zeitmaß absolut setzte, eröffnete er Physikern die Möglichkeit, alle anderen Bewegungen von Körpern, seien es Fall-, Bahn-, Wurf- oder Rollbewegungen, darauf zu beziehen. Eine einfache physikalische Theorie kommt ohne eine solche Setzung nicht aus.

Zumindest dies hätte Leibniz in der Debatte mit Clarke anerkennen können. Doch angesichts des schwelenden Prioritätsstreits lag ihm nichts ferner als eine Würdigung seines englischen Kontrahenten. Newton hatte seinen *Principia* die »absolute Zeit« und den »absoluten Raum« allerdings auch gar nicht als Setzungen vorangestellt. Vielmehr meinte er, ihre Existenz beweisen zu können. Eben das bestritt Leibniz.

Die Kausalstruktur der Welt

Erst im 20. Jahrhundert ist das leibnizsche Verständnis von Zeit auf verschlungenen Wegen aus dem Schatten der newtonschen Physik herausgetreten. Und zwar zunächst im Kontext der Relativitätstheorie. Bei der Entstehung dieser Theorie spielte die inzwischen weit vorangeschrittene Uhrentechnik eine ähnlich bedeutende Rolle wie bei der Herausbildung der newtonschen Physik.

Einsteins bahnbrechende Untersuchungen zur Gleichzeitigkeit fielen in eine Epoche, in der sich die Welt telegrafisch vernetzte und Eisenbahnen die Länder miteinander verbanden. Die Synchronisation von Uhren im elektrischen Zeitnetz und die Koordinierung von Fahrplänen bargen viele technische Probleme. Als Angestellter im Berner Patentamt hatte Einstein schon von Berufs wegen damit zu tun.[174] Er fragte sich, wie voneinander entfernte Uhren aufeinander abgestimmt werden könnten und was Gleichzeitigkeit bedeute.

»Wir haben zu berücksichtigen, dass alle unsere Urteile, in welchen die Zeit eine Rolle spielt, immer Urteile über gleichzeitige Ereignisse sind. Wenn ich z. B. sage: ›Jener Zug kommt hier um 7 Uhr an‹, so heißt dies etwa: ›Das Zeigen des kleines Zeigers meiner Uhr auf 7 und das Ankommen des Zuges sind gleichzeitige Ereignisse.‹«

Es mag den Anschein haben, dass alle Schwierigkeiten mit der Definition der »Zeit« dadurch überwunden werden könnten, dass man anstelle der »Zeit« die Stellung des kleinen Zeigers seiner Uhr setzt, fuhr Einstein fort. »Eine solche Definition genügt in der Tat, wenn es sich darum handelt, eine Zeit zu definieren ausschließlich für den Ort, an welchem sich die Uhr eben befindet; die Definition genügt aber nicht mehr, sobald es sich darum handelt, an verschiedenen Orten stattfindende Ereignisreihen miteinander zeitlich zu verknüpfen, oder – was auf dasselbe hinausläuft – Ereignisse zeitlich zu werten, welche in von der Uhr entfernten Orten stattfinden.«[175]

In diesen wenigen Sätzen begegnen wir einem typischen Problem im Umgang mit Zeit, über das Leibniz stillschweigend hinweggegangen war. Zwar hatte der Philosoph ausführlich erörtert, was wir damit meinen, wenn zwei Dinge am selben Ort sind, nicht aber, was es heißt, zwei Ereignisse als gleichzeitig zu bezeichnen. Einstein, ringsum von moderner Uhrentechnik umgeben, brachte diese Frage in eine moderne Fassung: Wie lassen sich voneinander getrennte Uhren synchronisieren?

Man könnte zu diesem Zweck eine transportable Uhr zu den verschiedenen Orten bringen, um alle anderen danach zu justieren. Wie wir in diesem Buch gesehen haben, ist der Transport von Uhren eine heikle Angelegenheit. Einstein erschien es weniger problematisch, Signale zwischen den zu synchronisierenden Uhren hin und her zu schicken.

Die Signalgeschwindigkeit ist jedoch begrenzt. In seiner ersten Theorie, der sogenannten Speziellen Relativitätstheorie, betrachtete Einstein die Lichtgeschwindigkeit als maximale Wirkungsgeschwindigkeit, die in allen Bezugssystemen konstant bleibt. Ob zwei Ereignisse gleichzeitig stattfinden, lässt sich dann aber nicht mehr ohne Weiteres sagen. Wenn ich durch ein Teleskop sehen könnte, dass mir jemand von einem anderen Stern zuwinkt, der dort seinen achtzehnten Geburtstag feiert, müsste ich einkalkulieren, dass das Licht von dort zu mir möglicherweise mehrere Jahre unterwegs war und die Feier schon lange zurückliegt.

Viel schwieriger wird es bei Systemen, die sich darüber hinaus mit hoher Geschwindigkeit relativ zueinander bewegen, etwa ein Raumschiff in Bezug auf die Erde. Einstein wies nach, dass Uhren in schnell gegeneinander bewegten Systemen nicht mehr synchron laufen. Sie ticken unterschiedlich schnell. Jeder bewegte Beobachter misst demnach eine spezifische Eigenzeit. Zwar ist der Effekt so gering, dass er erst in der zweiten Hälfte des 20. Jahrhunderts durch Experimente bestätigt werden konnte, wenn man diese »Relativität der Gleichzeitigkeit« allerdings vernachlässigen würde, würden die GPS-Geräte im Auto heutzutage nicht richtig funktionieren.

Die »Relativität der Gleichzeitigkeit« hat unmittelbare Konsequenzen für alle Längenmessungen. Sämtliche Längenmaße sind damit ebenfalls relativ. Wer zum Beispiel die Länge eines fahrenden Zugs bestimmen möchte, muss Zugspitze und Zugende gleichzeitig ins Auge fassen, ganz nach der leibnizschen Definition: »Raum ist die Ordnung des zugleich Existierenden.« In der Relativitätstheorie geben Lichtsignale daher sowohl Aufschluss über die zeitliche als auch über die räumliche Ordnung.

Warum ist zum Beispiel die Sonne weiter entfernt als der Mond? Von der Erde aus gesehen kann sie deshalb als weiter entfernt betrachtet werden, weil die Wirkungsausbreitung die Sonne später erreicht: Ein Lichtsignal braucht erheblich länger, um zur Sonne zu gelangen, nämlich mehr als acht Minuten, als zum Mond: 1,3 Sekunden. Der Lichtweg als zeitlich kürzeste Verbindung legt damit auch die von Leibniz seinerzeit gesuchten Zwischenglieder für Längenmessungen fest.

Da sich Einstein auf die Ausbreitung des Lichts als schnellstmöglichen Kausalprozess stützte, kommt der Kausalität in seiner ganzen Theorie eine herausragende Bedeutung zu.[176] Ursache-Wirkungs-Zusammenhänge und zeitliche Aufeinanderfolge bedingen sich gegenseitig. Was vorher ist und was nachher, bleibt für alle Betrachter gleich. Kann ein Ereignis grundsätzlich auf ein anderes einwirken, so ist es früher als dieses. Dadurch sei die leibnizsche kausale Zeittheorie nachträglich aufgewertet worden, hebt der Philosoph Hans Reichenbach hervor. »Nicht nur die Zeitordnung, sondern die kombinierte Raum-Zeitordnung enthüllt sich als das Ordnungsschema der Kausalreihen, als Ausdruck der Kausalstruktur der Welt.«[177]

Erst kausal, dann relational

In der Speziellen Relativitätstheorie stellen sich Raum und Zeit für jeden Beobachter anders dar. Physiker fassen sie seither zu einer Raum-Zeit zusammen. Die so bezeichnete Raum-Zeit ist aber unabhängig von der Materie. Daher bildet sie einen festen Rahmen für alle Prozesse. Zumindest in dieser Hinsicht hat die Spezielle Relativitätstheorie mehr Ähnlichkeit mit der newtonschen Raum- und Zeitauffassung als mit der leibnizschen.

In den Jahren nach 1905 bewegte sich Einstein jedoch mit großen Schritten auf eine relationale Theorie im leibnizschen Sinn zu. In seiner Allgemeinen Relativitätstheorie verband er Raum und Zeit mit der vorhandenen Materie und Energie zu einem dynamischen Beziehungsgeflecht, das sich mit den sich bewegenden Körpern immerzu wandelt. Oder wie es einer seiner Kollegen, der Physiker Hermann Weyl, ausdrückte: In der Allgemeinen Relativitätstheorie ist die Raum-Zeit keine leere »Mietskaserne« mehr, in der sämtliche Körper ihren Platz finden, sondern die Struktur des Gebäudes selbst wird erst durch die Materie festgelegt. Unter anderem hat dies zur Folge, dass gegeneinander bewegte Beobachter noch schwerer feststellen können, ob Ereignisse gleichzeitig stattfinden.

Von ihrer gedanklichen Konzeption her ist die Allgemeine Relativitätstheorie eine sowohl kausale als auch relationale Theorie – allerdings immer noch nicht in letzter Konsequenz, wie Einstein selbst bedauerte. Leibniz hatte klipp und klar gefordert: »Es gibt keinen Raum, wo es keine Materie gibt.« In Einsteins Theorie verschwindet die Raum-Zeit in einer materiefreien Welt nicht. Sie beinhaltet auch Lösungen für ein materiefreies Universum.

Ob man solche Lösungen der einsteinschen Gleichungen als physikalisch relevant erachtet oder nicht, ist eine andere, bis heute viel diskutierte Frage. Moderne Relationalisten orientieren sich nicht an allen denkbaren Lösungen der Allgemeinen Relativitätstheorie. Was für sie zählt, sind, wie für Leibniz, die in unserem Universum erkennbaren Strukturen. »Nur solche Lösungen sind philosophisch in Betracht zu ziehen, bei denen die unterstellten Situationsumstände mit den Erfahrungsbedingungen der Welt übereinstimmen«, kommentiert der Wissenschaftsphilosoph Martin Carrier die moderne Debatte.

Ganz anders sehen dies die zeitgenössischen wissenschaftlichen Realisten, die man in dieser Hinsicht als Gefolgsleute Newtons ansehen kann. Für sie bildet die gegenwärtig beste wissenschaftliche Theorie den einzig zulässigen Interpretationsrahmen. Demnach müssten wir uns auf die heute allgemein anerkannte Allgemeine Relativitätstheorie stützen, um etwas über die Beschaffenheit der Raum-Zeit zu erfahren. Sie lässt aber Lösungen zu, »bei denen die geometrischen Strukturen nicht auf die Materieverteilung zurückgeführt werden können«, so Carrier. Aus Sicht der Realisten repräsentieren derartige Strukturen eine moderne »absolute Raum-Zeit«.[178] So gesehen, unterscheiden sich die Argumente heutiger Forscher nur wenig von denen, die wir in der Leibniz-Clarke-Debatte kennengelernt haben.

Einstein selbst empfand es als Mangel, dass die Allgemeine Relativitätstheorie keine konsequent relationale Theorie ist. Seine Erben fragen sich immer noch, wie eine solche Theorie aussehen könnte. Auch die leibnizsche Auffassung von Zeit und Raum stößt 300 Jahre nach dem Tod des Universalgelehrten wieder auf reges Interesse.

Völlig offen bleibt jedoch, wie ein relationales Verständnis von Zeit mit der anderen großen modernen Theorie, der Quantenphysik, in Einklang gebracht werden könnte. Auf den ersten Blick ist das Ergebnis ernüchternd: Anders als die Relativitätstheorie setzt die Quantenphysik die newtonsche externe, »absolute Zeit« voraus. Die beiden grundlegenden Theorien des 20. und 21. Jahrhunderts unterscheiden sich hinsichtlich des dahinterliegenden Verständnisses von Zeit so voneinander wie die leibnizsche von der newtonschen Perspektive. Alle Versuche, sie in einer Quantengravitationstheorie miteinander zu verbinden, sind bisher gescheitert. Und es ist schwer vorstellbar, dass dies ohne eine vorherige Klärung des Zeitbegriffs gelingen kann. Die Aufarbeitung der Leibniz-Clarke-Kontroverse als physikalische Grundlagendebatte steht immer noch aus.

Nicht von ungefähr nehmen zeitgenössische Physiker wie Carlo Rovelli, Lee Smolin oder Julian Barbour wieder direkt darauf Bezug. Im Computerzeitalter schrecken sie vor der Komplexität einer relationalen Zeittheorie nicht mehr zurück. Bisher versagen relationale Ansätze jedoch, sobald man in den Mikrokosmos und die Quantenwelt vordringt. Wie soll man in einem Mikrosystem den zeitlichen Verlauf eines Geschehens verfolgen und eine interne Systemzeit ausmachen, wenn jeder Messprozess das Quantensystem beeinflusst? Wählt ein Physiker eine beobachtbare Größe in einem solchen System aus, um in Beziehung zu ihr die Veränderung anderer Größen zu betrachten, so muss er stets berücksichtigen, wie sich der Zustand des Systems durch die Beobachtung selbst wandelt. Haben es sich die Väter der Quantentheorie hier womöglich zu leicht gemacht, indem sie schlicht auf ihre Laboruhren als externen Zeitparameter verwiesen?

Eine Beethoven-Symphonie als Luftdruckkurve?

In jeder physikalischen Theorie gibt es Setzungen, die nur durch die Konzeption der Theorie als Ganze zu rechtfertigen sind. Newton fand in der »absoluten Zeit« einen derartigen Begriff, die Quantentheoretiker des 20. Jahrhunderts stützten sich auf eine externe Uhrzeit. Was die klassische Physik und die Quantenmechanik auf Basis eines solchen Zeitbegriffs erreicht haben, ist erstaunlich, aber aus moderner Sichtweise korrekturbedürftig.

Die Komplexität der Natur und unserer selbst geschaffenen Umwelt verlangt uns immerzu einen Spagat ab: zu entscheiden, wie viel dieser Komplexität wir in unsere Betrachtungen einbeziehen können und möchten. Einerseits können wir so rechnen und so handeln, als gäbe es eine externe »absolute« Zeit, eine Zeit der Uhren. Das erleichtert uns die zeitliche Koordination von Prozessen. Das organisierte Miteinander in einer Millionenstadt würde unvermeidlich im Chaos enden, wenn alle Uhren plötzlich verschwunden wären.

In unserem vorstrukturierten Alltag erleben wir jedoch ständig die Spannung zwischen einer solchen externen Uhrzeit und einer Ereigniszeit. Wenn wir im Wartezimmer in der Arztpraxis sitzen, wenn eine berufliche Besprechung auch nach einer Stunde noch nicht zu einem Ergebnis gekommen ist oder wenn die Kinder nicht einschlafen wollen, spüren wir womöglich den Termindruck, der von der Uhr als sozialem Zeitmaßstab ausgeht. Dennoch folgen wir in solchen Fällen nicht dieser äußeren Zeit, sondern wechseln unseren Bezugsrahmen, um den konkreten Umständen gerecht werden. Im Hier und Jetzt bilden die Ereignisse, in die wir selbst einbezogen sind, die für uns relevante zeitliche Ordnung. »Ich rufe zurück, wenn die Kinder im Bett sind«, lautet eine typisch relationale zeitliche Aussage, die wir in solchen Situationen von uns geben.

Wir sind nicht mit allen Menschen im Hier und Jetzt verbunden. Daher ist die Uhr ein so wichtiger sozialer Bezugsrahmen. Ihr Minutenzeiger, der im 17. Jahrhundert erstmals auftauchte und seither präzise fortschreitet, gestattet es uns, alle Termine innerhalb dieser linearen Zeit nahtlos unterzubringen.

Aber die Uhr reduziert Zeit auf einen messbaren Parameter. Sie blendet all jene Dimensionen der Gegenwart aus, die für uns Menschen so bedeutungsvoll sind. In der Gegenwart, dem Jetzt, sind wir selbst mit den Ereignissen verbunden und gestalten sie mit, sind anwesend mit unseren Gedanken und Empfindungen und setzen Prioritäten. Die Gegenwart wartet ständig mit Anknüpfungspunkten für neue Erfahrungen auf.

»Einmal sagte Einstein, das Problem des Jetzt beunruhige ihn ernsthaft«, erzählt der Philosoph Rudolf Carnap in seiner Autobiografie. »Er erklärte dazu, dass das Erlebnis des Jetzt etwas Besonderes für den Menschen bedeute, etwas wesentlich anderes als Vergangenheit und Zukunft; doch dieser so wichtige Unterschied zeige sich nicht in der Physik und könne dort auch nicht auftauchen. Dass dieses Erlebnis von der Wissenschaft nicht erfasst werden kann, bedeutete ihm einen schmerzlichen, aber unausweichlichen Verzicht.«[179]

Für eine Erklärung des Jetzt lassen die Physik und ihr instrumenteller Zugriff auf die Welt wenig Spielraum. Nicht dass Einstein prinzipielle Grenzen zwischen der Physik, der Biologie und den anderen Wissenschaften zog. Er hielt es durchaus für denkbar, die Welt auf naturwissenschaftliche Weise abzubilden. »Aber es hätte doch keinen Sinn. Es wäre eine Abbildung mit inadäquaten Mitteln, so, als ob man eine Beethoven-Symphonie als Luftdruckkurve darstellte.«[180]

Jetzt aber!

Leibniz glaubte an einen Gott höchster Rationalität und hatte doch die Komplexität der Welt zum zentralen Gegenstand seiner Reflexionen gemacht. Der Erfinder von Rechenmaschinen sah überall auch das Nichtgeometrische in der Natur und verfolgte die Vielfalt individueller Erscheinungsformen bis in den Mikrokosmos hinein. Auch er war zu dem Schluss gekommen, dass das Erleben der Gegenwart mechanisch nicht erklärt werden kann. In dem bereits an anderer Stelle erwähnten Mühlenbeispiel umriss der Philosoph die Grenzen naturwissenschaftlicher Erklärungen: »Und denkt man sich aus, dass es eine Maschine gäbe, deren Bauart es bewirke, zu denken, zu fühlen und Perzeptionen zu haben, so wird man sie sich unter Beibehaltung der gleichen Maßstabsverhältnisse derart vergrößert vorstellen können, dass man in sie wie in eine Mühle einzutreten vermöchte.« Dennoch würde man in ihr, sobald man sie beträte, nur Teile vorfinden, die aneinanderstießen, aber nichts, was ihr Vermögen wahrzunehmen erklären könnte.[181]

Man kann die barocke Mechanik der Mühle um moderne biochemische Prozesse erweitern und Hirnforscher im vergrößerten Innenraum dieser Mühle umherwandern lassen. Bisher suchen auch sie darin vergeblich nach dem Bewusstsein, das sich nicht mit seinen materiellen Trägerstrukturen identifizieren lässt. Die funktionale Architektur der Mühle gibt ihnen keine Auskunft über das Erleben der Gegenwart.

Zwar sah Leibniz keine Möglichkeit, die Schwelle zum Bewusstsein mithilfe mechanischer Erklärungen zu überschreiten. Dennoch glaubte er, dass unser gegenwärtiges Erleben durch jeweils vorangehende Bewusstseinszustände unausweichlich festgelegt ist, dass es also eine grundlegende Kontinuität des Bewusstseins gibt. In seinen Augen war das Jetzt kein punktförmiger Augenblick.

In jedem Augenblick gebe es in unserem Innern eine unendliche Menge von Perzeptionen, auf die wir aber nicht achteten, weil sie entweder zu schwach und zu zahlreich seien oder zu gleichförmig. Sie blieben unterhalb der Bewusstseinsschwelle. Auf solchen kleinen Perzeptionen beruhten letztlich unsere unbestimmten Eindrücke, unser Geschmack sowie jene Eindrücke, die die uns umgebenden Körper auf uns machten. »Ja, man kann sagen, dass vermöge dieser kleinen Perzeptionen die Gegenwart mit der Zukunft schwanger geht und mit der Vergangenheit erfüllt ist … Diese unmerklichen Perzeptionen sind es auch, die dasjenige bezeichnen und ausmachen, was wir ein und dasselbe Individuum nennen: denn kraft ihrer erhalten sich im Individuum Spuren seiner früheren Zustände, durch die die Verknüpfung mit seinem gegenwärtigen Zustand hergestellt wird.«[182]

Während sich unser Leben in einem zeitlichen Nacheinander entfaltet, ist jede noch so kleine Bewusstseinsspanne Teil eines gerichteten Bewusstseinsstroms, der unser primäres Zeiterleben ausmacht. Wir erleben Zeit als fließend. Erinnerungen erfüllen die Gegenwart und machen sie lesbar, Erinnerungen und Erwartungen spannen jede bewusst erlebte Veränderung in eine zusammenhängende Geschichte ein. Mag die Materie auch ins Unendliche geteilt sein, so erschaffen wir mit der von uns erlebten Zeit doch ein Kontinuum.

Wenn Zeit eine »Idee des reinen Verstandes« und die »allgemeine Ordnung der Veränderung« ist, wie Leibniz sie umschrieb, dann können wir Zeit nicht in einer Weise in mathematische Zeitpunkte auflösen, wie dies in der modernen theoretischen Physik vielfach geschieht. Zeit wäre dann per se kontinuierlich. Anders gesagt: Ohne Veränderung verliert der Zeitpunkt jegliche Bedeutung. Jedes noch so kleine Zeitmaß, das Wissenschaftler zur Zeitmessung verwenden, setzt periodische Veränderungen oder zusammenhängende Geschichten nämlich bereits voraus.

Moderne Stringtheoretiker wie Brian Greene argumentieren genau andersherum: »Der Begriff der Veränderung ist ohne Bedeutung in Hinblick auf einen einzelnen Zeitpunkt … denn für Zeitpunkte gilt lediglich, dass sie sind.« Zeitpunkte wären das Rohmaterial der Zeit, sie veränderten sich nicht. »Jeder Augenblick ist. Bei genauerem Hinsehen ähnelt der fließende Strom der Zeit eher einem riesigen Eisblock, in dem jeder Augenblick auf ewig an seinem Platz festgefroren ist.«[183]

Greene verschweigt nicht das Unbehagen, das ihn bei einem solchen Verständnis von Zeit nach Feierabend manchmal beschleicht. Ernst Mach sitzt auch ihm mit seinen Worten im Nacken.

Mach hatte seinen Kollegen eine Botschaft ganz im leibnizschen Sinn mit auf den Weg gegeben: »Wir sind ganz außerstande, die Veränderungen der Dinge an der Zeit zu messen. Die Zeit ist vielmehr eine Abstraktion, zu der wir durch die Veränderung der Dinge gelangen.«

Daran orientierte sich Einstein. Aber auch er nahm eine Raum-Zeit als abstrakte Punktmenge schon als gegeben hin, um jedem dieser Punkte anschließend eine physikalische Größe zuzuordnen und ein Gravitationsfeld überhaupt erst definieren zu können.[184] Auf dieser Grundlage formulierte Einstein seine wegweisenden physikalischen Gesetze. Obschon man sie feierte, war der Physiker selbst nicht davon überzeugt, dass seine grundlegenden Begriffe einer näheren Prüfung standhalten würden.

Einsteins Gesetze klammern die erlebte Gegenwart notgedrungen aus. Denn als Gesetze sollen sie ihre Gültigkeit immer behalten. »Für uns gläubige Physiker hat die Scheidung zwischen Vergangenheit, Gegenwart und Zukunft nur die Bedeutung einer wenn auch hartnäckigen Illusion«, schrieb Einstein wenige Wochen vor seinem Tod.[185]

In der Metaphysik des vielleicht letzten großen Universalgelehrten sind die verschiedenen Aspekte der Zeit, einer subjektiv empfundenen, einer intersubjektiven und einer objektiven, messbaren, astronomischen Zeit, noch unlösbar miteinander verwoben. Leibniz zufolge bezieht sich unser subjektives Zeiterleben immer auch auf die äußere Welt. So bemisst es sich etwa an natürlichen Rhythmen wie dem Tag- und Nachtwechsel, aber auch an den Rhythmen der anderen, der Mutter, der Gesellschaft, der Kultur, in der wir aufwachsen. Andersherum erwächst eine Vorstellung von Objektivität aus einem Konsens über die Erkenntnisse einzelner Beobachter und Denker. Wie wir in diesem Buch gesehen haben, muss sich jedes objektive Zeitmaß in einem solchen wissenschaftlichen und gesellschaftlichen Diskurs erst bewähren.

Zwischen Leibniz und Newton war kein direkt ausgetragener Diskurs und schon gar kein Konsens über das Wesen von Raum und Zeit möglich. Der englische Mathematiker entzog sich einem persönlichen Dialog mit seinem deutschen Kollegen. Leibniz seinerseits entging die epochale Bedeutung der newtonschen Physik.

Sein komplexes Denken ließ schon die Setzung einer »absoluten Zeit« und eines »absoluten Raumes« nicht zu. Uns aber kann die Kontroverse der beiden Gelehrten hellhöriger machen für die Zeit, mit der wir leben.

DANKSAGUNG

Ich danke allen, die mich bei diesem Buch unterstützt haben, allen voran Karin Schneider, Barbara Wenner, Maren Wetcke und dem Piper Verlag, den Mitarbeiterinnen und Mitarbeitern der Staatsbibliothek zu Berlin sowie den Forscherinnen und Forschern, die die zahllosen Manuskripte und Briefe von Leibniz und Newton herausgegeben, kommentiert und zum Teil übersetzt haben und damit längst noch nicht zu einem Ende gekommen sind. Ohne sie wäre dieses Buch nicht zustande gekommen. Mein ganz besonderer Dank gilt meiner Frau Anne und meinem Freund Alex für ihre Geduld, Geistesgegenwart und sachkundigen Hinweise.

Berlin, im Juni 2013 — Der Verfasser

ZEITTAFELN

ISAAC NEWTON

1642/43	Am ersten Weihnachtstag 1642 wird Isaac Newton in Lincolnshire geboren. Nach dem in katholischen Ländern gültigen gregorianischen Kalender schreibt man bereits den 4. Januar 1643
1646	Isaacs Mutter Hannah heiratet ein zweites Mal und lässt den Jungen, der seinen Vater nie kennengelernt hat, bei der Großmutter zurück
1661	Studienbeginn am Trinity College in Cambridge
1665/66	In seinem »Wunderjahr« legt Newton den Grundstein für eine neue Theorie zu Licht und Farben und entwickelt die Infinitesimalrechnung
1669	Newton wird Professor für Mathematik in Cambridge
1672/73	Aufnahme in die Royal Society; seine Licht- und Farbentheorie und ein selbst gebautes Spiegelteleskop machen Newton international bekannt
1676	Erster mathematischer Briefwechsel mit Leibniz
1679	Robert Hooke, der Chefexperimentator der Royal Society, bringt Newton auf die Fährte zu einer neuen Planetentheorie
1687	Druck der *Principia*, seines epochalen Werks über die Mechanik
1687/88	Während der Protestbewegung gegen die Rekatholisierung des Landes tritt Newton als einer der Revolutionäre hervor und zieht als Abgeordneter ins Unterhaus ein
1696	Newton wird Aufseher, später Direktor der Königlichen Münzanstalt und zieht nach London um
1703	Wahl zum Präsidenten der Royal Society; Newton behält dieses Amt bis zu seinem Lebensende
1704	Mit den *Opticks* erscheint sein zweites bedeutendes physikalisches Werk als Buch
1705	Seiner politischen Betätigung wegen wird Newton von Queen Anne zum Ritter geschlagen
1707	Vereinigung der Königreiche England und Schottland; nach der so geschaffenen Währungsunion wird die Zusammenführung der Münzanstalten in London und Edinburgh zu Newtons Aufgabe
1712	Als Präsident der Royal Society lässt Newton eine Untersuchungskommission einrichten, die im Prioritätsstreit mit Leibniz zu seinen Gunsten Stellung nimmt
1720	Bei Aktienspekulationen verliert Newton etwa 20 000 Pfund – ein kleines Vermögen

1727	Newton stirbt am 31. März gregorianischer Zeitrechnung und wird in der Westminster Abbey beigesetzt

GOTTFRIED WILHELM LEIBNIZ

1646	Gottfried Wilhelm Leibniz wird am 1. Juli in Leipzig geboren
1652	Tod des Vaters Friedrich Leibniz, Professor für Moralphilosophie an der Universität Leipzig
1661	Im Alter von 15 Jahren nimmt Leibniz in seiner Heimatstadt ein juristisches Studium auf
1667	Nach seiner Promotion tritt Leibniz in die Dienste des Mainzer Erzbischofs
1672–76	Aufenthalt in Paris und erstes Modell einer Rechenmaschine, die alle vier Grundrechenarten beherrscht
1673	Erste Reise nach London und Aufnahme in die Royal Society
1675/76	Entdeckung der Infinitesimalrechnung
1676	Zweite Londonreise und Einsicht in Newtons Werke
ab 1677	Hofbibliothekar in Diensten des Hauses Hannover
1678–86	Regelmäßige Aufenthalte im Harz; Pläne zur Entwässerung der dortigen Bergwerke durch Windkraft
1679	Leibniz konzipiert eine binäre Rechenmaschine
1687–90	Mit Reisen nach Wien und Italien beginnen jahrzehntelange Recherchen zur Geschichte des Welfenhauses
1700	Leibniz wird Präsident der neuen Sozietät der Wissenschaften in Berlin
1705	In Auseinandersetzung mit dem englischen Philosophen John Locke verfasst Leibniz seine *Neuen Abhandlungen über den menschlichen Verstand*
1710	Seine streitbare *Théodicée* wird gedruckt, die aus Gesprächen mit Sophie Charlotte, der Königin von Preußen, hervorgegangen ist
1711	Der Prioritätsstreit mit Newton über die Erfindung der Infinitesimalrechnung eskaliert
1712–14	Aufenthalt in Wien, wo Leibniz zum Reichshofrat ernannt wird und seine *Monadologie* ausarbeitet
1715	Beginn der Leibniz-Clarke-Debatte über das Wesen von Raum und Zeit
1716	Leibniz stirbt am 14. November in Hannover und wird vier Wochen später in aller Stille beigesetzt

WELTGESCHEHEN

1633	Inquisitionsprozess gegen Galileo Galilei; sein *Dialog über die beiden hauptsächlichen Weltsysteme* wird verboten

1648 Die Westfälischen Friedensschlüsse beenden den Dreißigjährigen Krieg

1649 Der englische Bürgerkrieg endet mit der Hinrichtung des englischen Königs

1654 Otto von Guericke führt auf dem Reichstag von Regensburg seine erste Vakuumpumpe vor

1657 Erste funktionstüchtige Pendeluhr des niederländischen Naturforschers Christiaan Huygens

1660 Mit dem Ende der Diktatur Oliver Cromwells kehrt die Monarchie nach England zurück

1664 New York, vormals Neu-Amsterdam, wird Teil des wachsenden englischen Kolonialreichs in Übersee

1664 Die Komödie *Tartuffe* des Dichters Jean-Baptiste Molière wird in Paris verboten

1665 Der niederländische Barockmaler Jan Vermeer malt *Das Mädchen mit dem Perlenohrgehänge*

1672 Einfall französischer Truppen in die Niederlande und Beginn einer Serie von Expansionskriegen Ludwigs XIV.

1676 Der dänische Astronom Ole Rømer bestimmt die Lichtgeschwindigkeit

1682 Ludwig XIV. verlegt seine Residenz nach Versailles, wo etwa 4000 Dienstboten und 1000 Höflinge nach seinem Taktstock tanzen. Versailles wird zum Vorbild für viele Fürsten im absolutistischen Europa

1683 Ein osmanisches Heer unter Großwesir Kara Mustafa belagert Wien

1683 Der Niederländer Antonie van Leeuwenhoek entdeckt erstmals Bakterien: im eigenen Zahnbelag

1688/89 Mit der »Glorreichen Revolution« in England hebt eine neue Ära des Parlamentarismus an

1710 Gründung der Meißener Porzellanmanufaktur sowie der Berliner Charité

1713 Nach Ende des Spanischen Erbfolgekriegs fallen u.a. Gibraltar, Menorca und Neufundland an Großbritannien, zudem das Monopol für den Sklavenhandel mit den spanischen Kolonien in Amerika

1714 Der hannoversche Kurfürst Georg Ludwig besteigt als George I. den britischen Thron

1720 Zwei neuzeitliche Aktienblasen führen zum französischen Staatsbankrott und zum Zusammenbruch der englischen Südseekompanie

Um 1722 Johann Sebastian Bach vollendet den ersten Teil seines *Wohltemperierten Klaviers*

ANMERKUNGEN

Teil I:
ZEIT DER SCHATTEN

1 Gregg, P. 1981, S. 443f.
2 Schönle, G. 1933
3 Ranke, L. 1870, S. 336
4 Asch, R. 1998, S. 442
5 Haan, H./Niedhart, G. 1993, S. 13f.
6 Westfall, R. 1983, S. 47f.
7 Vogtherr, T. 2001
8 Conduitt, J. 1727b
9 Stukeley, W. 1727
10 Atherton, I. 2003, S. 98
11 Hill, C. 1977 und Mann, G./Nitschke, A. 1986
12 Conduitt, J. 1727a
13 Berghaus, G. 1989, S. 78
14 Ranum, O. A. 1979, S. 217f.
15 Powell, H. 1963, S. 42f.
16 Schönle, G. 1933
17 Stukeley, W. 1727
18 Gryphius, A. 1962, S. 22
19 Schilling, H. 1994, S. 81
20 Mann, G./Nitschke, A. 1986, S. 154f.
21 Kittsteiner, H. 2010, S. 61
22 Duchhardt, H. 1998, Roeck B. 1996
23 Mann, G./Nitschke, A. 1986, S. 222
24 Roeck, B. 1996, S. 411
25 Behringer, W. 2003
26 Ebd., S. 126
27 Ebd., S. 422
28 Müller, K./Krönert, G. 1969, S. 3
29 Guhrauer G. 1846, S. 4f.
30 Vogel, J. 1714, S. 652
31 Guhrauer, G. 1846, S. 8
32 Vogel, J. 1714, S. 625
33 Bautz, T.
34 Gosset, A. 1911
35 Klein, S. 2006
36 Stukeley, W. 1727
37 Dohrn-van-Rossum, G. 1992, S. 144
38 Loomes, B. 2008
39 Ebd.
40 Stukeley, W. 1727
41 Manuel, F.E. 1968, Westfall, R. 1983
42 Harrison, J. 1978, S. 5
43 Schechner, S. 2001, S. 198f.
44 Ebd., S. 201
45 Gouk, P. 1992
46 Padova, T. de 2006
47 Conduitt, J. 1727a
48 Gerhardt, C. 1890, S. 51
49 Guhrauer, G. 1846, S. 11
50 Ebd., S. 20
51 Müller, K./Krönert, G. 1969, S. 1f.
52 Leibniz, G. W. 1923, Bd. I.1 S. 332f.
53 Jünger, E. 1954, S. 124
54 Ebd., S. 144f.
55 Müller, K./Krönert, G. 1969, S. 1f.
56 Ekirch, R. 2005, S. 358
57 Vogel, J. 1714, S. 937
58 Ekirch, R. 2005, S. 259
59 Müller, K./Krönert, G. 1969, S. 1f.
60 Gerhardt, C. 1887, S. 606
61 Engelhardt, W. 1955, S. 13
62 Gerhardt, C. 1890, S. 52
63 Klenner, H. 1996, S. 28
64 Gawlick, G. 1994, S. 67
65 Comenius, A. 1954, S. 74
66 Mayr, O. 1987, S. 84
67 Buchenau, A. 1992, Kap. 203
68 Klenner, H. 1996, S. 5
69 Gerhardt, C. 1890, S. 4
70 Knobloch, E. 1973, S. 83
71 Zellini, P. 2010, S. 9
72 Wasmuth, E. 1948, S. 115
73 Ebd.
74 Brachner, A. 2002, S. 22
75 Ebd., S. 25
76 Wiesenfeldt, G. 2002
77 Hentschel, K. 2008, S. 35
78 Mayr, O. 1987, S. 107
79 Cipolla, C. 1999, S. 70

80 König, W. 1997, S. 87 f.
81 Ranke, L. von 1870, S. 487
82 Sprat, T. 1667, Birch, T. 1756
83 Latham, R./Matthews, W. 1970–83, Bd. II, S. 33 f.
84 Rüegg, W. 1996, S. 426
85 Rüegg, W. 1996, S. 123 f.
86 Westfall, R. 1983, S. 74 f.
87 McGuire, J. E./Tamny, M. 1983, S. 452
88 Ebd., S. 336
89 Ebd., S. 340
90 Cohen, B. 1971, S. 291 f.
91 Turnbull, H. W. 1959
92 Newton, I. 1672a
93 Ebd.
94 Goethe, J. W. 1981b, S. 321
95 Goethe, J. W. 1981a, S. 449
96 Newton, I. 1665–66
97 Ebd.

Teil II: ZEIT DER UHREN

1 Latham, R./Matthews, W. 1970–83, Bd. VI, S. 101
2 Ebd., S. 221
3 Ebd.
4 Ebd., Bd. VII, S. 293
5 Sherman, S. 1996, S. 77 f.
6 Whitrow, G. J. 1991, S. 295 f.
7 Andriesse, C. D. 2005, S. 151
8 Oettingen, A. von 1973, S. 85
9 Koyré, A. 1994, S. 57 f.
10 Ebd.
11 Heckscher, A./Oettingen, A. von 1913, S. 8
12 Ebd.
13 Mayr, O. 1987, S. 26
14 Bobinger, M. 1966, S. 133 f.
15 Maurice, K./Mayr, O. 1980S.
16 Dawson, P. G./Drover, C. B./Parkes D. W. 1982, S. 74
17 Ebd.
18 Birch, T. 1756, Bd. 1, S. 4
19 Ebd., S. 9
20 Jardine, L. 2010, S. 22 f.
21 De Beer, E. S. 1955, S. 285
22 Jardine, L. 2010
23 Heckscher, A./Oettingen, A. von 1913, S. 21 f.
24 Jardine, L. 2010
25 Birch, T. 1756, Bd. 2, S. 21
26 Ebd., S. 23
27 Nowotny, H. 2005
28 Sobel, D. 1995
29 Andriesse, C. D. 2005, S. 275 f.
30 Schilling, H. 1994, S. 212
31 Mukerji, C. 2009, S. 141 f.
32 Engelhardt, W. 1955, S. 12
33 Müller, K./Krönert, G. 1969, S. 11
34 Mackensen, L. von 1969
35 Dohrn-van-Rossum, G. 1992, S. 148 f.
36 Hirsch, E. C. 2000, S. 30 f.
37 Heckscher, A./Oettingen, A. von 1913, S. 180 f.
38 Sherman, S. 1996
39 Wright, M. 1989, S. 105
40 Kassung, C. 2007, S. 161 f.
41 Heckscher, A./Oettingen, A. von 1913, S. 3
42 Leibniz, G. W. 1710, S. 315
43 Engelhardt, W. von, 1955, S. 42
44 Knobloch, E. 1993, S. 83 f.
45 Hofmann, J. 1949, S. 8 f.
46 Ebd., S. 5
47 Huber, K. 1989, S. 94
48 König, W. 1997, S. 118
49 Jardine, L. 2003, S. 108 f.
50 Ekirch, R. 2005, S. 98 f.
51 Latham, R./Matthews, W. 1970–83, Bd. VII, S. 267 f.
52 De Beer, E. S. 1955, S. 454
53 Latham, R./Matthews, W. 1970–83, Bd. VII, S. 267 f.
54 Ackroyd, P. 2001, S. 223
55 Purrington, R. 2009, S. 89 f.
56 Turnbull, H. W. 1959, Bd. I, S. 15.
57 Ebd., S. 53
58 Ebd.
59 Ebd.
60 Ebd., S. 73
61 Ebd., S. 79
62 Newton, I. 1672b/Turnbull, H. W. 1959, Bd. I, S. 82 f.
63 Huygens, C. 1672
64 Behringer, W. 2003, S. 303
65 Robinson, H. 1948

66 Gerhardt, C.I. 1971, Bd. VII, S. 359
67 Daston, L. 2003, S. 175
68 Ebd.
69 Hooke, R. 1672
70 Turnbull, H.W. 1959, Bd. I, S. 151
71 Ebd., S. 171f.
72 Westfall, R. 1983, S. 246f.
73 Turnbull, H.W. 1959, Bd. I, S. 198
74 Newton, I. 1672c
75 Misson, H. 1719, S. 39
76 Robinson, H.W./Adams, W. 1935
77 De Beer, E.S. 1955, S. 637
78 Birch, T. 1757, Bd. III, S. 72f.
79 Ebd.
80 Robinson, H.W./Adams, W. 1935
81 Arithmeum, 1999
82 Jordan, W. 1897, S. 313
83 Stein, E./Kopp, F.O. 2010
84 Birch, T. 1757, Bd. III, S. 85f.
85 Robinson, H. 1948, S. 53f.
86 Arithmeum, 1999
87 Robinson, H.W./Adams, W. 1935, S. 25
88 Arithmeum, 1999
89 Birch, T. 1757, Bd. III, S. 85f.
90 Hofmann, J. 1949, S. 15f.
91 Hall, A.R./Hall, M.B. 1973, Bd. IX, S. 438f.
92 Ebd.
93 Cassirer, E. 1996, S. 117
94 Ebd., S. 124f.
95 Elias, N. 1988, S. 96f.
96 Ebd., S. XXII
97 Klein, S. 2006, S. 24f.
98 Cassirer, E. 1996, S. 5
99 Ebd., S. 124
100 Newton, I. 1704, Buch II, Prop. XI
101 Cassirer, E. 1996, S. 103
102 Hall, M.B. 2002, S. 191
103 Heckscher, A./Oettingen, A. 1913
104 Koyré, A. 1994, S. 52
105 Jardine, L. 2003, S. 193
106 Dawson, P.G./Drover, C.B./Parkes D.W. 1982
107 Andriesse, C.D. 2005, S. 264f.
108 Howse, D. 1997, S. 36f.
109 Ebd., S. 38f.
110 Robinson, H.W./Adams, W. 1935, S. 147
111 Birch, T. 1757, Bd. III, S. 179
112 Hall, M.B. 2002, S. 197f.
113 Birch, T. 1757, Bd. III, S. 190
114 Westfall, R. 1983, S. 312f.
115 Hall, A.R./Hall, M.B. 1977, Bd. XI, S. 165
116 Birch, T. 1757, Bd. III, S. 190
117 Robinson, H.W./Adams, W. 1935, S. 148
118 Ebd.
119 Birch, T. 1757, Bd. III, S. 191
120 Wright, M. 1989
121 Hall, A.R. 1951, S. 168f.
122 Forbes, E./Murdin, L./Willmoth, F. 1995, Bd. I, S. 330
123 Robinson, H.W./Adams, W. 1935, S. 151
124 Evans, J. 2006, S. 25f.
125 Jardine, L. 2003, S. 202
126 Ackroyd, P. 2001, S. 238f.
127 Child, J. 1668
128 Haan, H./Niedhart, G. 1993, S. 100
129 Cassirer, E. 1996, S. 64
130 Cipolla, C.M. 1999, S. 66
131 Ufer, U. 2008, S. 225
132 Ebd., S. 166
133 Nooteboom, C. 2002, S. 338
134 Barbon, N. 1690
135 Latham, R./Matthews, W. 1970–83, Bd. X, S. 136
136 Evans, J. 2006
137 Ebd., S. 49
138 Mayr, O. 1987, S. 44
139 Kloeren, M., 1935
140 Eichberg, H. 1978, S. 42
141 Wrigley, E.A. 1967, S. 61
142 Latham, R./Matthews, W. 1970–83
143 Misson, H. 1719, S. 37
144 Lloyd, A. 1958, S. 92f.
145 Dohrn-van-Rossum, G. 1992, S. 365
146 Thompson, E.P. 1967, S. 87f.
147 Hunter, J. 1830, S. 73
148 Thompson, E.P. 1967, S. 85f.
149 Schulte Beerbühl, M. 2007, S. 76
150 Simmel, G. 2006
151 Elias, N. 1988, S. 99
152 Smith, J. 1686
153 Tompion, T. 1684

Teil III: ZEIT DER MATHEMATIK

1 Cassirer, E. 1996, S. 440
2 Padova, T. de 2010
3 Cassirer, E. 1980, S. 182
4 Knobloch, E. 1993 S. 9 f.
5 Leibniz, G.W. 1923, Bd.I.1, S. 491 f.
6 Ebd., S. 494 f.
7 Leibniz, G.W. 1976, Bd.III.1, S. 171 f.
8 Leibniz, G.W. 1923, Bd.I.1, S. 492
9 Ebd., S. 504
10 Kleinert, A. 1991, S. 286
11 Weizsäcker, C.F. von 2002, S. 131 f.
12 Whiteside, D.T. 1967–80, Bd.I, S. 155 f.
13 Westfall, R. 1983, S. 111
14 Kowalewski, G. 2007, S. 7
15 Herring, H. 1996b, S. 253
16 Leibniz, G.W. 2008, Bd.VII.5, S. 288 f.
17 Wolfers, J. 1872
18 Schüller, V. 1991, S. 95
19 Cantor, G. 1901, S. 160
20 Westfall, R. 1983, S. 134
21 Barrow, I. 1976, S. 3
22 Turnbull, H.W. 1960, Bd.II, S. 6
23 Whiteside, D.T. 1967–80, Bd.V, S. 429
24 Turnbull, H.W. 1960, Bd.II, S. 65
25 Ebd., S. 32
26 Ebd., S. 65
27 Leibniz, G.W. 1923, Bd.I.1, S. 491
28 Turnbull, H.W. 1960, Bd.II, S. 65
29 Knobloch, E. 1993, S. 10
30 Leibniz, G.W. 1976, Bd.III.1, S. LXV
31 Turnbull, H.W. 1960, Bd.II, S. 67
32 Ebd., S. 139
33 Burckhardt, M. 1994, S. 184 f.
34 Turnbull, H.W. 1960, Bd.II, S. 198 f.
35 Whiteside, D.T. 1967–1980, Bd.IV, S. 671
36 Turnbull, H.W. 1960, Bd.II, S. 110 f.
37 Ebd., S. 162
38 Whiteside, D.T. 1967–1980, Bd.II, S. 32 f.
39 Rescher, N. 1992, S. 25 f.
40 Ebd., S. 40
41 Leibniz, G.W. 1923, Bd.I.1, S. 488
42 Siemens AG 1966, S. 46 f.
43 Mackensen, L. von 1974, S. 255 f.
44 Holz, H. 1996, S. 445 f.
45 Leibniz, G.W. 2009, Bd.II.2, S. 126 f.
46 Marperger, P. 1723
47 Duchhardt, H. 2007, S. 85
48 Leibniz, G.W. 2009, Bd.I.4., S. 475
49 Kowalewski, G. 2007, S. 3 f.
50 Leibniz, G.W. 2009, Bd.I.4. S. 477
51 Hall, A.R. 1980, S. 36 f.
52 Turnbull, H.W. 1960, Bd.II, S. 400 f.
53 Gunther, R.T. 1931, Bd.VIII, S. 27 f.
54 Purrington, R. 2009
55 Mudry, A. 1987, S. 264 f.
56 Gunther, R.T. 1930, Bd.VI, S. 265 f.
57 Ebd.
58 Ebd., S. 267
59 Ebd., S. 326
60 Birch, T. 1756, Bd.2, S. 338 f.
61 Gunther, R.T. 1930, Bd.VI, S. 326
62 Herivel, J. 1965
63 Gunther, R.T. 1931, Bd.VIII, S. 28
64 Turnbull, H.W. 1960, Bd.II, S. 297 f.
65 Ebd., S. 300 f.
66 Ebd., S. 312 f.
67 Ebd., S. 444 f.
68 Wolfers, J. 1872, S. 55 f.
69 Ebd., S. 2
70 Turnbull, H.W. 1960, Bd.I, S. 362 f.
71 Ebd., S. 364
72 Westfall, R. 1983, S. 376 f.
73 Turnbull, H.W. 1960, Bd.II, S. 315 f.
74 Ebd., S. 336 f.
75 Ebd., S. 340 f.
76 Ebd., S. 421 f.
77 Blumenberg, H. 1996, S. 528 f.
78 Ebd.
79 Wolfers, J. 1872, S. 404 f.
80 Ebd.

81 Forbes, E./Murdin, L./Willmoth, F. 1995, Bd. I, S. 611
82 Cassirer, E. 1996, S. 124
83 Wolfers, J. 1872, S. 32
84 Ebd., S. 396
85 Ebd., S. 380
86 Ebd., S. 25
87 Ebd., S. 27
88 Ebd., S. 28
89 Ebd., S. 396
90 Ebd., S. 32
91 Ebd., S. 192 f.
92 Westfall, R. 1973, S. 751
93 Wolfers, J. 1872, S. 560
94 Westfall, R. 1983, S. 465 f.
95 Turnbull, H.W. 1959, Bd. I, S. 416
96 Turnbull, H.W. 1960, Bd. II, S. 435 f.
97 Ebd.
98 Wolfers, J. 1872, S. 60
99 Turnbull, H.W. 1960, Bd. II, S. 467
100 Turnbull, H.W. 1961, Bd. III, S. 7
101 Ebd., S. 12

Teil IV: ZEIT DER UNRUHE

1 Fischer, K. 2009, S. 281
2 Bax, K. 1981, S. 167
3 Wellmer, F.W./Gottschalk, J. 2010, S. 204
4 Leibniz, G.W. 1938, Bd. I.3, S. 34
5 Wellmer, F.W./Gottschalk, J. 2010, S. 186 f.
6 Leibniz, G.W. 1950, Bd. I.4, S. 43
7 Wolff, M. 1978, S. 309 f.
8 Holz, H. 1996, S. 107
9 Leibniz, G.W. 1950, Bd. I.4, S. 43
10 Blumenberg, H. 1987, S. 137
11 Holz, H. 1996, S. 115
12 Ebd., S. 53
13 Ebd., S. 71
14 Cassirer, E. 1996, S. 17
15 Ebd.
16 Herring, H. 1996b, S. 263
17 Cassirer, E. 1980, S. 405
18 Cassirer, E. 1966, S. 469 f.
19 Ebd., S. 32 f.
20 Holz, H. 1996, S. 381
21 Herring, H. 1996b, S. 261
22 Cassirer, E. 1980, S. 290 f.
23 Cassirer, E. 1996, S. 11
24 Locke, J. 1981, S. 107 f.
25 Cassirer, E. 1996, S. 76 f.
26 Ebd., S. 5f
27 Ebd., S. 10
28 Pöppel, E. 2006, S. 315
29 Wittmann, M. 2012
30 Padova, T. de 1996
31 Brockman, M. 2009, S. 190 f.
32 Reichenbach, H. 1924, S. 421 f.
33 Cassirer, E. 1966, S. 53
34 Cassirer, E. 1996, S. 94 f.
35 Böhme, G. 1974, S. 230
36 Cassirer, E. 1966, S. 54
37 Lachmann, O. 1888, S. 307 f.
38 Schepers, H. 2006/2007, S. 9
39 Schüller, V. 1991, S. 25 f.
40 Ebd.
41 Brewster, D. 1833, S. 283
42 Holz, H. 1996, S. 429
43 Peuckert, W.E. 1949, S. 65
44 Herring, H. 1996b, S. 265 f.
45 Ebd.
46 Hirsch, E.C. 2000, S. 221 f.
47 Ebd.
48 Schüller, V. 1999, S. 592
49 Turnbull, H.W. 1961, Bd. III, S. 3
50 Ebd.
51 Cassirer, E. 1996, S. 23
52 Schüller, V. 1999, S. 588
53 Schüller, V. 1991, S. 179 f.
54 Turnbull, H.W. 1961, Bd. III, S. 2
55 Leibniz, G.W. 1995, Bd. III.4, S. 460 f.
56 Ebd., S. 610
57 Bertoloni Meli, D. 1993
58 Leibniz, G.W. 2003, Bd. III.5, S 631 f.
59 Padova, T. de 2008, S. 65
60 Mach, E. 1921, S. 226
61 Giulini, D. 2004, S. 208 f.
62 Fontius, M. 1989, S. 43
63 Ebd., S. 45
64 Zehe, H. 1980, S. 28
65 Turnbull, H.W. 1961, Bd. III, S. 184
66 Ebd., S. 187
67 Ebd., S. 194 f.
68 Ebd., S. 230

69 Ebd., S. 231
70 Ebd., S. 279
71 Ebd., S. 280
72 Ebd., S. 257 f.
73 Ebd., S. 285 f.
74 Ebd.
75 Ebd., S. 498 f.
76 Kowalewski, G. 2007, S. 12 f.
77 Turnbull, H.W. 1975, Bd.V, S. 98
78 Hall, R. 1980, S. 124 f.
79 Leibniz, G.W. 1990, Bd.I.12, S. 468
80 Leibniz, G.W. 1987, Bd.I.13, S. 551
81 Hall, R. 1980
82 Manuel, F.E. 1968, S. 323
83 Müller, K./Krönert, G. 1969, S. 179
84 Uffenbach, Z.C. von 1754, Bd.1, S. 409
85 Fischer, K. 2009, S. 281
86 Schulte Beerbühl, M. 2007, S. 34
87 Uffenbach, Z.C. von 1754, Bd.2, S. 545 f.
88 Westfall, R. 1983, S. 571 f.
89 Turnbull, H.W. 1975, Bd.V, S. 116
90 Turnbull, H.W. 1976, Bd.VI, S. 7
91 Turnbull, H.W. 1975, Bd.V, S. 117
92 Ebd., S. 207 f.
93 Turnbull, H.W. 1976, Bd.VI, S. 15 f.
94 Swift, J. 1984, S. 262
95 Schüller, V. 2007, S. 222
96 Doebner, R. 1882, S. 13
97 Ebd., S. 82
98 Uffenbach, Z.C. von 1754, Bd.2, S. 444 f.
99 Ebd., S. 459
100 Ebd., S. 589
101 Ebd., S. 555 f.
102 Sherman, S. 1996, S. 110
103 Uffenbach, Z.C. von 1754, Bd.3, S. 250 f.
104 Thompson, E.P. 1967, S. 81 f.
105 Ebd.
106 Mumford, L. 1934, S. 14
107 Swift, J. 1984, S. 47
108 Wilde, J. 1710
109 Wing, J. 1710
110 Cassirer, E. 1996, S. 124
111 Brockman, M. 2009, S. 141
112 Smith, J. 1686, S. 38 f.
113 Whitrow, G.J. 1991, S. 195
114 Schnath, G. 1982, S. 315 f.
115 Ebd., S. 340
116 Turnbull, H.W. 1976, Bd.VI, S. 71
117 Ebd., S. 103
118 Newton, I. 1715
119 Turnbull, H.W. 1976, Bd.VI, S. 161 f.
120 Sobel, D. 1995, S. 75
121 Thompson, E.P. 1967, S. 65
122 Hirsch, E.C. 2000, S. 585
123 Schüller, V. 1991, S. 204 f.
124 Fischer, K. 2009, S. 270
125 Müller, K./Krönert 1969, S. 253
126 Doebner, R. 1882, S. 17 f.
127 Schüller, V. 1991, S. 213 f.
128 Ebd., S. 29
129 Ebd., S. 19 f.
130 Ebd., S. 23 f.
131 Weizsäcker, C.F. von 2002, S. 149
132 Schüller, V. 1991, S. 23
133 Ebd., S. 223 f.
134 Ebd., S. 224
135 Ebd., S. 244
136 Lachmann, O. 1888, S. 292
137 Schüller, V. 1991, S. 96
138 Cassirer, E. 1996, S. 124
139 Ebd., S. 123 f.
140 Wolfers, J. 1872, S. 27
141 Schüller, V. 1991, S. 37 f.
142 Cassirer, E. 1996, S. 123
143 Ebd., S. 96
144 Böhme, G. 1974, S. 205
145 Schüller, V. 1991, S. 37 f.
146 Ebd., S. 39
147 Ebd., S. 44 f.
148 Ebd., S. 52
149 Ebd., S. 66
150 Ebd., S. 98
151 Ebd., S. 102
152 Ebd., S. 92 f.
153 Jammer, M. 1980, S. XIV
154 Einstein, A. 1916
155 Forsee, A. 1963, S. 81
156 Böhme, G. 1974, S. 235 f.
157 Herring, H. 1996, S. 367 f.
158 Cassirer, E. 1966, S. 243 f.
159 Schüller, V. 1991, S. 98 f.
160 Ebd., S. 263

161 Cassirer, E. 1966, S. 243 f.
162 Hirsch, E.C. 2000, S. 600
163 Doebner, R. 1882, S. 166 f.
164 Kraus, J.G. 1717, S. 126
165 Turnbull, H.W. 1976, Bd. VI, S. 376 f.
166 Seelig, C. 1991, S. 252 f.
167 Keynes, J.M. 1947, S. 27
168 Pioch, J. 2011
169 Elias, N. 1988, S. 12 f.
170 Canetti, E. 1976, S. 129
171 Sherman, S. 1996
172 Cassirer, E. 1966, S. 53
173 Mach, E. 1921, S. 217
174 Galison, P. 2006
175 Einstein, A. 1905, S. 893
176 Carrier, M. 2008, S. 39 f.
177 Reichenbach, H. 1928, S. 307
178 Carrier, M. 2008, S. 203
179 Carnap, R. 1999, S.59
180 Fölsing, A. 1995, S. 546
181 Holz, H. 1996, S. 445 f.
182 Cassirer, E. 1996, S. 11 f.
183 Greene, B. 2008, S. 168 f.
184 Giulini, D. 2004, S. 288 f.
185 Fölsing, A. 1995, S. 828

LITERATUR

Ackroyd, P., *London. The Biography*, London (2001)

Alexander, H., *The Leibniz-Clarke correspondence*, Manchester (1956)

Andriesse, C. D., *Huygens. The Man behind the Principle*, Cambridge (2005)

Arithmeum, *Rechnen einst und heute*, Bonn (1999)

Asch, R., »Die britische Republik und die Friedensordnung von Münster und Osnabrück«, in: Duchhardt, H. (Hrsg.), *Der Westfälische Friede*, München (1998)

Atherton, I., »The press and popular political opinion«, in: Coward, B., *A companion to Stuart Britain*, Oxford (2003)

Baillie, G./Ilbert, C./Clutton, C., *Britten's old clocks and watches and their makers*, London (1982)

Barbon, N., *A Discourse of Trade*, London (1690)

Barbour, J., *The nature of time*, in: www.platonia.com, South Newington (2008)

Barrow, I., *Lectiones geometricae*, Hildesheim (1976)

Bautz, T. (Hrsg.), Biographisch-Bibliographisches Kirchenlexikon, www.kirchenlexikon.de

Bax, K., *Die Geschichte des Bergbaus*, Wien (1981)

Behringer, W., *Im Zeichen des Merkur. Reichspost und Kommunikationsrevolution in der Frühen Neuzeit*, Göttingen (2003)

Benjamin, W., *Ursprung des deutschen Trauerspiels*, Frankfurt am Main (1978)

Bennett, J. A., »Hooke's instruments for astronomy and navigation«, in: Hunter, M./Schaffer, S., *Robert Hooke. New Studies*, Woodbridge (1989)

Berghaus, G., *Die Aufnahme der englischen Revolution in Deutschland 1640–1669*, Bd. I, Wiesbaden (1989)

Berlinger, R. (Hrsg.), *Ernst Cassirer. Philosophie und exakte Wissenschaft*, Frankfurt am Main (1969)

Bertoloni Meli, D., *Equivalence and Priority: Newton versus Leibniz*, Oxford (1993)

Birch, T., *The history of the Royal Society*, London (1756–57)

Blumenberg, H., *Die Genesis der kopernikanischen Welt*, Frankfurt am Main (1996)

Blumenberg, H., *Die Sorge geht über den Fluss*, Frankfurt am Main (1987)

Bobinger, M., *Alt-Augsburger Kompassmacher*, Augsburg (1966)

Brachner, A. (Hrsg.), *Geschichte der Vakuumpumpen*, München (2002)

Brewster, D., *Sir Isaak Newton's Leben nebst einer Darstellung seiner Entdeckungen*, Leipzig (1833)

Brockman, M. (Hrsg.), *Die Zukunftsmacher*, Frankfurt am Main (2009)

Buchenau, A. (Hrsg.), *René Descartes. Die Prinzipien der Philosophie*, Hamburg (1992)

Burckhardt, M., *Metamorphosen von Raum und Zeit – Eine Geschichte der Wahrnehmung*, Frankfurt am Main (1994)

Canetti, E., *Die Provinz des Menschen. Aufzeichnungen 1942–1972*, Frankfurt am Main (1976)

Cantor, M., *Vorlesungen über Geschichte der Mathematik*, Bd. 3, New York (1901)

Carnap, R., *Mein Weg in die Philosophie*, Stuttgart (1999)

Cassirer, E., *Gottfried Wilhelm Leibniz. Hauptschriften zur Philosophie,* Bd. 1, Hamburg, (1966)

Cassirer, E., *Leibniz' System in seinen wissenschaftlichen Grundlagen,* Hildesheim (1980)

Cassirer, E., *Gottfried Wilhelm Leibniz. Neue Abhandlungen über den menschlichen Verstand,* Hamburg (1996)

Child, J., *Brief observations concerning trade und interest of money,* London (1668)

Cipolla, C. M., *Segel und Kanonen. Die europäische Expansion zur See,* Berlin (1999)

Cohen, B., *Introduction to Newton's Principia,* Cambridge (1971)

Comenius, J. A., *Große Didaktik,* Stuttgart (1954)

Conduitt, J., *Account of Newton's life before going to university,* Keynes MS. 130.02, Cambridge (1727a)

Conduitt, J., *Anecdotes about Newton,* Keynes MS. 130.02, Cambridge (1727b)

Daston, L., *Wunder, Beweise und Tatsachen. Zur Geschichte der Rationalität,* Frankfurt am Main (2003)

Dawson, P. G./Drover, C. B./Parkes, D.W., *Early English Clocks,* Woodbridge (1982)

De Beer, E. S. (Hrsg.), *The diary of John Evelyn,* Vol. III, Oxford (1955)

Devlin, K., Pascal, *Fermat und die Berechnung des Glücks,* München (2009)

Dickmann, F., *Der Westfälische Frieden,* Münster (1959)

Doebner, R., *Leibnizens Briefwechsel mit dem Minister von Bernstorff und andere Leibniz betreffende Briefe und Aktenstücke aus den Jahren 1705–1716,* Hannover (1882)

Dohrn-van Rossum, G., *Die Geschichte der Stunde,* München (1992)

Duchhardt, H. (Hrsg.), *Der Westfälische Friede,* München (1998)

Duchhardt, H., *Barock und Aufklärung,* München (2007)

Eichberg, H., »Leistung, Spannung, Geschwindigkeit«, in: *Stuttgarter Beiträge zur Geschichte und Politik,* Bd. 12, Stuttgart (1978)

Einstein, A., »Zur Elektrodynamik bewegter Körper«, in: *Annalen der Physik* Nr. 17, Leipzig (1905)

Einstein, A., »Ernst Mach«, in: *Physikalische Zeitschrift,* Nr. 17, Leipzig (1916)

Engelhardt, W. von (Hrsg.), *Gottfried Wilhelm Leibniz. Schöpferische Vernunft – Schriften aus den Jahren 1668–1686,* Münster/Köln (1955)

Ekirch, R., *In der Stunde der Nacht – Eine Geschichte der Dunkelheit,* Bergisch Gladbach (2005)

Elias, N., *Über die Zeit,* Frankfurt am Main (1988)

Evans, J., *Thomas Tompion. At the dial and three crowns,* Ticehurst (2006)

Exwood M./Lehmann, H. L. (Hrsg.), *The Journal of William Schellinks' travels in England 1661–1663,* London (1993)

Fischer, K., *Gottfried Wilhelm Leibniz. Leben, Werke und Lehre,* Wiesbaden (2009)

Fölsing, A., *Albert Einstein,* Frankfurt am Main (1995)

Fontius, M. (Hrsg.), *Voltaire. Ein Lesebuch für unsere Zeit,* Berlin (1989)

Forbes, E./Murdin, L./Willmoth, F., *The Correspondence of John Flamsteed, the first Astronomer Royal,* Bristol (1995)

Forsee, A., *Albert Einstein. Theoretical Physicist,* New York (1963)

Galison, P., *Einsteins Uhren,* Frankfurt am Main (2006)

Gawlick, G. (Hrsg.), *Hobbes, T., De Cive,* Hamburg (1994)

Gerhardt, C.I. (Hrsg.), *G. W. Leibniz. Mathematische Schriften,* Hildesheim (1971)

Giulini, D., *Am Anfang war die Ewigkeit. Auf der Suche nach dem Ursprung der Zeit,* München (2004)

Goethe, J.W. von, *Schriften zur Kunst und Literatur,* Bd.12, München (1981a)

Goethe, J.W. von, *Naturwissenschaftliche Schriften II,* Bd.14, München (1981b)

Goldenbaum U./Jesseph, D., *Infinitesimal Differences. Controversies between Leibniz and his Contemporaries,* Berlin/New York (2008)

Gosset, A., *Shepherds of Britain,* London (1911)

Gouk, P., *Ivory Diptych Sundials 1570–1750,* Cambridge (1992)

Gregg, P., *King Charles I.,* London (1981)

Gryphius, A., *Gedichte,* Frankfurt am Main (1962)

Guhrauer, G., *Gottfried Wilhelm Freiherr von Leibnitz: Eine Biographie,* Bd.1, Breslau (1846)

Guhrauer, G., *Leibniz' Dissertation De principio individui,* Berlin (1837)

Guicciardini, N., *Reading the Principia,* Cambridge (1999)

Gunther, R.T., *Early Science in Oxford,* Oxford (1930/31)

Haan, H./Niedhart, G., *Geschichte Englands vom 16. bis zum 18. Jahrhundert,* München (1993)

Hall, A.R., »Robert Hooke and Horology«, in: *Notes and Records of the Royal Society,* Vol. 8, Nr. 2, London (1951)

Hall, A.R./Hall, M.B. (Hrsg.), *The Correspondence of Henry Oldenburg,* Wisconsin (1965–1977)

Hall, A.R., *Philosophers at war – The quarrel between Newton and Leibniz,* Cambridge (1980)

Hall, M.B., *Henry Oldenburg. Shaping the Royal Society,* Oxford (2002)

Hampe, M., »Revolution, Epoche und Gesetz«, in: *Kausalität und Naturgesetz in der Frühen Neuzeit,* Studia Leibnitiana Sonderheft 31, Stuttgart (2001)

Harrison, J., *The library of Isaac Newton,* Cambridge (1978)

Hecht, H., *Gottfried Wilhelm Leibniz. Mathematik und Naturwissenschaften im Paradigma der Metaphysik,* Stuttgart (1992)

Heckscher A./Oettingen A., *Christiaan Huygens. Die Pendeluhr,* Leipzig (1913)

Hentschel, K. (Hrsg.), *Unsichtbare Hände – Zur Rolle von Laborassistenten, Mechanikern, Zeichnern u. a. Amanuenses in der physikalischen Forschungs- und Entwicklungsarbeit,* Stuttgart/Berlin (2008)

Herivel, J., *The background to Newton's Principia,* Oxford (1965)

Herring, H., *G. W. Leibniz. Die Theodizee,* Frankfurt am Main (1996)

Herring, H., *G. W. Leibniz. Schriften zur Logik und zur philosophischen Grundlegung von Mathematik und Naturwissenschaft,* Frankfurt am Main (1996b)

Hill, C., *Von der Reformation zur Industriellen Revolution – Sozial- und Wirtschaftsgeschichte Englands 1530–1780,* Frankfurt am Main (1977)

Hirsch, E.C., *Der berühmte Herr Leibniz,* München (2000)

Hofmann, J., *Die Entwicklungsgeschichte der Leibnizschen Mathematik während des Aufenthalts in Paris 1672–1676,* München (1949)

Holz, H. (Hrsg.), *G. W. Leibniz. Kleine Schriften zur Metaphysik,* Frankfurt am Main (1996)

Hooke, R., »Critique of Newton's theory of Light and Colors«, in: Birch, T., *The history of the Royal Society,* London (1756)

Howse, D., *Greenwich time and the longitude,* London (1997)

Huber, K., *Leibniz. Der Philosoph der universalen Harmonie,* München (1989)

Hunter, J., *The diary of Ralph Thoresby,* London (1830)

Huygens, C., »Comments on Newton's telescope«, in: *Philosophical Transactions of the Royal Society,* Nr. 81, London (1672)

Jammer, M., *Das Problem des Raumes,* Darmstadt (1980)
Jardine, L., *The curious life of Robert Hooke,* London (2003)
Jardine, L., »Accidental Anglo-Dutch Collaborations: Seventeenth-Century Science in London and The Hague«, in: *Sartoniana,* Vol. 23, Gent (2010)
Jordan, W. (Hrsg.), *Zeitschrift für Vermessungswesen,* Heft 10, Bd. 26, Hannover (1897)
Junge, H.-C., *Flottenpolitik und Revolution. Die Entstehung der englischen Seemacht während der Herrschaft Cromwells,* Stuttgart (1980)
Jünger, E., *Das Sanduhrbuch,* Frankfurt am Main (1954)
Kassung, C., *Das Pendel,* München (2007)
Keynes, J. M., »Newton the man«, in: *Royal Society, Newton Tercentenary Celebrations,* Cambridge (1947)
Kittsteiner, H., *Die Stabilisierungsmoderne – Deutschland und Europa 1618–1715,* München (2010)
Klein, S., *Zeit, der Stoff aus dem das Leben ist,* Frankfurt am Main (2006)
Kleinert, A., »Technik und Naturwissenschaften im 17. und 18. Jahrhundert«, in: Hermann, A./Schönbeck, C. (Hrsg.), *Technik und Wissenschaft,* Düsseldorf (1991)
Klenner, H. (Hrsg.), *Hobbes, T., Leviathan,* Hamburg (1996)
Kloeren, M., *Sport und Rekord. Kultursoziologische Untersuchungen zum England des sechzehnten bis achtzehnten Jahrhunderts,* Würzburg (1935)
Knobloch, E. (Hrsg.), *Gottfried Wilhelm Leibniz. De quadratura arithmetica circuli ellipseos et hyperbolae cujus corollarium est trigonometria sine tabulis,* Göttingen (1993)
Köhlern, H., *Merckwürdige Schrifften, welche auf gnädigsten Befehl Jhro Königl. Hoheit der Cron-Princeßin von Wallis zwischen dem Herrn Baron von Leibnitz und dem Herrn D. Clarcke über besondere Materien der natürlichen Religion in frantzös. und englischer Sprache gewechselt, und nunmehro … wegen ihrer Wichtigkeit in teutscher Sprache heraus gegeben worden,* Frankfurt/Leipzig/Jena (1720)
König, W., *Propyläen Technikgeschichte. Mechanisierung und Maschinisierung 1600 bis 1840,* Berlin (1997)
Kowalewski, G., *Über die Analysis des Unendlichen von Gottfried Leibniz. Abhandlungen über die Quadratur der Kurven von Sir Isaac Newton,* Frankfurt am Main (2007)
Koyré, A., *Leonardo, Pascal und die Entwicklung der kosmologischen Wissenschaft,* Berlin (1994)
Kraus, J. G., *Neue Zeitungen von Gelehrten Sachen auf das Jahr 1717,* Leipzig (1717)
Krause, K., *Alma mater Lipsiensis: Geschichte der Universität Leipzig von 1409 bis zur Gegenwart,* Leipzig (2003)
Krohn, W., *Francis Bacon,* München (1987)
Kuhn, T., *Die kopernikanische Revolution,* Braunschweig (1981)
Lachmann, O. (Hrsg.), *Die Bekenntnisse des heiligen Augustinus,* Leipzig (1888)
Lademacher, H., *Die Niederlande. Politische Kultur zwischen Individualität und Anpassung,* Berlin (1993)
Latham, R./Matthews, W., *The Diary of Samuel Pepys,* London (1970–83)
Leibniz, G. W., *Sämtliche Schriften und Briefe,* Erste Reihe: Allgemeiner politischer und historischer Briefwechsel, herausgegeben von der Preussischen Akademie der Wissenschaften, Darmstadt (1923–)
Leibniz, G. W., *Sämtliche Schriften und Briefe,* Zweite Reihe: Philosophischer Briefwechsel, herausgegeben von der Berlin-Brandenburgischen Akademie der Wissenschaften und der Akademie der Wissenschaften zu Göttingen, Berlin (2006–)

Leibniz, G.W., *Sämtliche Schriften und Briefe,* Dritte Reihe: Mathematischer, naturwissenschaftlicher und technischer Briefwechsel, herausgegeben von dem Leibniz-Archiv der niedersächsischen Landesbibliothek Hannover, Berlin (1976–)

Leibniz, G.W. (Hrsg.), *Miscellanea Berolinensia ad incrementum scientiarum,* Berlin (1710)

Levine, R., *Eine Landkarte der Zeit – Wie Kulturen mit Zeit umgehen,* München (1999)

Livio, M., *Ist Gott ein Mathematiker?,* München (2010)

Lloyd, A., *Some outstanding clocks over seven hundred years 1250–1950,* London (1958)

Locke, J., *Versuch über den menschlichen Verstand,* Bd. 1, Hamburg (1981)

Loomes, B., »William Reeve of Spalding, maker of the oldest Lincolnshire clock«, in: *Clocks Magazine,* Nr. 11 (2008)

Mach, E., *Die Mechanik in ihrer Entwicklung,* Leipzig (1921)

Mackensen, L. von, »Zur Vorgeschichte und Entstehung der ersten digitalen 4-Spezies-Rechenmaschine von Gottfried Wilhelm Leibniz«, in: *Studia Leibnitiana Supplementia,* Bd. 2, Wiesbaden (1969)

Mackensen, L. von, »Leibniz als Ahnherr der Kybernetik – ein bisher unbekannter Leibnizscher Vorschlag einer ›Machina arithmetica dyadicae‹«, in: *Studia Leibnitiana Supplementia,* Bd. 2, Wiesbaden (1974)

Mann, G./Nitschke, A. (Hrsg.), *Propyläen Weltgeschichte,* Bd. 7: Von der Reformation zur Revolution, Berlin (1986)

Manuel, F.E., *A Portrait of Isaac Newton,* Cambridge (1968)

Marperger, P., *Horolographia,* Dresden/Leipzig (1723)

McGuire, J.E./Tamny, M., *Certain Philosophical Questions: Newton's Trinity Notebook,* Cambridge (1983)

Maurice, K./Mayr, O., *Die Welt als Uhr – Deutsche Uhren und Automaten 1550–1650,* München/Berlin (1980)

Mayr, O., *Uhrwerk und Waage,* München (1987)

Misson, H., *M. Misson's memoirs and observations in his travel over England,* London (1719)

Mudry, A., *Galileo Galilei – Schriften, Briefe, Dokumente,* Berlin (1987)

Mukerji, C., »The mindful hands of peasants: Construction of an eight-lock staircase at Fonseranes, 1678–79«, in: *History of Technology,* Vol. 29, London (2009)

Müller, K./Krönert, G., *Leben und Werk von Gottfried Wilhelm Leibniz,* Frankfurt am Main (1969)

Mumford, L., *Technics and Civilization,* New York (1934)

Murphy, M.P./O'Neill, A.J. (Hrsg.), *Was ist Leben? Die Zukunft der Biologie,* Heidelberg (1995)

Newton, I., *Pierpont Morgan Notebook,* New York (1659–1660)

Newton, I., *Of Colours,* Cambridge (1665–66)

Newton, I., »A Letter of Mr. Isaac Newton containing his New Theory about Light and Colours«, in: *Philosophical Transactions of the Royal Society,* Nr. 80, London (1672a)

Newton, I., »An accompt of a new Catadioptrical Telescope invented by Mr. Newton«, in: *Philosophical Transactions of the Royal Society,* Nr. 81, London (1672b)

Newton, I., »Mr. Newtons Letter of April 14. 1672 … being an answer to the fore-going Letter of P. Pardie's, in: *Philosophical Transactions of the Royal Society,* Nr. 84, London (1672c)

Newton, I., *Opticks or, a Treatise of the reflexions, refractions, inflexions and colours of Light,* London (1704)

Newton, I., »An account of the book

entituled Commercium Epistolicum, Collinii et Aliorum, de Analysi Promota«, in: *Philosophical Transactions of the Royal Society,* Nr. 342, London (1715)
Nooteboom, C., *Nootebooms Hotel,* Frankfurt am Main (2002)
Nowotny, H., *Unersättliche Neugier. Innovationen in einer fragilen Zukunft,* Berlin (2005)
Oettingen, A. von, *Galileo Galilei. Unterredungen und mathematische Demonstrationen über zwei neue Wissenszweige, die Mechanik und die Fallgesetze betreffend,* Darmstadt (1973)
Padova, T. de, »Die erlebte Kontinuität der Zeit ist nur eine Illusion«, in: *Tagesspiegel* (25.11.1996)
Padova, T. de, *Die Kinderzimmer-Akademie,* München (2006)
Padova, T. de, *Wissenschaft im Strandkorb,* München (2008)
Padova, T. de, *Das Weltgeheimnis. Kepler, Galilei und die Vermessung des Himmels,* München (2009)
Padova, T. de, »Pi mal Daumen«, in: *FAZ* (10.1.2010)
Peuckert, W.E. (Hrsg.), *Gottfried Wilhelm Leibniz. Protogaea,* Stuttgart (1949)
Pioch, J., »Jenseits der Stunden«, in: *Geo kompakt,* Nr. 27, Hamburg (2011)
Pöppel, E., *Der Rahmen. Ein Blick des Gehirns auf unser Ich,* München (2006)
Powell, H. (Hrsg.), *Andreas Gryphius. Carolus Stuardus,* Leicester 1963
Purrington, R., *The first professional scientist. Robert Hooke and the Royal Society,* Basel (2009)
Ranke, L. von, *Englische Geschichte vornehmlich im 17. Jahrhundert.* 3. Bd., Leipzig (1870)
Ranum, O. A., *Paris in the age of Absolutism,* London (1979)
Rathmann, L. (Hrsg.), *Alma mater Lipsiensis,* Leipzig (1984)
Reichenbach, H., »Die Bewegungslehre bei Newton, Leibniz und Huyghens«, in: *Kant-Studien,* Bd. 29, Berlin (1924)
Reichenbach, H., *Philosophie der Raum-Zeit-Lehre,* Berlin (1928)
Rescher, N., »Leibniz finds a niche«, in: *Studia Leibnitiana,* Bd. XXIV/1, Wiesbaden (1992)
Robinson H., *The British Post Office,* Princeton (1948)
Robinson, H. W./Adams, W., *The diary of Robert Hooke 1672–1680,* London (1935)
Roeck, B. (Hrsg.), *Deutsche Geschichte in Quellen und Darstellung,* Bd. 4: Gegenreformation und Dreißigjähriger Krieg, Stuttgart (1996)
Rüegg, W. (Hrsg.), *Geschichte der Universität in Europa,* Bd. II, München (1996)
Schechner, S., »The material culture of astronomy in daily life: sundials, science and social change«, in: *Journal for the History of Astronomy,* Vol. 32 (2001)
Schepers, H., »Neues über Zeit und Raum bei Leibniz«, in: *Studia Leibnitiana,* Bd. 38/39, Stuttgart (2006/2007)
Schilling, H., *Höfe und Allianzen – Deutschland 1648–1763,* Berlin (1994)
Schnath, G., *Geschichte des Hauses Hannovers im Zeitalter der neunten Kur und der englischen Sukzession 1674–1714,* Bd. IV, Hildesheim (1982)
Schönle, G., *Das Trauerspiel Carolus Stuardus des Andreas Gryphius,* Frankfurt am Main (1933)
Schüller, V., *Der Leibniz-Clarke Briefwechsel,* Berlin (1991)
Schüller, V., *Isaac Newton. Die mathematischen Prinzipien der Physik,* Berlin (1999)
Schüller, V., »Der Prioritätsstreit zwischen Newton und Leibniz«, in: Kowalewski, G., *Über die Analysis des Unendlichen von Gottfried Leibniz und Abhandlung*

über die Quadratur der Kurven von Sir Isaac Newton, Frankfurt am Main (2007)

Schulte Beerbühl, M., *Deutsche Kaufleute in London,* München (2007)

Seelig, C. (Hrsg.), *Albert Einstein. Mein Weltbild,* Frankfurt am Main (1991)

Sherman, S., *Telling Time. Clocks, diaries and English diurnal form, 1660–1785,* Chicago (1996)

Siemens AG, *Herrn von Leibniz' Rechnung mit Null und Eins,* München (1966)

Simmel, G., *Die Großstädte und das Geistesleben,* Frankfurt am Main (2006)

Sloterdijk, P., *Philosophische Temperamente,* München (2009)

Smith, J., *Of the unequality of natural time, with its reason and causes. Together with a table of the true equation of natural dayes,* London (1686)

Smolin, L., *Warum gibt es die Welt? Die Evolution des Kosmos,* München (1997)

Sobel, D., *Längengrad,* Berlin (1995)

Sprat, T., *History of the Royal Society,* London (1667)

Stein, E./Kopp, F.O., »Konstruktion und Theorie der leibnizschen Rechenmaschinen im Kontext der Vorläufer, Weiterentwicklungen und Nachbauten«, in: *Studia Leibnitiana,* Bd. 42, Stuttgart (2010)

Stillfried, I., *Vermessungsgeschichte,* Dortmund (2009)

Stukeley, W., *Memoir of Newton,* Keynes MS. 136.03, Cambridge (1727)

Stukeley, W., *Revised memoir of Newton,* MS. 142, London (1752)

Swift, J., *Gullivers Reisen,* Berlin (1984)

Thompson, E.P., »Time, work-discipline, and Industrial Capitalism«, in: *Past & Present,* Nr. 38, Oxford (1967)

Tompion, T., *A table of the equation of days: shewing how much a good pendulum watch ought to be faster or slower than a true sun-dial every day of the year,* London (1684)

Turnbull, H.W., *The correspondence of Isaac Newton,* Cambridge (1959–1977)

Ufer, U. (Hrsg.), *Welthandelszentrum Amsterdam – Globale Dynamik und modernes Leben im 17. Jahrhundert,* Köln (2008)

Uffenbach, Z.C. von, *Herrn Zacharias Conrad von Uffenbach merkwürdige Reisen durch Niedersachsen, Holland und Engelland,* Frankfurt/Leipzig/Ulm (1753–1754)

Vogel, J., *Leipzigsches Geschicht-Buch oder Annales, das ist: Jahr- und Tage-Bücher der weltberühmten königlichen und churfürstlichen sächsischen Kauff- und Handelsstadt Leipzig,* Leipzig (1714)

Vogtherr, T., *Zeitrechnung. Von den Sumerern bis zur Swatch,* München (2001)

Wasmuth, E. (Hrsg.), *Blaise Pascal. Pensées,* Tübingen (1948)

Weizsäcker, C.F. von, *Große Physiker. Von Aristoteles bis Werner Heisenberg,* München (2002)

Wellmer, F.W./Gottschalk, J., »Leibniz' Scheitern im Oberharzer Silberbergbau – neu betrachtet, insbesondere unter klimatischen Gesichtspunkten«, in: *Studia Leibnitiana,* Bd. 42, Stuttgart (2010)

Westfall, R., *Never at Rest – A Biography of Isaac Newton,* Cambridge (1983)

Westfall, R., »Newton and the Fudge Factor«, in: *Science,* Vd. 179, Washington (1973)

Whiteside, D.T., *The Mathematical Papers of Isaac Newton,* Cambridge (1967–1980)

Whitrow, G.J., *Die Erfindung der Zeit,* Hamburg (1991)

Widmaier, R., *Gottfried Wilhelm Leibniz. Der Briefwechsel mit den*

Jesuiten in China (1689–1714), Hamburg (2006)

Wiesenfeldt, G., »Experimente im politischen Raum«, in: *Physik Journal*, Weinheim (2002)

Wilde, J., *The ladies diary: or, the woman's almanack, for the year of our Lord, 1710*, London (1710)

Williams, B., *Descartes. The project of pure inquiry*, London/New York (2005)

Wing, J., *Olympia domata; or, an almanac for the year of our Lord God 1710*, London (1710)

Wittmann, M., *Gefühlte Zeit. Kleine Psychologie des Zeitempfindens*, München (2012)

Wolfers, J., *Sir Isaac Newtons Mathematische Principien der Naturlehre*, Berlin (1872)

Wright, M., »Robert Hooke's Longitude Timekeeper«, in: Hunter, M./ Schaffer, S., *Robert Hooke, New Studies*, Woodbridge (1989)

Wrigley, E. A., »A simple model of London's importance in changing English Society and Economy 1650–1750«, in: *Past & Present*, Nr. 37, Oxford (1967)

Zehe, H., *Die Gravitationstheorie des Nicolas Fatio de Duillier*, Hildesheim (1980)

Zellini, P., *Eine kurze Geschichte der Unendlichkeit*, München (2010)

PERSONENREGISTER

ABBILDUNGSNACHWEIS

Vor- und Nachsatz: akg/historic-maps

S. 10: akg-images/Nimatallah

S. 11, 26, 43, 55, 109, 176, 208: akg-images

S. 31: Bayerische Staatsbibliothek

S. 68: Cambridge University Library

S. 76 links: Bayerisches Nationalmuseum, München; rechts: The Worshipful Company of Clockmakers' Collection, UK/The Bridgeman Art Library

S. 90: The Worshipful Company of Clockmakers' Collection, UK/ The Bridgeman Art Library

S. 138: bpk/The Metropolitan Museum of Art

S. 146: The British Museum/The Trustees of the British Museum

S. 279: National Maritime Museum, Greenwich, London

S. 303: ullstein bild/Roger-Viollet